suhrkamp taschenbuch
wissenschaft 227

Wolf Lepenies, geboren 1941, ist Professor am Institut für Soziologie der Freien Universität Berlin. Veröffentlichungen: *Melancholie und Gesellschaft*, 1969; (Herausgeber zusammen mit Henning Ritter) *Orte des wilden Denkens. Zur Anthropologie von Claude Lévi-Strauss*, 1970; (zusammen mit Helmut Nolte) *Kritik der Anthropologie*, 1971.

Thema des Buches ist der Übergang vom naturhistorischen zum entwicklungsgeschichtlichen Denken: Ende des achtzehnten, Anfang des neunzehnten Jahrhunderts geraten die Wissenschaften unter einen Erfahrungsdruck, der zur Aufgabe der alten Klassifikationstechniken führt und jene Phase der »Verzeitlichung« ankündigt, die mit der Darwinschen Evolutionslehre ihren Höhepunkt erreicht. Das entwicklungsgeschichtliche Denken setzt sich dabei nicht in allen Disziplinen gleichzeitig durch, doch haben im ersten Drittel des neunzehnten Jahrhunderts die »Wissenschaften des Nacheinander« (Simmel) deutliche Konturen gewonnen. Es zeigen sich Ähnlichkeiten in Botanik und Zoologie, Medizin, Chemie und Geologie, Astronomie, Rechts- und Kunstgeschichte, die der Epoche von 1775–1825 ein unverwechselbares Gepräge geben. Das »Ende« der Naturgeschichte, die in der Literatur überlebt, ist von einem entscheidenden Einstellungswandel des wissenschaftlichen Handelns begleitet, der Veralltäglichung des Außerordentlichen. Während im achtzehnten Jahrhundert das Wunderbare und Außerordentliche Bestandteil des Wissenschaftsprozesses selbst sind, ist die moderne Wissenschaft durch sensationsfreies Alltagshandeln gekennzeichnet. Novalis' Auffassung aber, daß die »amüsirende Betrachtung« der Wissenschaft eine legitime Spielart wissenschaftlichen Handelns sei, prägt die gesamte Naturgeschichte.

# Wolf Lepenies
# Das Ende der Naturgeschichte

Wandel kultureller
Selbstverständlichkeiten in den Wissenschaften
des 18. und 19. Jahrhunderts

Un peu d'histoire naturelle pour terminer
Victor Hugo (1870)

Suhrkamp

suhrkamp taschenbuch wissenschaft 227
Erste Auflage 1978
Lizenzausgabe mit freundlicher Genehmigung des
Carl Hanser Verlages

Suhrkamp Taschenbuch Verlag
Druck: Nomos, Baden-Baden
Printed in Germany
Umschlag nach Entwürfen
von Willy Fleckhaus und Rolf Staudt

# Inhalt

**Für Annette**

# Das Ende der Naturgeschichte
# Verzeitlichung und Enthistorisierung in der Wissenschaftsgeschichte des 18. und 19. Jahrhunderts

La nature est encore à l'ouvrage.
Robinet, DE LA NATURE (1761)

La civilisation . . . n'est pas encore terminée.
D'Holbach, SYSTEME SOCIAL (1773)

# Die Krise der Chronologie

Wie keine andere Neuzeit erscheint die Moderne, markiert durch Französische und industrielle Revolution, durch ein neues Verhältnis zur Zeit gekennzeichnet: nach den Thesen Reinhart Kosellecks sind für sie Prozessualisierungs- und Beschleunigungsvorgänge ebenso charakteristisch wie die De-Naturalisierung überlieferter Zeitvorstellungen und die Herausarbeitung des Fortschrittsbegriffs. Bis heute werden mit der Vorstellung der Moderne spezifische Zeitstrukturen verknüpft; Modernisierungstheorien, die komparativ angelegt sind, benutzen beispielsweise Temporalitätsfaktoren, um die unterschiedliche Entwicklung Chinas und Japans im 19. Jahrhundert zu erklären. Daß in China das ›Statarische‹ die Stelle des ›Geschichtlichen‹ einnahm, erscheint noch heute als Ursache einer Entwicklungshemmung, die bereits Hegel in den *Vorlesungen über die Philosophie der Geschichte* beschrieb.*

* Im 18. Jahrhundert war daher mit dem Vordringen historischen Denkens der Vergleich mit chinesischen Zuständen gekoppelt. Er fiel, je später er erfolgte, desto ungünstiger für China aus. Voltaire hatte die abendländische Annalistik noch hinter die chinesische gestellt, weil diese nicht zufällig, sondern aufgrund von astronomischen Berechnungen erfolgte. In den dreissiger Jahren des 19. Jahrhunderts kann Karl Ernst von Baer nur mit Schaudern von der »unglaublichen Langweiligkeit« berichten, die in China der Wissenschaftsentwicklung entgegenstehe, wo nicht weniger als 2708 Redactoren an einer auf 168 000 Bände berechneten Enzyklopädie arbeiteten, und die Regierung selbst darauf bedacht sei, daß dabei keine Neuerungen vorgenommen würden. v. Baer hatte über solchen Schilderungen den Blick für die Chinoiserien seiner unmittelbaren Umgebung nicht verloren; so berichtet er davon, daß zu seiner Zeit »die freilich etwas alt gewordenen Statuten der Universität Königsberg« immer noch verlangten, »die Decane sollten bei der Durchsicht der Dissertationen dafür sorgen: *ne quid novi insit*« (v. Baer 1864:151).

Die Kennzeichnung der Moderne mit Hilfe von Temporalitätsstrukturen wird durch umfangreiches empirisches Material gestützt. Dennoch bietet diese Charakteristik Schwierigkeiten, die nicht zuletzt in der Ungleichzeitigkeit liegen, mit der sich das historische Denken durchsetzt; selbst im Wissenschaftsbereich verläuft dieser Prozeß keineswegs synchron. Hinzu kommt das Fehlen einer präzisen Bestimmung der ›Moderne‹, die die Erstellung einer Chronologie der veränderten Zeiterfahrung schwierig macht. Auf den ersten Blick scheint dieses Problem durch die Gleichsetzung der beginnenden Moderne mit der Aufklärung lösbar. Damit wird das Zeitbewußtsein der Aufklärung selbst beschworen, das sich durch die Gleichsetzung des siècle des lumières mit dem ›Dixhuitième‹ seine chronologische Identität sichert und gleichzeitig Opposition gegen diese Verwendung des siècle-Begriffs hervorruft – wie bei Joubert, der die Künstlichkeit der Kategorie und ihre Verwendung durch ein paar schwache und bornierte Köpfe hervorhebt (*Carnets*, 18. Juni 1816).

Werner Krauss hat belegt, daß trotz Bayles *Dictionnaire* (1697), Fénelons *Télémaque* (1699), dem Ende der ersten Phase in der *Querelle des anciens et des modernes* (1700) und dem Spanischen Erbfolgekrieg (1701) der Jahrhundertbeginn nur schwer als Beginn der Aufklärung gelten kann. Dieser liegt entweder früher – und ist dann auf Fontenelles *Digression* (1688) oder die *Entretiens sur la pluralité des mondes* (1686) datierbar – oder später, wobei als Kennmarken der Beginn der Régence (1715) oder die philosophische Verankerung eines geschichtlichen Zeitbegriffs bei Cartaud de la Villate und Ladvocat (*Nouveau système de philosophie*, 1728) dienen sollen. Auf ähnliche Schwierigkeiten stößt der Versuch, die Aufklärung mit dem Jahrhundert enden zu lassen: sowohl der Untergang des Ancien Régime (1789) wie das Ende der Ersten Republik (1815) genügen nicht jener exakten Chronologie, die die Lumières mit dem achtzehnten Jahrhundert gleichgesetzt. An ihr hält Krauss dennoch fest, wohl auch, um der Zurückweisung der Auffassung vom achtzehnten als dem unhistorischen Jahrhundert zu dienen, gegen die schon Cassirer so vehement opponiert hatte. Krauss weist auch jenen ›chronologischen Umsturzversuch‹ ab, der die Jahrhundertmitte zum eigentlichen Beginn der Aufklärung machen möchte, wozu eine Reihe von ihm selbst genannter Daten sich in der Tat anbieten.

Ein Blick auf die Disziplin der Chronologie gehört in die Behandlung dieses Periodisierungsproblems. Das achtzehnte Jahrhundert wird ihren endgültigen Niedergang sehen, doch zeichnet sich dieser bereits im Werk Scaligers ab. Dessen *De emendatione temporum* (1583) gilt als Beginn der wissenschaftlichen Chronologie – schon hier aber deutet sich jene Krise an, die schließlich zur Auflösung der Disziplin und letztlich zur Entstehung der modernen Geschichtsauffassung führt.* Scaliger blieb eng von der mosaischen Chronologie abhängig, so datierte er den Weltbeginn auf das Jahr 3949 v. Chr., während nach dem julianischen Kalender dafür das Jahr 4713 angenommen werden mußte. Die ägyptischen Dynastien jedoch, von denen unter anderem Eratosthenes, Leiter der königlichen Bibliothek in Alexandria, berichtet hatte, umspannten einen Zeitraum, der den Rahmen der mosaischen Chronologie bei weitem sprengte. Scaliger ließ die Frage offen, ob die ägyptischen Dynastien wirklich existiert hatten – seit dem *Thesaurus temporum* (1606) unterschied er eine proleptische Zeit vor der mosaischen Zählung von der eigentlichen historischen Zeit, die mit der mosaischen Zählung einsetzte. Die Rede von Ereignissen, die sich vor dem Beginn der eigentlichen Zeit abgespielt hatten, war für ihn bloß eine rhetorische Figur, ein Oxymoron.

Scaligers Trennung von proleptischer und eigentlicher historischer Zeit war nur eine der vielen Strategien, mit denen die Chronologie auf die Bedrohung ihres Erklärungsanspruchs und die Infragestellung der mosaischen Zeitrechnung reagierte. ›Eternalisten‹ wie Mirabaud (1675–1760) versuchten das Problem zu beseitigen, indem sie proklamierten, die Welt habe schon immer bestanden – nicht ohne prompt den Widerspruch von Autoren wie Pontoppidan hervorzurufen, der die Neuheit der Welt (1757) betonte. Andere Chronologen wie Burnet (*Telluris sacra historia*, 1680) verwiesen auf die Beliebigkeit der verwendeten Zeitmaßstäbe. Als Säkularisierungsvorgang läßt sich die Krise der Chronologie dabei schwerlich darstellen, gab es doch genügend Atheisten, so Boulainvilliers und Fréret, die ebenfalls den temporalen Rahmen der mosaischen Chronologie akzeptierten.

* Hier folge ich im wesentlichen der Darstellung von A. T. Grafton; ebenso nützlich war die Lektüre eines Manuskriptes zur *Anthropologie des 18. Jahrhunderts*, das Werner Krauss mir freundlicher Weise zur Einsicht überließ.

Mit Scaligers Konstruktion zweier Zeiten war innerhalb der Chronologie das Problem der ägyptischen Dynastien freilich nicht gelöst. Vossius nahm deren Existenz als gegeben an, doch vertrat er die Meinung, einige der Dynastien seien nicht aufeinander gefolgt, sondern hätten zur gleichen Zeit, lediglich an verschiedenen Orten, existiert – eine Annahme, für die unter anderem sprach, daß Eratosthenes die einzelnen Dynastien mit Stadtnamen verbunden hatte (*De theologia et physiologia Christiana*, 1641). Ähnlich wie Vossius, der Scaliger im Sinne seiner Deutung zu interpretieren versuchte, verfuhr auch John Marsham in seinem *Chronicus canon* (1672), wobei er sich ausdrücklich auf Eratosthenes berief. Die Folge war eine Art ›Balkanisierung‹ des Problems, wie Grafton es nennt: mehr und mehr gleichzeitig existierende Dynastien mußten angenommen werden, um den Zeitspannen, die nach der mosaischen Chronologie für den Geschichtsverlauf seit der Weltschöpfung zulässig waren, ihre Gültigkeit zu sichern. Das Problem selbst blieb ungelöst und führte letztlich zur Auflösung der historischen Chronologie. Die von Vossius und Marsham verfolgte Strategie der Problemlösung kann man als ›Verräumlichung‹ bezeichnen: kollaterale treten an die Stelle temporaler Dynastien, um die grundlegenden Prämissen der Chronologie zu sichern. Diese Chronologie verfährt enthistorisierend, sie übersetzt zeitliche Prozesse in räumliche Konstellationen.

Die veränderte Temporalstruktur, die die Human- und Wissenschaftsgeschichte des 18. Jahrhunderts prägt, läßt sich daher an der immer geringer werdenden Bedeutung ablesen, die der Chronologie zugeschrieben wird. Kant nannte zwar 1798 die Chronologie noch »eine so notwendige Bedingung aller Geschichte«, doch bezeichnete er es als Mystik, »nicht etwa, wie die Vernunft es verlangt, die Zahlen der Weltepochen von den Begebenheiten, sondern umgekehrt die Begebenheiten von gewissen Zahlen abhängig machen« zu wollen – was ihm letztlich auf die Verwandlung der Chronologie in eine Fabel hinauslief (*Anthropologie*, § 33). Der Chronologien-Konkurrenz begegnet Johannes von Müller in seinem *Versuch über die Zeitrechnungen der Vorwelt* (1806) mit einer synchronistischen Überprüfung der unterschiedlichen Zeitrechnungen. Die ›Probe des Synchronismus und anderer Mittel‹ besiegelt das Schicksal der Chronologie; sie wird zur ›histoire des sots‹ (Balzac, *La Peau de chagrin*).

In der Wissenschaftsgeschichte war die Ablehnung einer lediglich nach der Zeit geordneten Geschichte – Stielers *Historia chronologica* – besonders deutlich. Johann Carl Fischer bezeichnete in seiner *Geschichte der Physik* (1801) diejenige Ordnung, »nach welcher die Fortschritte der in die Physik gehörigen Gegenstände bloß chronologisch erzählt werden« als mangelhaft und zweckwidrig zugleich, vielmehr sei es »weit zweckmäßiger und vorteilhafter ... die chronologische Ordnung zugleich mit der wissenschaftlichen zu verbinden, um so dem Ganzen eine bessere Rundung und den einzelnen Theilen eine ihren Fortschritten angemessene und deutliche Darstellung zu geben« (Fischer 1801 I:XI). In seinem *Plan der wissenschaftlichen Arbeiten, die für eine Reform der Gesellschaft notwendig sind* (1822), stellte Comte der chronologischen Ordnung der Epochen ihre wahre philosophische Ordnung gegenüber; er betonte den bloß literarischen Charakter einer annalistischen Betrachtungsweise, die die Entstehung einer wirklichen Geschichte verhindert habe. Zwar seien – hier argumentierte Comte ganz ähnlich wie Kant – die Annalen eine Voraussetzung der Geschichtswissenschaft, diese ließe aber auf jene sich ebensowenig zurückführen wie beispielsweise die Physik auf meteorologische Protokolle.

Die Utopie hatte bereits früher der Chronologie das Urteil gesprochen. In Merciers *L'An deux mille quatre cent quarante* (1770/71) ist die *Histoire universelle* »des berühmten Bossuet« aus der Königlichen Bibliothek verschwunden – für ein »armseliges chronologisches Skelett ohne Leben und ohne Farbe« ist darin kein Platz mehr.

Ebenso wie die Chronologie verschwindet im Übergang zur Moderne die naturale Zeitvorstellung, verkörpert in »Linné's *Blumenuhr* in Upsal (horologium florae), deren Räder die Sonne und Erde, und deren Zeiger Blumen sind, wovon immer eine später erwacht und aufbricht als die andere«. Jean Paul hat diese Schilderung gegeben und hat im 13. Kapitel des *Siebenkäs* den freilich noch harmonischen Übergang zu einer sozialen Zeitvorstellung beschrieben: »Ich wohnte sonst in Scheerau, mitten auf dem Markt, in zwei Zimmern; in mein vorderes schauete der ganze Marktplatz und die fürstlichen Gebäude hinein, in mein hinteres der botanische Garten. Wer jetzo in beiden wohnt, hat eine herrliche vorherbestimmte Harmonie zwischen der Blumenuhr im Garten und der Menschenuhr auf dem Markt.«

Die Durchsetzung antinaturaler Zeitvorstellungen ist umkämpft; Rückschläge treten auf. Daß etwa im Laufe des 18. Jahrhunderts anstelle der Regierungszeit eines Monarchen die durchschnittliche Lebensdauer einer Generation das epochale Gliederungsmaß bildet, kann zwar als Distanzierung von der Chronologie – nach Schlözer benutzte die Weltgeschichte Könige wie »chronologische Krücken« – betrachtet werden, doch ist die Dauer einer Generation noch eher eine naturale Kategorie als die Regierungszeit eines Monarchen. Daß neben Vorgängen der Denaturalisierung im Übergang zur Moderne auch Prozesse der Renaturalisierung erfolgen, zeigt das Beispiel der in der Französischen Revolution versuchten Kalenderreform.

Am 20. September 1793 beginnt der Konvent seine Debatte über den republikanischen Kalender, die dem Ziel dient, der ›ère vulgaire‹ die ›ère des Français‹, die ›ère nouvelle de la République française‹ gegenüberzustellen. Der Konvent beschließt zunächst eine rein numerische Einteilung, die durchaus als eine Denaturalisierung des gregorianischen Kalenders aufgefaßt werden kann. Das Jahr soll aus 12 Monaten zu je 30 Tagen bestehen. Jeder Monat enthält drei Dekaden, dem Jahr werden fünf sogenannte ›jours complémentaires‹ hinzugefügt. Die Verhandlungen des Konvents vom 6. Oktober 1793 alter Zeitrechnung werden zum ersten Male auf den »15$^{e}$ jour du I$^{er}$ mois de l'an II de la République française une et indivisible« datiert.

Dem neuen Kalender wird zwar eine Instruktion beigegeben, doch erweist sie sich als nicht ausreichend, um die künftigen Benutzer mit seinem Aufbau vertraut zu machen. Eine Kommission zur Überarbeitung des Kalenders wird eingesetzt, der Chénier, David, Fabre d'Eglantine und Romme angehören. Das Ergebnis ist eine Renaturalisierung des reformierten Kalenders. Die Monate werden nicht mehr mit den Ordinalzahlen benannt, sondern heißen beispielsweise für den Frühling Germinal, Floréal und Prairial; Nivôse, Pluviôse und Ventôse für den Winter – die bukolischen Benennungen werden wohl auch als Ersatz für die traditionellen Heiligengedenktage gewählt. Die fünf ›jours complémentaires‹ sind – zumindest für einige Zeit – nunmehr die ›sansculotides‹. Dieser Kalender gilt, bis durch das Dekret vom 9. September 1805 festgesetzt wird, daß vom 1. Januar 1806 an wieder der gregorianische Kalender gelten soll.

Auch die Reform der Maße und Gewichte, die zur Zeit der Französischen Revolution eingeleitet wird, zeigt Tendenzen zur Renaturalisierung. Im *Journal du Lycée des Arts* heißt es im Juni 1793 – ich beziehe mich hier auf die Arbeiten Lucien Schelers –, ein System allgemeingültiger, vereinheitlichter Maße und Gewichte werde den Welthandel befördern und die Reste feudaler Herrschaft mitsamt den Wurzeln ausrotten. Der Geometer Arbogast nennt wenig später die Gleichheit der Maße ein Emblem der politischen Gleichheit und Unterpfand jener Brüderlichkeit, die alle Menschen einen soll. Den eingewurzelten Mißständen der ›sociétés particulières‹, die sich auf Kosten der einfachen und ehrenhaften Menschen bereichert haben, soll – so Lavoisier, Mitglied der ›Commission des poids et mesures‹ – durch die Vereinheitlichung der Maße und Gewichte begegnet werden. Nach diesen Einheitsmaßen aber muß in der Natur gesucht, das Längenmaß soll aus den Dimensionen der Erde selbst ermittelt werden. Derart, so die Kommission, wird das von der Natur verwendete Urmeter zur Ermittlung wahrhaft republikanischer Maße dienen können.

Wie sehr die Reform der Maße und Gewichte dabei ideologisch legitimiert wurde, hat niemand deutlicher gesehen als Mercier: »Sous prétexte de mesurer l'arc du méridien pour la perfection des poids et des mesures, ils conservèrent leurs pensions et traitemens. Ils mirent une haute importance à la confection du *Mètre*, *Kilomètre*, etc. Je crois en mon ame et conscience, qu'il y a là du charlatanisme; que la base est nécessairement fautive; qu'il ne falloit pas aller chercher si loin ce qu'on pouvoit déterminer de très-près« (*Le nouveau Paris* III, LXXXVI ›Ci-devant Académiciens‹).

*Sous prétexte*... Unter dem Vorwand, den Meridianbogen zur Vervollkommnung der Maße und Gewichte zu messen, haben sie sich ihre Pensionen und ihr Gehalt gesichert. Der Ermittlung des Meters, des Kilometers usw. maßen sie eine hohe Bedeutung zu. Auf Treu und Glauben: da ist viel Scharlatanerie dabei; die Grundlage dieser ganzen Verfahren ist notwendiger Weise trügerisch; es wäre nicht nötig gewesen, etwas in der Ferne herauszufinden, was man in allernächster Nähe ermitteln kann. – Wenn ich im Text fremdsprachige Quellen Deutsch zitiere, stammen die Übersetzungen von mir. Ansonsten gebe ich die Übersetzungen an oder übersetze die fremdsprachigen Zitate am Fußende der betreffenden Seite.

# Erfahrungsdruck und Verzeitlichung

Der Niedergang der Chronologie und die Abkehr von naturalen Zeitvorstellungen kennzeichnen auch in der Wissenschaftsgeschichte den Übergang zur Moderne, d. h. den Erwerb historischer, im engeren Sinne entwicklungsgeschichtlicher Denkweisen. Foucault datiert diesen Übergang auf den Zeitraum von 1775 bis 1825; ähnlich verfahren die Historiker verschiedener Einzeldisziplinen. Gegen Ende des 18. Jahrhunderts zeichnet sich jedenfalls ein neues Verständnis der Wissenschaft und der wissenschaftlichen Entwicklung ab. Bereits in den zwanziger Jahren des 19. Jahrhunderts sieht es so aus, als ob sich die historische Betrachtungsweise in den Wissenschaften durchgesetzt hat; in einem seiner Frühwerke schreibt Balzac: »Le temps même, cette sublime invention de l'homme, a commencé son cours, et rien n'a pu le remplacer pour classer les phases de la terre« *(Falthurne)*.

Die Entwicklung, die vor allem die von Spencer so genannten ›konkreten‹ Wissenschaften (Astronomie, Kosmologie, Geologie, Botanik, Zoologie) in dieser Übergangsphase durchlaufen, läßt sich folgendermaßen skizzieren: Stärker als je zuvor geraten die Wissenschaften im 18. Jahrhundert unter Erfahrungsdruck. Zwar hatten immer schon quantitative Erweiterungen des Wissens zu Veränderungen wissenschaftlicher Methoden, Techniken und Theorien geführt, doch beschleunigt sich dieser Wissenszuwachs nunmehr so sehr, daß die herkömmlichen informationsverarbeitenden Techniken, die – in enger Anlehnung an die Methoden der klassischen Naturgeschichte – vor allem auf einer räumlichen Anordnung des Wissens-

*Le temps...* Die Zeit selbst, diese sublime Erfindung des Menschen, hat ihren Lauf begonnen; nichts konnte an ihre Stelle treten, um die Phasen der Erdentwicklung zu ordnen.

bestandes beruhen, nunmehr in ihrer Kapazität erschöpft sind. Der Erfahrungsdruck macht sich in den einzelnen Disziplinen in unterschiedlicher Weise bemerkbar. Für einen ersten Überblick muß der Hinweis darauf genügen, daß beispielsweise in der Zoologie um 1740 etwa 600 Tierarten bekannt sind, während man knapp hundert Jahre später alleine vier Mal so viele Ichneumoniden (Schlupfwespen) zählt (v. Baer 1864:81), daß in der Chemie nicht zuletzt der rasche Zuwachs an bekannten Substanzen zu einer Reform der Terminologie und Nomenklatur führt (Crosland 1962:126) und die Rechtsgeschichte ihr Entstehen nicht nur der Krise des rationalistischen Naturrechts, sondern auch der Notwendigkeit verdankt, sich »vom ins Ungeheure gewachsenen Ballast des Gemeinen Rechts mit seiner unhistorischen Mischung alter und neuer Elemente« trennen zu müssen (Bader 1965: 642/43).

Dieser Erfahrungsdruck wird von einem Empirisierungszwang begleitet, der beispielsweise in der Botanik wie in der Rechtsgeschichte zur Emanzipation vom »Text« führt – wobei innerhalb der Botanik Kommentare und Beschreibungen nicht länger Paraphrasen der überlieferten klassischen Texte bleiben, sondern zu naturgetreuen Schilderungen werden und damit jenen Empirievorsprung einholen, über den die botanischen Abbildungen für eine lange Zeit verfügt hatten; und in der Rechtsgeschichte der Rechtstext nicht mehr sakrosankt bleibt, sondern der Ausdeutung mit Hilfe hermeneutischer Verfahren prinzipiell offensteht. Hinzu kommt eine veränderte wissenschaftstheoretische Einstellung, die durch die Benutzung längst bekannter Instrumente ebenfalls zu einer Empirisierung der Erfahrung beiträgt. Bis ins 16. Jahrhundert hatte die Benutzung des Mikroskops eher als Zeichen einer unwissenschaftlichen Verfahrensweise gegolten *, nunmehr wird die Maxime des »non potest fieri scientia per visum solum« aufgegeben und führt zur ausgiebigen Verwendung des Fernrohrs wie des Mikroskops. In der Astronomie ist der Über-

* »Als der Florentiner Giovanni Rucellai im Jahre 1523 seinen Bericht über die Anatomie der Biene veröffentlichte, wobei ihm Beobachtungen mit Hilfe eines sphärischen Konkavspiegels zur Grundlage dienten, folgte ihm, was nicht überraschend ist, niemand in der Benutzung dieser Technik. Die Gelehrten in den Akademien betrachteten eine solche Arbeit, die ihrer Meinung nach bedeutungslos war, mit amüsierter Verachtung« (Ronchi 1963: 545/46).

gang zur entwicklungsgeschichtlichen Denkweise, der sich präzise auf die Wende vom 18. zum 19. Jahrhundert datieren läßt, von Wilhelm Herschel (*The Construction of the Heavens*, 1784–1814) erst durch die Benutzung des Fernrohrs ermöglicht worden, das schon seit 200 Jahren erfunden war (Baron & Sticker 1963:34).

Erfahrungsdruck und Empirisierungszwang führen zur Übernahme der geschichtlichen Denkweise; um die Jahrhundertwende fallen der Begriff der Erfahrung und der der Geschichte zwar gelegentlich noch zusammen *, doch geht der Weg, wie Collingwood es formuliert hat, von der Natur zur Geschichte. Die Wissenschaften werden zur Aufgabe traditioneller Methoden der Informationsverarbeitung und der Bewältigung des Erfahrungszuwachses gezwungen. Die Verräumlichung, die Vossius und Marsham zur Verarbeitung zusätzlicher Information im Rahmen der traditionellen Chronologie benutzen, stellt eine vormoderne Technik dar; im Übergang vom 18. zum 19. Jahrhundert tritt an ihre Stelle die Verzeitlichung komplexer Informationsbestände. Alte, aus der Naturgeschichte stammende, räumlich konzipierte Klassifikationssysteme werden aufgegeben.

Der Übergang zur Verzeitlichung ist bereits analysiert worden: sowohl in Studien zur Geschichte der Einzelwissenschaften oder einzelner Kernkonzepte – wie im Hinweis auf das ›temporalizing of the chain of being‹ (Lovejoy 1960) – oder in breiteren kultur- und geistesgeschichtlichen Analysen, die den Übergang zum historischen Denken im allgemeinen oder zum Historismus im besonderen thematisieren (Eiseley 1972; Toulmin & Goodfield 1970). Innerhalb der Wissenschaftsgeschichte ist aber kaum der ernsthafte Versuch unternommen worden, den Übergang zur Verzeitlichung im Rahmen einer breiter angelegten »Geschichte der Beschleunigungsfaktoren« (Blumenberg) anzusiedeln.

Verzeitlichungsvorgänge lassen sich im Gegenstandsbereich, in der Theorieform, sowie in der Organisationsstruktur wissenschaftlicher Disziplinen nachweisen. In der Abarbeitung von Erfahrungsdruck

* De Lucs Formel »L'expérience ... c'est à dire l'histoire«, die Joubert zustimmend zitiert (*Carnets*, 7. 2. 1808), bezeichnet die Auffassung der Naturgeschichte – sie liegt auf der gleichen Ebene wie Hobbes' Charakteristik der Erfahrung als der Fähigkeit, viele Dinge im Gedächtnis zu behalten. Kennzeichen der Moderne ist dagegen die Antizipation des Neuen.

und der Bewältigung des Empirisierungszwangs können die einzelnen Verzeitlichungstechniken sich sowohl ergänzen und verstärken als auch ersetzen. Ein Substitutionsverhältnis liegt beispielsweise vor, wenn Daubenton in seinem Artikel ›Histoire naturelle‹ für die *Encyclopédie* von der Maxime ausgeht, daß zwar die Natur keine Geschichte habe, wohl aber die Wissenschaft von der Natur; wenn Pütter 1786 die Staatsverfassung des ›Teutschen Reichs‹ nicht systematisch, sondern ›in Gestalt einer Geschichte‹ darstellen will. Einer ähnlichen Maxime folgt Buffon lange Zeit: während der Zusammenhang der Lebewesen selbst von jeder Temporalisierung freigehalten wird, entwickelt sich die *Histoire naturelle* zur Chronik, in der jene Entdeckungen, die in das System selbst nicht mehr eingearbeitet werden können, in der Reihenfolge ihres Bekanntwerdens aufgezählt werden. Mit Verstärkungen der Verzeitlichungstendenz haben wir es zu tun, wenn – wie beispielsweise bei Cabanis – die Reform der Medizin zu einer bevorzugten Stellung der Medizingeschichte innerhalb des Curriculums führt und in der klinischen Praxis die Krankengeschichte auf Kosten der Klassifikation der Krankheit an Bedeutung gewinnt; wenn – wie bei Fourcroy – die wachsende Aufmerksamkeit für die Zeitstruktur chemischer Prozesse mit einem Bedeutungszuwachs der Chemiegeschichte gekoppelt ist und gleichzeitig ein Aufschwung der chemischen Zeitschriftenliteratur erfolgt, der Sprengel zufolge die täglichen Fortschritte dieser Disziplin erkennen läßt. So lassen sich in der Chemie die wachsende Bedeutung der Kinetik, die größere Rolle der Chemiegeschichte und das Anschwellen der Zeitschriftenliteratur als verschiedene Aspekte einer Entwicklungsphase deuten, in der diese Disziplin auf Erfahrungsdruck und Empirisierungszwang mit Verzeitlichungstechniken auf verschiedenen Ebenen reagiert.

An der Wende zur Moderne führt vermutlich die in den verschiedensten Bereichen (Politik, Kultur, Wissenschaft) sich durchsetzende Notwendigkeit, Komplexität durch Techniken der Verzeitlichung zu verarbeiten, zu einer Verallgemeinerung der Zeitvorstellung, die wohl auch als Prämisse einer generellen Evolutionstheorie angenommen werden kann. Ich sehe noch keine Möglichkeit, die Beziehung der unterschiedlichen Verzeitlichungsformen zueinander derart zu verallgemeinern, daß einem solchen Muster zumindest die konkreten Wissenschaften sich allesamt fügen würden. Lediglich innerhalb einzelner Disziplinen lassen sich Zusammenhänge von Verzeitlichungsformen beschreiben, die dann mit anderen Disziplinen verglichen werden können. So kann man beispielsweise die Hypothese formulieren, daß die Entwicklung der Wissenschaftsgeschichte sich als Abfolge von der Geschichte der Organisationen (Wiss. Institutionen, Gelehrte Gesellschaften, usw.) – wobei die ›oraisons funèbres‹ und die ›éloges des savants‹ gleichsam den naturalen Zeitaspekt repräsentieren – über die Geschichte der Theorien bis zur Geschichte der Gegenstandsbereiche beschreiben läßt. Diese Hypothese ist empirisch noch nicht ausreichend belegt – Überlegungen dieser Art sind aber vermutlich notwendig, um die Entwicklung der Einzelwissenschaften sowie ihrer Geschichtsschreibung miteinander vergleichen zu können.

Der Übergang zu Techniken der Verzeitlichung scheint kein irreversibler Prozeß zu sein, der die Entwicklung der Wissenschaften von der beginnenden Moderne bis heute bestimmt. Vermutlich handelt es sich dabei lediglich um *eine* Möglichkeit der Reaktion auf Erfahrungsdruck und Empirisierungszwang. Im 19. und 20. Jahrhundert zeigen sich in den Einzeldisziplinen vielfältige Versuche, Verzeitlichungsvorgänge im Gegenstandsbereich wie in der Theorieform und Organisationsstruktur wieder rückgängig zu machen. In vielen Fällen kann geradezu von einer Renaissance naturgeschichtlich orientierter Klassifikationsverfahren gesprochen werden. Ich spreche dann von Enthistorisierung, wenn in bereits ›verzeitlichten‹ Disziplinen Konsequenzen der Verzeitlichung wieder rückgängig gemacht werden sollen. Meine noch weitgehend spekulative Vermutung ist dabei, daß die Epoche der Moderne, die an ihrem Beginn durch Verzeitlichungstendenzen in den Wissenschaften beschrieben werden kann, in eine Phase der Enthistorisierung mündet, die in wissenschaftssoziologischer Perspektive als Finalisierung (Böhme u. a. 1973), in geschichtsphilosophischer Sicht als Übergang ins posthistoire beschrieben werden kann.

# Beschleunigung und Bewältigung des Fortschritts

Die Verarbeitung übermäßig komplexer Informationsbestände hat Niklas Luhmann »das noch verborgene Problem der Aufklärung« genannt; im Zeitalter der Lumières selbst aber ist dieser Tatbestand bereits in aller Ausführlichkeit problematisiert worden. In Fontenelles *Digression sur les anciens et les modernes* (1688) findet sich dafür ein früher Beleg: »Die Mathematik und die Naturlehre sind Wissenschaften, deren Joch den Schultern der Gelehrten täglich schwerer wird; endlich würde man ihnen gar den Abschied geben müssen, allein die Methoden vermehren sich zu gleicher Zeit. Ebenderselbe Verstand, der die Dinge verbessert, indem er neue Einsicht zuwege bringt, macht auch die Art, sie kürzer zu fassen, vollkommener und gibt neue Mittel an die Hand, die neue Weitläufigkeit, so er den Wissenschaften zuwege bringt, zu begreifen« (Krauss 1963:434/45). Die Beförderung des Fortschritts ist hier freilich mit seiner Bewältigung noch ganz unproblematisch verbunden, wobei es zu gleichsam ›überstürzten‹ Reaktionen kommt wie bei Linné, dem Alexander von Humboldt vorwarf, er habe »in der Ungeduld seines Eifers Gegenwart und Vergangenheit, die Geographie der Pflanzen und ihre Geschichte« umfaßt (Humboldt an Berghaus, 18. Okt. 1826). Dieser Vorwurf war schon zu Lebzeiten Linnés gängig. Am 16. Mai 1737 schrieb ihm Dillenius: »Wir alle wissen, daß die Nomenklatur der Botanik einen Augiasstall bildet, den weder C. Hoffmann noch Gesner zu reinigen vermochten. Die Aufgabe erfordert eine ausgedehnte Lektüre, und eine weite und vielfältige Bildung; auch darf sie nicht in hastige oder sorglose Hände gegeben werden. Sie aber überstürzen alles und werfen alles über den Haufen . . .«

Zwar wird der Erfahrungs- und Wissenszuwachs als Kernproblem der Wissenschaften gesehen, gleichzeitig in der Umbildung der Wissenschaften selbst und ihrer Methoden aber die Lösung dieses Problems ausgemacht. Bis in die Revolution hinein überlebt der Optimismus, daß der Wissenserwerb gleichsam naturwüchsig von neuen Methoden der Wissensbewältigung begleitet sein wird: »Bientôt la découverte d'un nouveau monde rempli de productions inconnues, entraîne une multitude d'observateurs, les faits et les descriptions se multiplient« schreibt Biot 1803 in seinem *Essai sur l'histoire générale des sciences pendant la révolution française.*

Es ist gerade der Zuwachs an Erfahrung, der die Wissenschaften dazu zwingt, empirische Verfahrensweisen zu entwickeln, um den Bereich möglicher Erfahrung einzuschränken und überschaubar zu machen. Das »allzu weitmaschige Netz des Erfahrungssystems« (Krauss) – noch im Jahre 1680 berichtet ein Autor, daß eine Frau aus Fribourg eine Gans zur Welt gebracht hat (Ostoya 1951:23); 1721 widmet das *Journal des Savants* einen seiner Artikel einem sprechenden Hund – war nicht nur für die mythologische Erklärung noch der einfachsten Erscheinungen verantwortlich gewesen, sondern hatte auch prinzipiell kein Phänomen von der Erklärung ausgenommen. Der Übergang zu empirischen Verfahrensweisen ist daher zwar das einzige Mittel, um den rapiden Erfahrungszuwachs zu bewältigen – die empirische Methode selbst aber, so Fontenelle in der *Histoire des oracles* (1687), ist langwieriger als das gewohnte Verfahren, Tatbestände voreilig zu erklären, ohne sie zunächst auf ihre Richtigkeit zu überprüfen. Diese Einsicht ist mit der Annahme von Verzeitlichungsprozessen gekoppelt; Herbert Dieckmann hat den Hinweis geliefert, daß schon zwei Jahre vor der *Digression,* in den *Entretiens sur la pluralité des mondes* (1686), die Vorstellung von einer Natur entwickelt ist, die Geschichte hat und die Geschichte schafft.

Beschleunigungserlebnisse und der Druck wachsender Erkenntnis bestimmen den Erfahrungsbereich der Aufklärung. In der Mitte des 18. Jahrhunderts, so d'Alembert, kann man ohne Mühe sehen, wie sich ein bemerkenswerter Wandel in den Ideen vollzieht – mit einer derartigen Schnelligkeit, daß ohne Mühe noch weit erheblichere Veränderungen vorausgesagt werden können (*Essai sur les éléments*

*Bientôt*... Die Entdeckung einer neuen Welt, voll von unbekannten Dingen, ruft eine Vielzahl von Beobachtern auf den Plan, die Tatsachen und die Beschreibungen vervielfachen sich.

*de philosophie*, 1759). Das Erstellen von Enzyklopädien wird daher immer schwieriger. Laut Diderots *Prospekt* von 1750 soll die »gewaltige Zunahme der Stoffe«, die in der Enzyklopädie verarbeitet werden müssen, mit der Eile bewältigt werden, in der ihre Veröffentlichung betrieben werden wird. Die Zeitdauer der Arbeit muß dabei verkürzt werden, indem die Zahl der Mitarbeiter vermehrt wird (Art. ›Encyclopédie‹, 1755). Auch die Enzyklopädie aber will den Fortschritt nicht nur bewältigen, sondern ihn weiter befördern; sie setzt sich ihr eignes Veralten zum Ziel, wie die Ankündigung der letzten Bände von 1765 deutlich macht: »Möge die allgemeine Bildung so schnell fortschreiten, daß es nach zwanzig Jahren in tausend Seiten von uns kaum noch eine Zeile gibt, die nicht etwas überall Bekanntes sagt.«

Seit der Aufklärung gehört die Erfahrung wachsender Beschleunigung, mit der die Wissensbereiche sich ausweiten, zum Selbstbild der Wissenschaft.* Ihren Weg nennt Heinroth plastisch einen ›Wettlauf‹ (*Lehrbuch der Anthropologie*, 1822); der jüngere Geoffroy Saint-Hilaire vergleicht das Tempo der Wissenschaftsentwicklung gar mit der Fallgeschwindigkeit – wodurch das Ausmaß der Prozessualisierung zwar ungemein gesteigert wird, gleichzeitig aber noch natural gefaßt bleibt (*Histoire naturelle générale*, 1845–62). Steht für die Aufklärung der Versuch im Vordergrund, die Beschleunigung, mit der sich der Fortschritt vollzieht, noch zu verstärken – so wie Condorcet in der *Esquisse* (1794) für die Gleichheit des Unterrichts

* In den folgenden Kapiteln werde ich einige Beispiele nennen, die die seit dem 18. Jahrhundert sich immer stärker beschleunigende Wissenserweiterung belegen. An dieser Stelle mag ein Hinweis auf die Entwicklung der Buchproduktion genügen. Es werden im Zeitraum

| | | |
|---|---|---|
| Von 1450 bis 1500 | 40 000 | |
| Von 1501 bis 1600 | 57 000 | |
| Von 1601 bis 1700 | 250 000 | und |
| Von 1701 bis 1800 | 2 000 000 | Bücher produziert. |

Die jährliche Produktion beträgt

| | | |
|---|---|---|
| Zwischen 1436 und 1536 | 420 | Bände |
| Zwischen 1536 und 1636 | 5 750 | Bände |
| Zwischen 1636 und 1736 | 12 250 | Bände und |
| Zwischen 1736 und 1816 | 22 500 | Bände. |

(Kronick 1962:60).

und der Nationen plädiert, um den Fortgang jener Wissenschaften wie der Mineralogie, der Botanik, der Zoologie und der Meteorologie zu beschleunigen, deren Fortschritte »von zahlreichen, wiederholten und über ein größeres Gebiet sich erstreckenden Beobachtungen abhängen ...« – so wächst im 19. Jahrhundert das Bemühen, Methoden und Hilfsmittel zu entwickeln, mit denen man den Fortschritt des Wissens bewältigen kann.*

Das entscheidende Mittel zur Bewältigung des immer stärker sich beschleunigenden Wissenszuwachses kann als Verzeitlichung beschrieben werden – um die Wende vom 18. zum 19. Jahrhundert setzt es sich in den ›konkreten‹ Wissenschaften durch, ist aber auch in einigen ›abstrakt-konkreten‹ Disziplinen (Spencer) wie der Chemie von Einfluß. Auch die Geschichtsschreibung der Philosophie läßt sich als eine Entwicklung deuten, innerhalb derer das räumliche Nebeneinander immer stärker zugunsten eines zeitlichen Nacheinander der dargestellten Tatbestände in den Hintergrund tritt. Den Terminus ›Verzeitlichung‹ habe ich begriffsgeschichtlich nicht verfolgt; der früheste mir bekannte Beleg findet sich 1839 in Feuerbachs *Kritik der Hegelschen Philosophie* (Feuerbach 1975 II:16).**

* Etienne Geoffroy Saint-Hilaire hat beispielsweise die Verwendung der Stenographie als ein solches Hilfsmittel empfohlen (*Sur le principe de l'unité de composition organique*, 1828); der Marburger Botaniker Wenderoth hat 1821 einen anderen Ausweg gefunden, um eine ›genetische‹ Ordnung der Darstellung trotz unaufhaltsamer Informationsflut zwanglos beizubehalten: »Man darf die Blätter sich nur durchschießen lassen, und ist dann leicht im Stande, sowohl jede mangelnde oder neu erscheinende Schrift, als auch allerley nützliche Notizzen über die aufgeführten an den gehörigen Orten einzutragen« (Wenderoth 1821:XI). Ein solcher Vorschlag hatte natürlich die ungebrochene Schätzung der Geschichte der Botanik und vor allem ihrer ›Literärgeschichte‹ als Hintergrund.

** Dem Hinweis Henning Ritters, ›Verzeitlichung‹, zumal in diesem Zusammenhang, als Säkularisationsphänomen zu sehen, habe ich nicht mehr nachgehen können. Eine Bemerkung Ernst Jüngers macht den Zusammenhang plausibel: »Die Textkritik des 19. und 20. Jahrhunderts gibt keine größere Einsicht in die Bibel als der Darwinismus in das Tier. Beide Methoden sind Projektionen auf die Ebene der Zeit – wie hier der Logos im Zeitlichen aufgelöst werden soll, so dort die Spezies. Das Wort wird teilbar; das Tierbild wird zum flüchtigen Übergang, zur Impression. Demgegenüber gilt Lu-

Das *Dictionnaire* (1695/97) Pierre Bayles kann noch gänzlich in naturgeschichtlichen Begriffen beschrieben werden. Dessen Fortschritt liegt laut Cassirer in der Neben-Ordnung, unterschieden vom »Geist der Über- und Unterordnung, der die rationalen Systeme« beherrscht. Das räumlich orientierte Klassifikationsverfahren verfügt hier noch über ungebrochene Legitimität. Dem Erfahrungsdruck entzieht Bayle sich in ähnlicher Weise wie über ein halbes Jahrhundert später Buffon in der *Histoire naturelle:* »Es gehörte die unerschöpfliche Aufnahmefähigkeit Bayles dazu, um sich gegenüber der immer neu andrängenden und immer höher anschwellenden Flut des Einzelwissens zu behaupten. Der ursprüngliche Kern der einzelnen Artikel wird von einem Heer von Anmerkungen, von Erläuterungen, von Notizen begleitet, die ihn zuletzt völlig überwuchern« (Cassirer 1932:272). Ein ähnliches Bild bietet später das Kapitel ›Variétés dans l'espèce humaine‹ der Buffonschen Naturgeschichte. Mit dieser hat Bayle auch die Tendenz zur Empirisierung gemeinsam: Buffon leitet die Emanzipation der Naturgeschichte von der Fabel ein; Bayle, dessen Wörterbuch ursprünglich keine Enzyklopädie des Wissens, sondern ein Register von Fehlern sein sollte, wird zum Schöpfer der historischen ›Akribie‹.

Jakob Thomasius' *Schediasma historicum* (1665) bezeichnet – von hier ab folge ich der Darstellung Lucien Brauns – die Konstituierung der Philosophiegeschichte als Disziplingeschichte: »Tu non philosophorum, sed philosophiae historiam dabis«, schreibt Leibniz am 20. April 1669 an ihn. Eine Erweiterung dieser Konzeption findet sich dann bei Heumann (1681–1764), der verschiedene Formen der Philosophiegeschichte für möglich hält, die das historische Material in je unterschiedlicher Weise gliedern und damit eine Übersicht erleichtern sollen: dazu gehören eine Geschichte philosophischer Disziplinen wie der Logik und der Metaphysik, eine Geschichte philosophischer Denkweisen und eine sogenannte geographisch-chronologische Methode der Philosophiegeschichtsschreibung, die die Ausbreitung der Philosophie in einzelnen Ländern nachzeichnet. Die Hauptaufgabe der Philosophiegeschichte sieht Heumann aber nach

thers: ›Das Wort sie sollen lassen stahn‹. Die Bibel wie die Tierwelt sind Offenbarungen, und darin liegt ihre gewaltige, gleichnishafte Macht«. (*Das zweite Pariser Tagebuch*, 2. März 1944).

wie vor in der Sammlung der ›collectanea‹, der Häufung von Informationen, die in Form eines Tableaus gespeichert und dargestellt werden. Der Zeitfaktor spielt in einer solchen Auffassung der Philosophiegeschichte keine Rolle.

Auch Bruckers *Historia critica* spart den Zeitfaktor noch aus, bleibt Tableau. Wie bei Bayle und Buffon spielt die bloße nachträgliche Hinzufügung eine entscheidende Rolle bei der Verarbeitung zusätzlichen Informationsmaterials. Die zweite Ausgabe der ursprünglich fünfbändigen Philosophiegeschichte erscheint 1766/67 mit einem weiteren sechsten Band: *Appendix, accessiones, observationes, emendationes, illustrationes atque supplementa exhibens.* Mit Brukker endet die naturhistorische Philosophiegeschichtsschreibung; wie Braun es ausdrückt, wird von nun an keine Philosophiegeschichte mehr verfaßt werden, die über 7000 Seiten im Quartformat umfaßt.

An der Wende zum 19. Jahrhundert stellt Dietrich Tiedemanns *Geist der speculativen Philosophie*, von 1791 bis 1797 sechsbändig in Marburg erschienen, innerhalb der Philosophiegeschichte den Übergang zur Verzeitlichung dar. Für Tiedemann wird zunächst die chronologische Ordnung des Materials von entscheidender Bedeutung; seine Aufmerksamkeit richtet sich dann aber vor allem auf das allmähliche Auftauchen von Problembereichen, er behandelt die Frage einer temporalen Irreversibilität philosophiehistorischer Entwicklungen und achtet auf den Rhythmus, der der Entwicklung einzelner Disziplinen eigentümlich zu sein scheint. Bei Tiedemann verknüpfen Verzeitlichungstendenz und Fortschrittsglaube sich miteinander: letztlich macht erst die Methode der Verzeitlichung den Fortschritt der Philosophie sichtbar und verständlich. Die neue Geschichte ist nicht mehr Tableau, sondern fortlaufende Erzählung. Unterstützt wird dieser Übergang zur Verzeitlichung, der auch bei Autoren wie dem Tiedemann so nahe stehenden Meiners sichtbar ist, noch durch ein deutliches psychologisches Interesse, das sich vor allem auf die Untersuchung von Entwicklungsprozessen richtet.

Auch wenn ebenfalls in der Philosophiegeschichte der Übergang zur Verzeitlichung um die Wende zum 19. Jahrhundert lokalisierbar ist, sollte dies nicht zu dem Versuch führen, eine übergenaue Chronologie des Wandels vom Tableau zur Erzählung, vom räumlichen Nebeneinander zum zeitlichen Nacheinander zu erstellen. Die vorsichtige Interpretation, die Hans Robert Jauss der *Querelle* gewidmet hat, kann auch der Bewertung jener Übergangsepoche zum Vorbild dienen, in der letztlich das entwicklungsgeschichtliche Denken der Moderne sich durchsetzt. Dieses Denken ist das Ergebnis einer Kontroverse – d. h. es darf nicht einer Schule, nicht einem Kontrahenten zugeschrieben und einem anderen abgestritten werden. Ebensowenig wie in der *Querelle* das zyklische Geschichtsbild des Humanismus einfach abgelöst wird, setzt in der Moderne der Gedanke eines linearen Fortschritts sich gegenüber den traditionellen Kreislaufvorstellungen endgültig durch. Freilich kann man sagen, daß von den zwanziger Jahren des 19. Jahrhunderts ab – ich erinnere an Balzacs Bemerkung in *Falthurne* (1820) – Kreislaufvorstellungen in der politischen Theorie wie in der Wissenschaftsgeschichte nur doch defensiv vorgetragen werden können.

Chateaubriands 1826 vorgenommene Revision des *Essai historique, politique et moral sur les révolutions* von 1797 ist dafür symptomatisch. War darin ursprünglich noch davon die Rede, daß es nichts Neues unter der Sonne gäbe, so gilt jetzt, daß die moderne Gesellschaft nicht an der antiken zu messen ist, die Kreislaufvorstellung des Geschichtsablaufs wird aufgegeben – so wie für Littré die ›grande démolition‹ von 1789 alle Vorstellungen eines ›ordre circulaire‹ hinweggefegt hat. Nunmehr tritt das Bild der Spirale an die Stelle von Kreislaufmetaphern. Jauss zeigt zu Recht, daß dieses Bild einen »Kompromiß zwischen periodischem und unumkehrbar ins Unendliche verlaufendem Geschichtsgang« darstellt (Jauss 1965:192), doch behauptet er zu Unrecht, daß es aus der Analogie zum organischen Leben hinausführe. Kennzeichnend für die Moderne ist nicht, daß in ihr Geschichtsmetaphern verwendet werden, die die Analogie zum Organischen aufgeben, sondern daß nunmehr *andere* Metaphern die gleiche, enge Beziehung von Natur und Geschichte kennzeichnen. Die Metapher der Spirale ist dafür ein Beispiel. Steno (1638–1686) hatte sie im Rahmen erdgeschichtlichen Denkens bereits benutzt, doch schränkte das Gelten der überlieferten Chronologie ihre Wirksamkeit ein. Die Metapher findet sich bei Wieland wie bei Johann Wilhelm Ritter, gerade bei letzterem dabei als Verbindungsglied historischen und organischen Denkens, nicht als ein Mittel zur Emanzipation der Historie von der Natur (Wetzels 1973:97). In der Goetheschen Morphologie gilt die ›Spiraltendenz‹ als das »eigentlich produzierende Lebensprinzip«, wird im Vertikal- und Spiralsystem der

Pflanze das ›Grundgesetz des Lebens‹ * sichtbar (Goethe 1964:341 f.), doch wird auch der Geschichtsverlauf als Spirale beschrieben: »Die Geschichte kommt mir vor wie die Echternacher Springprozession: immer drei Schritte vorwärts und einen Schritt zurück. Vielleicht verläuft sie in einer Zickzacklinie wie die Wendeltreppe, die uns im Kreise herumführt und immer neu auf denselben Punkt zurück, wobei wir dennoch höher steigen«. Und Carus beklagte, »daß Humboldt im uranologischen Teile des ›Kosmos‹ die Spirale in ihrer wichtigen Bedeutung als Urbewegung der Fixsterne und an sich *unendliche* Linie in einer unendlichen Welt auch so völlig unbeachtet lasse« (Carus 1966:235). Er selbst hat vor allem in seinem Werk *Natur und Idee* (1861) der Untersuchung der Spiraltendenz breiten Raum gewidmet und ihre Behandlung durch von Martius hervorgehoben – hierin erweisen sich beide der Goetheschen Tradition der Naturgeschichte zugehörig.

Am auffälligsten aber zeigt sich in der an der Wende zur Moderne entstehenden Biologie, daß die Kompromißmetapher der Spirale aufs Neue historisches und naturales Denken miteinander kombiniert. Wenn Treviranus im dritten Buch des dritten Bandes seiner *Biologie, oder Philosophie der lebenden Natur für Naturforscher und Aerzte* (1802–22) die ›Revolutionen der lebenden Natur‹ schildern will, greift er auf das Bild der ›Spirallinie‹ zurück: »Jedes materielle System durchläuft eine Reihe von Veränderungen, die so beschaffen ist, daß jenes nach gewissen Revolutionen irgend einem Zustande, worin es sich vorher schon einmal befand, wieder nahe kömmt, ohne doch mit demselben ganz zusammenzutreffen«. Derart werden von nun an im 19. Jahrhundert die Revolutionen in der Geschichte der Menschen wie der Natur dargestellt werden.

* Ganz ähnlich v. Baer in der Embryologie: »Die spiralförmigen Drehungen der Embryonen im eigenen Fruchtwasser gaben zu erkennen, in welcher Richtung hier das Bedürfnis der Stoffbildung als Anziehung wirkt« (v. Baer 1866:306).

# Trennung der Naturgeschichte und der Historie

Angelehnt an das metrische System der Längenmessung schlug Julian Huxley eine Neudefinition temporaler Maßeinheiten vor, die sich an den Zeitdimensionen der evolutionären Prozesse orientieren sollte. Die Maßeinheit dieses Systems bildet das ›Cron‹, das einer Million Jahre entspricht, abgeleitete Einheiten sind das ›Kilocron‹ (1000 Millionen Jahre), das ›Millicron‹ (1000 Jahre) und das ›Mikrocron‹ (1 Jahr). Einen ähnlichen Vorschlag machte Haldane, der die neue Zeiteinheit ›Darwin‹ nennen wollte (Löther 1972). Diese Umdefinition der Zeitmaße selbst steht am Ende eines langfristigen und langwierigen Prozesses, in dem der Entwicklungsgedanke sich vielfältig durchsetzt. Sein Anfang wird vom Übergang zur Verzeitlichung bestimmt.

Die Chronologie von Buffons *Histoire naturelle* gibt den Rahmen an, innerhalb dessen sich dieser Übergang vollzieht. Ihr erster Band erscheint zur Jahrhundertmitte, 1749, im Geburtsjahr Goethes – worauf dieser in seinen Erinnerungen nachdrücklich aufmerksam macht –, zehn Jahre vor Caspar Friedrich Wolffs *Theoria generationis* und weitere hundert Jahre vor dem Erscheinen des *Origin of species;* der letzte Supplement-Band der *Histoire naturelle* wird beim Ausbruch der französischen Revolution, 1789, ein Jahr nach Buffons Tod ausgeliefert. Zwischen 1800 und 1802 taucht bei Burdach (*Propädeutik der gesammten Heilkunde*, 1800), Lamarck (*Biologie ou considérations sur la nature, les facultés, les développemens et l'origine des corps vivans*, 1800/01) und Treviranus (*Biologie*, 1802/22) der Begriff der Biologie erstmalig auf. Damit ist dann auch terminologisch der Übergang von einer Wissenschaft der Lebewesen zu einer Wissenschaft des Lebens, von der Naturgeschichte zur Geschichte der Natur, vollzogen. Wie schnell der Begriff ›Biologie‹ sich durchsetzt, zeigt sich an Carl Gustav Carus, der im Jahre 1811 zum Gegenstand seiner Dissertation nichts geringeres als den Entwurf einer allgemeinen Lebenslehre, *Specimen Biologiae generalis*, wählen kann.

Die Vorstellung einer Geschichte der Natur ist für die klassische Naturgeschichte nicht denkbar; der Terminus der Geschichte wird hier verwendet ohne daß, wie es noch im Grimm'schen Wörterbuch heißt, »dabei an eine entwickelung gedacht ist«. Es handelt sich bei der Naturgeschichte, so Adelung, um »ein Verzeichniß und die Beschreibung der zu dem Naturreiche gehörigen Körper«. Diese Beschreibung erfolgt dabei erst relativ spät »nach der Natur«, über lange Zeit werden in der Naturgeschichte vorwiegend die Texte der klassischen antiken Autoren paraphrasiert. Selbst die Tierdarstellung – das haben u. a. Kunsthistoriker wie Gombrich eindrucksvoll belegt – folgt bis ins 18. Jahrhundert hinein trotz der Versicherung ihrer Schöpfer, nach der Natur angefertigt zu sein, eher einigen wenigen Archetypen und wiederholt deren Fehler. Gesner nimmt in seine *Historiae animalium* Dürers Nashorn (Holzschnitt, 1515) auf – dieser hatte lediglich von einem Nashorn gehört, das nach Lissabon gebracht worden war, er »konnte sich nur auf indirekte Angaben stützen und mußte sie aus seiner Phantasie ergänzen, wobei er zweifellos von Berichten über das berühmteste aller exotischen Tiere beeinflußt war, nämlich über den Drachen und seinen ›gepanzerten‹ Leib« (Gombrich 1967:104). So beschrieb John Mandeville im 14. Jahrhundert Reisen, die nie stattgefunden hatten, denn es handelte sich lediglich um Komplikationen aus Plinius, und Boccaccio schilderte die Pest von 1348 nicht aus eigener Anschauung, sondern griff auf Berichte des Thukydides zurück, die wiederum bestimmt keine Pest schilderten.

Weder Buffon noch Louis Daubenton hatten einen Elefanten gesehen, als sie ihn für die *Histoire naturelle* beschrieben, was Cuvier zu der lapidaren Feststellung veranlaßte, diese Schilderung sei weniger exakt als die des Aristoteles; sie benutzten die Beschreibungen von Claude Perrault, der einen Elefanten hatte sezieren können. Sein Skelett wurde im Cabinet du Roi aufbewahrt. Bis hin zu Rousseau wird daher die akademische Naturgeschichte von ihren Kritikern für denaturiert und künstlich gehalten, als Beispiel nennt Rousseau in den *Confessions* Guy Crescent Fagon, den Arzt Ludwigs XIV., der alle Pflanzen des Jardin Royal kannte und sie benennen konnte – auf dem Lande selbst war ihm nicht eine einzige vertraut.

Innerhalb der Naturgeschichte wird eine gewisse Naturtreue in den Abbildungen beträchtlich eher erreicht als in den sie begleitenden Texten – in der *Historia stirpium* (1542) von Fuchs beispielsweise sind die Illustrationen gewiß wertvoller als der auf Dioskurides zurückgehende Text. Im Jardin des plantes war der Unterschied von Text und Abbildung durch die Trennung von Sprechen und Zeigen geradezu institutionalisiert: die erste Aufgabe erfüllte der Professor, die zweite der jeweilige ›démonstrateur‹. Daran wird schon deutlich, wo die Prioritäten lagen. Im übrigen war die Trennung nicht frei von Konflikten, wie ein Bericht der *Correspondance littéraire* vom August 1770 deutlich macht: Rouelle, der als Mitbegründer der Chemie in Frankreich galt, war ›démonstrateur‹ am Jardin du Roi, Bourdelin war Professor. Wenn Bourdelin seine Vorlesung mit der Wendung schloß »Comme monsieur le démonstrateur va vous le prouver par ses expériences«, begann Rouelle mit den Worten: »Messieurs, tout ce que monsieur le professeur vient de vous dire est absurde et faux, comme je vais vous le prouver.«

Adanson hat auch hier weit spätere Entwicklungen vorweggenommen, als er 1772 in seinen öffentlichen Vorlesungen über Naturgeschichte zur großen Verwunderung der Naturalisten eine Fülle von Abbildungen verwendete, die er selbst an eine Tafel zeichnete. Ähnliches Aufsehen erregte Petrus Camper, wie aus einem Brief Johann Heinrich Mercks deutlich wird: »Es ist unglaubl. was dieser Mensch in seiner Gewalt hat. Mit 2 Strichen verwandelt er jede Physiognomie eines Römers in einen Hottentotten oder Affen, ein Pferd in einen Ochsen, einen Erwachsenen in einen Alten. Er hat ehedem in Rotterdam dieß alles öffentl. mit Kreide an eine schwarze Tafel vorgezeichnet. Dieß hat die Wirkung gethan, daß die Leute für seinen Affekten erschroken sind, u. wenn Er einen Sterbenden mit 2 Strichen daraus gemacht hat, zu weinen angefangen haben. So viel vermag der Mensch über seines Gleichen« (An die Herzogin Anna Amalia v. Sachsen-Weimar-Eisenach, 3. Juni 1784).

Heinrich Steffens aber, der 1789 bei Vahl, einem der letzten Schü-

*Comme monsieur...* Wie es Ihnen der Herr Demonstrator durch seine Experimente beweisen wird.

*Messieurs...* Meine Herren, alles was der Herr Professor gesagt hat, ist absurd und falsch, wie ich es Ihnen sogleich beweisen werde.

ler Linnés, in Kopenhagen Naturgeschichte studierte, erfuhr nur allzubald, welch geringe Rolle der Abbildung nach klassischer Auffassung zukam. Sah nämlich Vahl, »daß wir bei der Bestimmung der Pflanzen, weil uns die Linnéische Beschreibung in den technischen Ausdrücken nicht geläufig war, etwa Abbildungen zu Hülfe nahmen, dann wies er uns jederzeit streng zurecht. ›Hier ist das Buch‹, sagte er dann, und gab uns den Linné; ›die Pflanze ist hier beschrieben, hier muß sie aufgesucht werden, Kinder amüsiren sich mit Bildern« (Steffens 1841/44:311/12). Vahl verfuhr damit ganz im Sinne Linnés, der sich gegen die Verwendung von Abbildungen in den naturhistorischen Werken ausgesprochen hatte; aus Abbildungen nämlich sei ein sicherer Schluß bei der Bestimmung der Pflanzen nicht möglich, »von niedergeschriebenen Worten aber gehet dieses sehr leicht« (*Gattungen der Pflanzen*, § 13).

Neben der Vorherrschaft des Textes über die Abbildung hat auch die Signatur-Vorstellung, die Auffassung, daß die Gestalt der Pflanzen bestimmte Eigenschaften, u. a. Heilkräfte, widerspiegele, eine empirische Wende der Naturgeschichte lange verhindert. Der Auffassung von der ›Signatura rerum‹ entspricht es beispielsweise, wenn Paracelsus das Farnkraut als Heilmittel gegen Stichwunden empfiehlt, da es durchstochene Blätter habe; Pflanzen, die zur gleichen Gattung gehören, sollten sich auch in ihren Eigenschaften ähneln, Pflanzen der gleichen natürlichen Familie die gleichen medizinischen Wirkungen hervorbringen. Porta hat die Lehre von der Signatur systematisiert (*Della celeste fisionomia*, 1616) – noch in der zweiten Hälfte des 17. Jahrhunderts hat die Académie des Sciences eine Pflanzensystematik nach pharmakologischen Gesichtspunkten diskutiert, wenn auch verworfen, und noch 1814 ist Candolle in seinem *Versuch über die Arzneikräfte der Pflanzen, verglichen mit den äußeren Formen und den natürlichen Klasseneinteilungen derselben* darauf zurückgekommen (Jüttner 1971). Parallelerscheinungen dazu zeigt die barocke Poetik, wenn etwa in Gedichten der Nürnberger Dichterschule die Form des Gedichtes seinen Inhalt zum Ausdruck bringt. Linné, der gar kein ausgesprochener Anhänger der Signaturlehre war, hat botanische Kalligramme angefertigt, wobei das typografische Verfahren der Beschreibung die Gestalt der Pflanze widergeben sollte – es ist daher mehr als nur ein metaphorischer Hinweis, wenn Cuvier feststellt, bei richtiger Anwendung der Linnéschen

Nomenklatur erhalte man eine Art Gemälde der Pflanze. Die Signaturlehre verbindet die naturgeschichtliche Botanik mit der Pflanzenlehre der Naturvölker; sie ähneln sich auch in den Techniken der ›Verräumlichung‹ sowie in den Kapazitätsschwellen, an die das klassifikatorisch verfahrende Gedächtnis schließlich stößt.*

Das System der Naturgeschichte gehört zur von Kant ›ars mnemonica‹ genannten Gedächtniskunst; das judiziöse Memorieren hat er an der »Tafel der Einteilung eines Systems (z. B. des Linnäus)« erläutert. Die Topik wird dabei »ein Fachwerk für allgemeine Begriffe, Gemeinplätze genannt, welches durch Klasseneinteilung, wie wenn man in einer Bibliothek die Bücher in Schränke mit verschiedenen Aufschriften verteilt, die Erinnerung erleichtert«. So wie in der Linnéschen *Philosophia botanica* (1751) die Pflanzen ihre Verwandtschaft nach allen Seiten wie ein Territorium auf der Landkarte (›mappa geographica‹) zeigen, verweist Kant auf die »Abteilungen eines sichtbar gemachten Ganzen (z. B. der Provinzen eines Landes auf einer Karte, welche nach Norden, Westen u.s.w. liegen)«, deren Vorstellung man im Wechselspiel von Verstand und Einbildungskraft als Gedächtnisstütze verwenden kann.**

* Lévi-Strauss 1968. Eine wichtige Funktion von Disziplinen wie der Ethnobotanik und der Ethnozoologie liegt daher auch darin, daß man sie als Hilfsmittel zur Rekonstruktion der Botanik- und Zoologiegeschichte verwenden kann. Das Ende der Signaturlehre wie ihr Höhepunkt werden dann durch die Physiognomik bezeichnet; doch wird deren Bezug zu ihrer naturgeschichtlichen Frühform unterschiedlich eingeschätzt. Lichtenberg sah für den Physiognomen »unendlich mehr Schwierigkeit als in der Naturlehre« (*Über Physiognomik*, 1778); doch Forster urteilte genau entgegengesetzt: »Den physiognomischen Sinn, so unmöglich es ist, ihm eine Methodik unterzulegen, können wir uns selbst nicht abläugnen; aber es bedarf keines Erinnerns, daß er vom Menschen zum Menschen ungleich wirksamer ist, als in Beziehung auf die Qualitäten der Thiere und Pflanzen und deren Signaturen (laß mir das mystische Wort nur hingehen) in der äußeren Gestalt« (*Ansichten vom Niederrhein*, VIII;1791). Johann Heinrich Merck hat Lichtenberg gegenüber Lavater mit den Worten verteidigt: »Ihre ganze Botanik von HerzensTugenden u. GenieVarietäten muß natürlicher Weise auf alle Leute fatale Wirkung thun ...« (An Lavater, 17. Mai 1778).

** Kant; *Anthropologie*, B 95/96. (Gesperrte Passagen Kants sowie Kursivschreibungen weggelassen). Die Fachwerk-Metapher wird in der Regel

Schon bei Bacon wird die ars memoriae zu einer Art Klassifikation; einige ihrer Embleme wie der Baum – Lulls ›arbor scientiae‹ – und die Leiter spielen eine ähnliche Rolle wie in den Darstellungen des Naturreichs Kette, Leiter und Netz (Yates 1969). Ursprünglich war die ausführliche und auch langwierige Beschreibung der Pflanzen durchaus nicht als Nachteil gesehen worden; so hieß es etwa von Micheli bewundernd, daß er »in der Fabrikation langer Phrasen gehörig seinen Mann stellte« (Jansen 1885:9). Als der Wildwuchs der Pflanzenbezeichnungen aber immer stärker wird – »grossularia, multiplici acino: seu non spinosa hortensis rubra, seu ribes officinarum« heißt die rote Johannisbeere bei Gaspar Bauhin –, ist die Konstruktion von Abkürzungen unvermeidlich, »nomina breviora sint« (Tournefort). Bei Linné ist lakonisch nur noch von ›ribes rubrum‹ die Rede.

Die Kenntnis und Erinnerung der Namen ist eine Vorbedingung naturgeschichtlichen Denkens – nomina si nescis, perit et cognitio rerum, heißt es im § 211 von Linnés *Philosophia botanica*. Die Charakteristik der klassifikatorisch verfahrenden Naturgeschichte als Gedächtniskunst und ›Gedächtniswissenschaft‹ (Novalis) verweist auf deren Nähe zur vor-modernen Geschichte, der von Koselleck so genannten ›Historie des Raumes‹. Im *Fragment d'un traité du vide* (1647) rechnet Pascal die Geschichte – neben der Geographie, der Jurisprudenz, dem Studium der Sprachen und der Theologie – nicht zum Bereich des raisonnement; sie beruht allein auf der ›mémoire‹, während die Vervollkommnung der Naturwissenschaften von Zeit und Mühe (»du temps et de la peine«) abhängt. Im *Prospekt* der Enzyklopädie von 1750 betont Diderot, daß wir die Geschichte einzig dem Gedächtnis verdanken, und Kant erläutert in der Architektonik der reinen Vernunft, was wir unter historischer Erkenntnis, der cogni-

dazu verwendet, das Künstliche, Unempirische des Linnéschen Systems zu kritisieren; so deutlich schon bei Forster, wenn er am 20. Juli 1786 an Biester schreibt, Linné habe sein Fachwerk entworfen und die Wesen der Natur hineingepaßt; bei Chamisso und mit besonderer Schärfe bei Lotze. Ihm zufolge bestand die allgemeine Pathologie lange Zeit nur aus »einem Fachwerke systematischer Klassification, in dessen weiten Maschen sich die so außerordentlich wenigen strengen Facta, denen wir hier begegnen, gänzlich verloren haben würden« (*Allgemeine Pathologie* ... 1842).

tio ex datis, im Gegensatz zur rationalen cognitio ex principiis zu verstehen haben, am Beispiel eines Mannes, der das System der Wolffischen Philosophie auswendig kann: »Er hat gut gefaßt und behalten, d. i. gelernet, und ist ein Gipsabdruck von einem lebenden Menschen« (*Kritik der reinen Vernunft*, B 864). Selbst Rousseau aber, der immer bereit war, die Denaturierung der Botanik mit der Verfallsgeschichte der bürgerlichen Gesellschaft zu vergleichen, sah in der Mnemotechnik nur einen Vorteil; älter als 60 Jahre, »des wenigen an Gedächtnis beraubt, das ich noch besitze«, fing er an, J. A. Murrays ›Le Règne végétal‹, eine Einführung zu Linnés *Systema vegetabilium* (1774), auswendig zu lernen (*Rêveries d'un promeneur solitaire*, Septième Promenade). Als Friedrich von Raumer 1816 in Bern Wyttenbach trifft, der Haller noch gut gekannt hat, kennzeichnet dieser den großen Naturforscher vor allem durch seine Gedächtnisleistungen: »Sein Gedächtniß war so groß, daß er z. B. Pflanzen nicht nach dem Namen citirte, sondern sogleich dem Fragenden sagte, es ist die und die Nummer in meinem Werke. Um ihn auf die Probe zu stellen, schrieb einer seiner Bekannten die Namen aller chinesischen Kaiser nieder, brachte das Gespräch darauf und siehe, Haller konnte alle ohne Irrthum auswendig hersagen. – Einst fiel er zu Boden, glaubte, es sei vielleicht eine Art Schlagfluß, und schrieb, um zu sehen ob sein Gedächtniß gelitten habe, die Namen aller Flüsse auf, welche an der Westküste von Amerika ins Meer fallen« (Raumer an seine Frau, 7. Sept. 1816).*

* Hallers empirische Einstellung wurde bewundert, aber auch distanziert zur Kenntnis genommen. Abraham Gotthelf Kästner berichtet davon, daß Haller einen Todkranken aufgesucht und zu ihm gesagt habe: »Was soll ich Ihm geben, daß ich ihn kriege, wenn er tot ist?« – worauf der Kranke an zu beten fing, weil er ihn für den Teufel hielt (Kästner 1841; *Wie Albrecht Haller einmal für etwas ganz anders ist angesehen worden*). Vor der eigenen Person machte diese Distanz und Kälte gegenüber dem Tod nicht halt, wie Madame Necker mitteilt: »M. Haller fühlte im Augenblick der Agonie seinen Puls; er sagte: die Arterie schlägt noch – sie schlägt – sie schlägt nicht mehr; und er starb« (Necker 1801 I:89/90). Dies ist nichts weniger als ein persönlicher Zug, keine Anekdote, damit ist vielmehr eine Einstellung beschrieben, die sich bis in die Gegenwart wiederfindet und sich immer wiederholt. Als 1882 Trousseau, ebenfalls Arzt, im Sterben liegt, ruft er seine Tochter ans Bett, drückt ihr die Hand und sagt: »Solange ich sie Dir drücken werde, werde

Eine lediglich auf Erinnerung beruhende Historie wie eine einzig vom Gedächtnis abhängige Naturgeschichte verfahren beide unhistorisch: sie rekonstruieren – und prognostizieren womöglich – keine Abläufe von Geschehnissen, sondern stellen lediglich die Vergegenwärtigung des bereits Bekannten dar. In ihrem Versuch, sich von der Naturgeschichte zu emanzipieren, kann die Geschichte dieser kaum vorwerfen, bloß Gedächtniskunst gewesen zu sein; zu den ›Wundermännern des Gedächtnisses‹ (Kant) gehören vor allem Polyhistoren und Chronisten wie Scaliger, und die schlimmsten Ausartungen der Mnemotechnik finden sich nicht in der Naturgeschichte.*

Zunächst einmal ist die Naturgeschichte eine Technik der Beschreibung, später vor allem Systematik und Logik – »L'histoire naturelle est la meilleure logique« (Bonnet). Die Darstellung der Naturdinge soll weniger deren inneren Zusammenhang widerspiegeln als uns deren Rekapitulation erleichtern. Daher ist die Sprachtheorie für die Naturgeschichte so bedeutsam – der Gebrauch von Worten, die es uns gestatten, unsere Gedanken abgekürzt darzustellen (Leibniz, *Nouveaux Essais, § 34*), gehört zu ihren wichtigsten Voraussetzungen. Die Prinzipien der Gliederung selbst spielen demgegenüber eine sekundäre Rolle. Das zeigt sich deutlich an der alphabetischen Gliederung, an der Arbeiten zur Naturgeschichte bis ins 18. Jahrhundert festhalten. In der Naturgeschichte der Fische seiner *Historiae animalium* (1551–58) befolgt Konrad Gesner die Ordnung nach dem lateinischen Alphabet, weil sein ganzes Bemühen, so seine

ich noch am Leben sein... Danach werde ich nicht mehr wissen, wo ich bin« (Edmond de Goncourt, *Journal*, 3. Januar 1883). Saint-Simon, der sich auf dem Totenbett den Ärzten als Untersuchungsobjekt empfahl, Broussais, der sterbend sich selbst die Lider schloß, verkörpern diese experimentelle Einstellung, die vor dem eigenen Tod nicht haltmacht, ebenfalls. Vgl. S. 173.

* »So ist die Bilderfibel, wie die Bilderbibel, oder gar eine in Bildern vorgestellte Pandektenlehre ein optischer Kasten eines kindischen Lehrers, um seine Lehrlinge noch kindischer zu machen als sie waren. Von der letzteren kann ein auf solche Art dem Gedächtnis anvertrauter Titel der Pandekten: de heredibus suis et legitimis [von seinen Erben und zwar den gesetzlichen, Übers. d. Hrsg.], zum Beispiel dienen. Das erste Wort wurde durch einen Kasten mit Vorhängeschlössern sinnlich gemacht, das zweite durch eine Sau, das dritte durch die zwei Tafeln Mosis« (Kant; *Anthropologie*, B 94/95. Sperrdruck weggelassen).

eigenen Worte, eher das eines Grammatikers als eines Philosophen sei. Fuchs geht in seinem Kräuterbuch nach dem griechischen Alphabet vor, und John Ray verwendet die alphabetische Ordnung nicht nur im *Catalogus Cantabrigiam* (1660), sondern auch noch in seinem 1694 erscheinenden Handbuch europäischer Pflanzen *(Sylloge)*. Zwar hatte schon Hieronymus Bock in seinem Kräuterbuch (1560) gegen alphabetische Ordnungen gesprochen – ab 1774 kann in Berlin noch F. H. W. Martinis *Allgemeine Geschichte der Natur in alphabetischer Ordnung* erscheinen.

Beim Versuch, die Naturgeschichte aus der eigentlichen Geschichte auszuscheiden, wird deren »unhistorischer« Charakter hervorgehoben. In Voltaires Artikel ›Histoire‹ für die Enzyklopädie wie in Adelungs Wörterbuch wird betont, daß die Naturgeschichte nur im uneigentlichen Sinne, ›improprement‹, als Geschichte bezeichnet werden könne, sie sei vielmehr als Verzeichnis und Beschreibung der zum Naturreich gehörigen Körper ein wesentlicher Teil der Physik. Dennoch gelingt dieser Emanzipationsversuch der Geschichte nur unvollkommen. Insbesondere Kant hat deutlich gesehen, daß in der Naturgeschichte selbst Tendenzen immer stärker wurden, sie zu einer Geschichte der Natur umzuformen. Naturwissenschaft und historische Naturlehre müssen unterschieden werden, zur letzteren gehören die Naturbeschreibung und die Naturgeschichte, die ein Klassensystem der Naturdinge nach Ähnlichkeiten bzw. eine »systematische Darstellung derselben in verschiedenen Zeiten und Örtern« ausmachen (*Metaphysische Anfangsgründe der Naturwissenschaft* 1786; A V und VI). Zwei Jahre später arbeitet Kant noch deutlicher die Temporalisierungstendenz heraus, die in der Naturgeschichte verborgen ist, wobei er insbesondere Linnés Erdtheorien hervorhebt: »Den Zusammenhang gewisser jetziger Beschaffenheiten der Naturdinge mit ihren Ursachen in der ältern Zeit nach Wirkungsgesetzen, die wir nicht erdichten, sondern aus den Kräften der Natur, wie sie sich uns jetzt darbietet, ableiten, nur bloß so weit zurück verfolgen, als es die Analogie erlaubt, das wäre *Naturgeschichte*« (*Über den Gebrauch teleologischer Prinzipien in der Philosophie*, A 41). Daran schließt sich der Vorschlag an, den terminologischen Unschärfen des Begriffs Naturgeschichte dadurch ein Ende zu bereiten, daß die Naturbeschreibung hinfort als Physiographie, die Naturgeschichte als Physiogonie bezeichnet wird.

In der *Kritik der Urteilskraft* (1790) zählt die Herausarbeitung historischer Wirkungsgesetze der Natur, von denen in den *Metaphysischen Anfangsgründen* bereits die Rede war, zu den Aufgaben, die dem ›Archäologen der Natur‹ zugewiesen werden; wenn Kant als Hypothese – die durch ein Beispiel aus der Erfahrung freilich noch nicht gestützt werde – formuliert, daß »gewisse Wassertiere sich nach und nach zu Sumpftieren, und aus diesen, zu Landtieren ausbildeten« und die Mannigfaltigkeit der lebenden Naturdinge durch ihre von ihm vermutete »wirkliche Verwandtschaft« einsichtig machen will, ist das genealogische Arrangement des natürlichen Systems, das erst bei Darwin sich voll durchsetzt, bereits vorweggenommen.

Die Emanzipation der Geschichte von der Naturgeschichte und die Herabstufung der letzteren zur ›uneigentlichen‹ Geschichte kann daher nur betreiben, wer die zunehmende Verzeitlichungstendenz der Naturgeschichte nicht zur Kenntnis nimmt, wie Voltaire und Adelung. Wenn man dies aber tut, dann kann man nicht die Geschichte von der Naturgeschichte, dann muß man beide von ihren statischen Vorformen ablösen. Der Zusammenhalt von Geschichte und Naturgeschichte lockert sich dadurch nicht, er wird lediglich – wie im Übergang von der Kreislauf- zur Spiralmetapher – anders formuliert. Erxleben, der »Linné's Natursystem und ähnliche Bücher [nicht] für wahre Compendien über die Naturgeschichte halten [kann]; sie sind nur Register über die bekannten natürlichen Körper« (*Anfangsgründe der Naturlehre*, 1777), schreibt der Naturgeschichte eine ähnliche Entwicklung wie der Universalgeschichte vor. Wer nämlich die Naturgeschichte nicht im Zusammenhang und im Ganzen betreibt, dem geht es wie »jemandem, der anstatt in der Universalhistorie die Entstehung und den Untergang der Reiche, ihren Zusammenhang und den Einfluß, den sie aufeinander haben, kennen zu lernen, artige Histörchen von diesem oder jenem König oder merkwürdigen Manne hört« (*Anfangsgründe der Naturgeschichte*, 1767). Die wissenschaftlich tragbare Naturgeschichte muß daher eine kürzere Universalhistorie, eine wahre pragmatische Erzählung, ja eine ›Universalnaturgeschichte‹ sein, deren Form mit der Kürze der Zeit zusammenhängt, die für ihre Lehre zur Verfügung steht: ein halbjähriges Collegium, d. h. etwas mehr als hundert Stunden. Die historische Novellistik verliert mit der Verzeitlichung der Historie an Boden – die Fabel aber verschwindet nicht nur aus der

Geschichte, sondern auch aus der Naturgeschichte (Weinrich 1973). Und Voltaire, der, so berichtet der Fürst von Ligne, über die Kirchengeschichte des Abbé de Fleury sagte: »Das ist keine Geschichte, das sind Geschichten«, läßt sich Lichtenberg an die Seite stellen, der ohnehin das zur Raserei gewordene Studium der Naturhistorie beklagte und in der Büttner'schen Naturgeschichte »mehr Geschichtgen als reelle Bemerkungen« fand.

Schelling hat in seinen naturphilosophischen Schriften den Begriff der Naturgeschichte ernst genommen und dessen historischen Gehalt unterstrichen. In seinem *Ersten Entwurf eines Systems der Naturphilosophie* (1799) hat er, an Kant anschließend, betont, daß bisher unter der Naturgeschichte lediglich Naturbeschreibung verstanden worden sei und hat gefordert, hierin über Kant hinausgehend, der Naturgeschichte die Bedeutung einer wirklichen Geschichte der Natur zu geben, die sich zur herkömmlichen Naturbeschreibung verhalten sollte wie die Physiologie zur Anatomie. Das Verständnis der Naturgeschichte »im eigentlichen Sinn des Worts« – ein Verständnis, das Voltaire und Adelung nicht aufbringen konnten, weil es ihnen um die Freilegung der ›eigentlichen‹ Geschichte in Absetzung von der Naturgeschichte ging – führt Schelling dazu, mit Blumenbach Vorstellungen der individuellen Präformation abzulehnen und lediglich das Vorhandensein einer generischen Präformation in der Natur anzuerkennen. Diese erscheint bei ihm auch als dynamische Präformation, im übrigen wird der Evolutionsbegriff dem Zusammenhang der Präformationstheorie entrissen und, wie es unserem Sprachgebrauch näher liegt, die Epigenesis als dynamische Evolution charakterisiert.

Diese Verzeitlichung der Naturgeschichte ist mit jener Klärung des Geschichtsbegriffs, die Schelling im *System des transzendentalen Idealismus* (1800) vornimmt, eng verbunden. Wenn Schelling sich des Begriffs der Geschichte »versichern« will, geschieht dies in erster Linie durch eine Trennung eigentlicher und uneigentlicher Geschichte. Zur letzteren gehören dann sowohl Naturbegebenheiten, die ihren historischen Charakter lediglich dem Einfluß auf menschliches Geschehen verdanken, der »Fortgang der Künste und Wissenschaften«, periodisch wiederkehrende Ereignisse, »überhaupt alles, was nach einem bestimmten Mechanismus erfolgt, oder seine Theorie *a priori* hat«. Die eigentliche Geschichte aber, die mit dem Begriff einer »unendlichen Progressivität« verbunden wird, erläutert Schelling zunächst am Beispiel der wahrhaft historisch aufgefaßten Naturgeschichte: »Wenn man von einer Naturgeschichte im eigentlichen Sinn des Worts sprechen wollte, so müßte man sich die Natur vorstellen, als ob sie, in ihren Produktionen scheinbar frei, die ganze Mannichfaltigkeit derselben durch stetige Abweichungen von Einem ursprünglichen Original allmählich hervorgebracht hätte, welches alsdann eine Geschichte nicht der *Naturobjekte* (welche eigentlich Naturbeschreibung ist), sondern der hervorbringenden *Natur selbst* wäre« (Schelling 1927:588).

Als die hohe Zeit der Naturgeschichte längst vorüber zu sein scheint, zeigt sich, daß der neuen Humangeschichte deren Abtrennung nur unvollkommen gelungen ist. Bereits 1767 möchte Iselin seiner *Geschichte der Menschheit* eigentlich den Titel *Von dem Geiste der Geschichte* geben, weil er darin seine Absichten besser ausgedrückt sieht (Koselleck 1975b:650); zu Beginn des 19. Jahrhunderts erklärt Benjamin Constant sich den Erfolg von Montesquieus *Esprit des lois* – ein Jahr vor dem ersten Band der Buffonschen Naturgeschichte erschienen – damit, daß Montesquieu über den Geist (esprit), nicht wie die kaum gelesenen Ferguson und Goguet über die Geschichte (histoire) der Gesetze geschrieben habe (*Journaux intimes*, 1. Febr. 1804). Damit ist der Fortschritt gegenüber einer annalistischen Betrachtungsweise angesprochen, von der die Geschichte selbst sich mühsam befreien mußte und den eine in systematischer Absicht betriebene Naturgeschichte nunmehr selbst für sich in Anspruch nehmen darf. Noch deutlicher erfährt Michelet 1831, wie eng der Zusammenhalt von Geschichte und Naturgeschichte geblieben ist: »Ce qui me frappe à Caen, c'est que les mêmes hommes, Caumont, Lair, Vaultier sont à la fois antiquaires et naturalistes. Mon compagnon de voyage confondait sans cesse l'histoire et l'histoire naturelle. C'est qu'au fait, Caen réunit d'une part les antiquités romaines et normandes, de l'autre les antiquités antédiluviennes, des fossiles, etc.«

*Ce qui me...* Was mich in Caen so beeindruckt, ist die Tatsache, daß die gleichen Männer, Caumont, Lair und Vaultier, sowohl Antiquare wie Naturalisten sind. Mein Reisebegleiter verwechselte ohne Unterlaß Geschichte und Naturgeschichte. Das kommt daher, daß in Caen sowohl römische wie nor-

# Die Zeit der Naturgeschichte

Bis ins 18. Jahrhundert wird die Naturgeschichte von der Vorstellung der ›Kette der Wesen‹ geprägt: Gott hat die größte Zahl von Dingen geschaffen, die er schaffen konnte; in der Natur herrscht ein horror vacui; da sie keine Sprünge macht, sind alle Dinge kontinuierlich miteinander verbunden. »Tout est systématique dans l'Univers, tout y est combinaison, rapport, liaison, enchaînement«, heißt es in Bonnets *Contemplation de la nature* von 1764 (I,7). Die Kette der Wesen ist unendlich, außerhalb ihrer befindet sich nur der, der sie geschaffen hat: Gott. Einteilungen wie die in Klassen, Gattungen und Arten dienen dazu, uns zu einer Übersicht der unendlichen Fülle (plenitudo) der Wesen zu verhelfen, die Gott geschaffen hat. Da aber ein kontinuierlicher Zusammenhang zwischen allen Wesen herrscht, finden wir Mittelglieder (productions moyennes) vor, die sich unserem Klassifikationsraster entziehen: so steht der Polyp zwischen dem vegetabilischen und dem animalischen Bereich, der Strauß zwischen den Vögeln und den Vierfüßlern, zwischen diesen und dem Menschen der Affe. Klassifikationen und Taxonomien sind künstliche Systeme, das Universum ist für uns eine immense Bibliothek *(Contemplation de la nature* IV,13). Alle Wesen sind von Gott einmal geschaffen worden, auf der Erde wickeln sie sich lediglich aus (évolution), neue Wesen können nicht mehr entstehen. Diese Konzeption spielt bis in das letzte Viertel des 18. Jahrhunderts eine ähnlich bestimmende Rolle in der Geistes- und Wissenschaftsgeschichte wie im 19. Jahr-

mannische Altertümer, als auch vordiluviale Funde, Fossilien usw. anzutreffen sind (*Journal*, 8. August 1831). Später hat Michelet es als sein Programm formuliert, seine produktive Kraft durch die zusätzliche Beschäftigung mit der Naturgeschichte zu vermehren, ohne dabei die mit der Geschichte aufzugeben oder auch nur zu mindern. (*Journal*, 20. Mai 1860). Vgl. S. 118 f.

hundert die Evolutionstheorie (Lovejoy 1960). Daß die räumlich bestimmte Vorstellung von der Kette der Wesen (chaîne des êtres) schließlich durch den Verzeitlichungsprozeß aufgelöst wird, kommt in einer Bemerkung Lamennais' zum Ausdruck, der davon spricht, daß die Beschleunigung, die zu Anfang des neunzehnten Jahrhunderts alle Bewegungen erfahren, eine Verkettung der Dinge nicht mehr zuläßt (»Cette accélération de mouvement qui ne permet de rien enchaîner ...«; *Pensées diverses*).

Im Laufe des 18. Jahrhunderts gerät die Vorstellung einer unendlichen ›Kette der Wesen‹ in Schwierigkeiten. Diese sind zunächst einmal religiöser und moralischer Art: die Vorstellung, daß Gott alles geschaffen habe und nichts Neues sich mehr ereignen könne, führt zu einer paradoxen Form des Optimismus – eines Optimismus ohne Hoffnung, der immer stärker mit sich ausbreitenden Fortschrittsvorstellungen in Konflikt gerät. Empirische Daten, insbesondere Funde der Paläontologie, sprechen ebenfalls immer stärker für eine veränderte Konzeption des Universums, das nicht in seiner Unveränderlichkeit geschaffen, sondern im steten Fortgang begriffen scheint. Über lange Zeit hinweg werden jedoch immer neue Argumente hervorgebracht, die die klassische Naturgeschichte vor einer Temporalisierung ihrer Grundannahmen bewahren. Hooke und Steenson (Steno) entwickeln schon im 17. Jahrhundert das erdgeschichtliche Denken in seinen Grundzügen – eingezwängt in die Grenzen der traditionellen Chronologie bleiben ihre Argumente aber relativ wirkungslos. Schon Xenophanes hatte in Fossilien Hinweise auf geologische Wandlungsprozesse gesehen; 1712 behauptet Camerarius, Gott habe die verschiedenen Arten von Fossilien geschaffen, um das Innere der Erde mit einem Blätterwerk zu versehen, das dem ihres Äußeren ähnlich sei. Die Fossilien-Entstehung wird nicht, wie es gelegentlich geschah, in die Zeit vor der Sintflut, sondern zum Zeitpunkt der Schöpfung selbst zurückverlegt, um die Annahme eines Schöpfungsprozesses zu vermeiden. Eine Mischung aus »Ungewißheit und Übergenauigkeit« (Ariès) prägt die chronologischen Spekulationen der Zeit.* John Swan diskutiert in seinem *Speculum*

* Die Capricen der Chronologie hat schon Malebranche (*La recherche de la vérité*, 1675) kritisiert: die Genealogie der gegenwärtig herrschenden Prinzen sei ihr unbekannt, dafür rekonstruiere sie mit Sorgfalt die Abstammung

*Mundi* (1635), ob die Welt am 26. oder 27. Oktober geschaffen worden sei, William Whiston (*New Theory of the Earth*, 1696) datiert die Sintflut auf den 18. November 2349 v. Chr., der deutsche Theologe J. A. Bengel die Schöpfung auf Sonntag, den 10. Oktober 3943 v. Chr. (*Ordo Temporum*, 1741). Mehr und mehr empirische Befunde sprechen dagegen, die kurzen Zeiträume der mosaischen Chronologie für die Weltentstehung und Weltentwicklung als ausreichend anzusehen: die Trennung von Kosmologie und Genesis drängt sich auf. Linné – in jene Kommission berufen, die mit der schwedischen Bibel-Übersetzung beauftragt wurde – schrieb, er hätte die Erde gern für älter halten wollen, als selbst die Chinesen, die bei einer Schätzung von 19 Millionen Jahren angelangt waren, wenn nur die Heilige Schrift es ihm gestattet hätte. Buffon kam sofort in Schwierigkeiten, als er das Alter der Erde für weit höher ansetzte, als die Kirche es zulassen konnte. Dabei war er vorsichtig genug gewesen, seine offizielle Schätzung des Erdalters, die sich auf etwa 168 000 Jahre belief, von seiner privaten zu trennen, die für das Alter der Erde mehr als eine halbe Million Jahre veranschlagte. Im Manuskript der *Epoques de la nature* schrieb Buffon, er habe zur Erdentstehung so wenig Zeit wie nur irgend möglich angenommen. Weiter schlug er vor, den Schöpfungsbericht metaphorisch zu interpretieren: lese man die sie-

derjenigen Menschen, die schon 4000 Jahre tot seien. In den *Charakteren* (1688) hat La Bruyère in der Figur des Hermagoras die Chronologen ironisiert: »Hermagoras weiß nicht, wer König von Ungarn ist; er wundert sich, daß niemand vom König von Böhmen spricht; reden Sie nicht mit ihm von den Feldzügen in Flandern und Holland, erlassen Sie ihm wenigstens, auf Fragen zu antworten; er vermengt die Zeiten, er weiß nicht, wann die Kriege begonnen haben, wann sie aufhörten; Schlachten, Belagerungen, alles ist ihm neu; aber er ist über den Krieg der Riesen genau unterrichtet, er erzählt den Verlauf in allen Einzelheiten, nichts ist ihm unbekannt geblieben; er entwirrt das schreckliche Chaos der großen Weltreiche, des Babylonischen und Assyrischen; er kennt ganz genau die Ägypter und ihre Dynastien. Er hat Versailles nie gesehen, er wird auch nie hinkommen: aber den Turm von Babel hat er fast mit eignen Augen gesehen; er weiß, wieviel Stufen er hatte; er kennt die Zahl der Baumeister und sogar ihre Namen.« Mercier kritisierte, diese »imaginäre Wissenschaft« könne die Zeit der Erdumwälzungen nicht bestimmen und beschäftige sich damit, die Regierungszeiten der Könige festzulegen. Daß Ahistorizität und penible Chronologie zusammen-

ben Tage als sieben Epochen und setze diese entsprechend lange an, sei die Genesis mit den Befunden der Erdwissenschaft durchaus vereinbar. Ähnlich nimmt schon Ende des 17. Jahrhundert Thomas Burnet eine allegorische Deutung zu Hilfe, »die es ihm gestattet, alle *Zeitmaßstäbe* der Bibel umzustoßen. An Stelle der einzelnen Schöpfungstage treten Epochen oder Perioden, denen jedoch jede beliebige, durch den empirischen Befund geforderte Dauer zugesprochen werden kann« (Cassirer 1932:64).

Das Zurückweichen der Naturgeschichte vor einer Temporalisierung all der Annahmen, die mit der Konzeption der ›Kette der Wesen‹ zusammenhängen, ist jedoch weniger auf eine verzögerte Säkularisierung, als auf die grundsätzlich räumliche Orientierung der naturhistorischen Klassifikationsverfahren zurückführbar. Das Gesetz der Kontinuität etwa verlangt, die Existenz von Zwischenstufen (créatures mitoyennes) auch dort anzunehmen, wo uns ihre Exemplare noch nicht vor Augen gekommen sind. Anstatt nun deren Existenz entweder in der Vergangenheit anzunehmen oder sie in der Zukunft zu vermuten, greifen beispielsweise Bonnet und Leibniz (*Nouveaux Essais;* III,6, § 12) zu der Annahme anderer Systeme oder Welten, auf denen diese Zwischenstufen sicherlich gefunden werden können.

Ein Ausweichen vor der Temporalisierung stellt es auch dar, wenn die Naturgeschichte den Konsequenzen des Fortschrittsglaubens durch die Annahme eines »anti-historischen Fortschritts« zu begegnen sucht – um einen Begriff zu benutzen, den Schelling in einem anderen Zusammenhang, nämlich dem der Kunst- und Wissenschaftsgeschichte, im *System des transzendentalen Idealismus* verwendet hat. Der antihistorische Fortschrittsbegriff der Naturgeschichte drückt sich in einem veränderten Bild aus; nunmehr ist nicht mehr von der Kette der Wesen die Rede, sondern von einer

passen, hat Hegel in den *Vorlesungen* betont. China lag zwar außerhalb der Weltgeschichte, doch verwunderte die Europäer »die Genauigkeit, mit der die Geschichtswerke ausgeführt waren«. Von der Bevorzugung der chinesischen Annalistik gegenüber der europäischen durch Voltaire war schon die Rede. In diesem Zusammenhang erscheint es nicht ohne Bedeutung, daß gerade Fréret, der Vorläufer der europäischen Sinologie, die Funktion der Chronologie als historischer Hilfswissenschaft hervorhebt.

Leiter (scala rerum), deren Stufenanzahl unendlich ist. Kant und Blumenbach haben die metaphysische Begründung dieser Vorstellungen durch die Leibniz'sche lex continui abgelehnt; den Gebrauch metaphorischer Bilder, wie Kette, Leiter und Netz, die den Zusammenhang der Wesen charakterisieren sollten, aber für nützlich gehalten – die Vorstellung von der Stufenleiter der Geschöpfe nennt Kant in der *Kritik der reinen Vernunft* (B 697) »ein rechtmäßiges und treffliches regulatives Prinzip der Vernunft«. Andere sind bei den Bildern von Kette und Leiter nicht stehengeblieben. Um den »Standpunkt und die Verwandtschaft der Thiere« zueinander besser ausdrücken zu können, entwickelt Oken im *Abriss des Systems der Biologie* (1805) »ein stereotisches Netz, eine Leiter, deren Basis ein Netz ist« (Thienemann 1909:257). Den Übergang vom Bild der Kette zum Netz hatte 1745 zum ersten Mal Donati in seiner Naturgeschichte des adriatischen Meeres vollzogen. Jean Hermann lehnt auch die von Bonnet entwickelten Baum-Metaphern als ungenügend ab; seine netzwerkartige *Tabula affinitatum animalium* (1783) aber, die er konstruiert, um auch noch die entferntesten Beziehungen zwischen den Lebewesen aufzeigen zu können, wird so unübersichtlich, daß sie zu Klassifikationszwecken gar nicht mehr verwendet werden kann. In all diesen Versuchen drückt sich lediglich die wachsende Krise der räumlich orientierten Klassifikationsverfahren aus – die Erweiterung der Dimensionen nämlich, so Comte im *Système de politique positive* (1851), ist dem wahren Geist der Taxonomie genau entgegengesetzt.

Die Naturgeschichte verfügt über keinen temporalisierten Begriff der Entwicklung, Haller betont in den *Elementa physiologiae* (1751 bis 66), es gebe kein Werden, kein Teil des Tierkörpers sei vor dem anderen entstanden. Bonnet vertritt die Auffassung, alle Individuen seien im jeweils ersten Elternpaar bereits ›eingeschachtelt‹ gewesen (emboîtement); das »nil noviter generari« Hallers läßt einen Begriff wie den der Zeugung gar nicht zu. Die ›évolutionnistes‹ des 18. Jahrhunderts sind Anhänger der Präformation, gleich ob sie wie die Animalkulisten den Sitz des präformierten Organismus im Samen oder wie die Ovulisten im Ei sehen. Mit der Annahme einer Präformation ist die Mikroevolution der Individuen – die Auswicklung des im Keim bereits Vorgeformten – verträglich, Makroevolutionen, d. h. Veränderungen über Artgrenzen hinweg, sind aber schlechterdings undenkbar. Le Blonds langer Artikel ›Evolutions‹ in der großen Enzyklopädie ist rein militärtechnischer Natur, ebenso wie der Artikel ›Evolutions navales‹; ›évolutions‹ oder ›motions‹ sind in der Militärkunst »les différens mouvemens qu'on fait exécuter aux troupes pour les former ou mettre en bataille ...«

Der Begriff der Evolution ist ebenso räumlich bestimmt wie der der Entwicklung, denn unter ›développement‹ wird in der Architektur die Profilzeichnung aller Gebäudeseiten verstanden. Nicht nur heute fällt es gelegentlich schwer, den Evolutionsbegriff des 18. Jahrhunderts mit einer Konnotation zu versehen, die dem gegenwärtigen Sprachgebrauch genau entgegengesetzt ist. Schon Kant hat in der *Kritik der Urteilskraft* vorgeschlagen, das traditionell ›Evolutionstheorie‹ genannte System der individuellen Präformation als Involutionstheorie oder Theorie der Einschachtelung zu bezeichnen und dadurch vom System der generischen Präformation, Epigenesis, besser zu unterscheiden (›Kritik der teleologischen Urteilskraft‹, § 81). Georg Forster aber, wie häufig gegen den Strich und damit umso wirkungsvoller argumentierend, hat 1788 im *Vorbericht* zu Louis Patrins Manuskript ›Zweifel gegen die Entwicklungstheorie‹ den Präformationismus ausgerechnet mit Hilfe der Bibelexegese bekämpft: »Ob aber die Behauptungen der Herren Evolutionisten von der Art sind, daß sie wie manche Ungereimtheiten, die Geissel des Witzes verdienen, lasse ich dahingestellt seyn, ungeachtet man bey dieser Argumentation einen gewissen Amtseifer wohl rechtfertigen könnte, indem es 1.Cor.XI.v.36.37. heißt: ›*Du Narr!* das du säest, wird nicht lebendig, es sterbe denn; und *das du säest, ist ja nicht der Leib, der werden soll,* sondern ein blos Korn, etc.‹ Auffallend ist es gleichwohl nach diesem heiligen Ausspruch, der so positiv und unzweydeutig da steht, wie dennoch berühmte und übrigens rechtgläubige Gottesgelehrte in den verdammlichen Irrthum der präformierten Keime verfallen, und noch weit mehr – wie eine offenbare Ketzerey so lange ungeahndet hat bleiben können!« (Forster 1974:162/63).

*Les différens* ... die verschiedenen Bewegungen, die man die Truppen ausführen läßt, um sie zu formieren oder in die Schlacht zu führen. Typisch für die Verwendung dieses Evolutionsbegriffs sind der *Traité des évolutions militaires de l'infanterie* (1754) des Comte de Bombelles oder Bourde de Villehuets *Le Manœuvrier, ou Essai sur la Théorie et la Pratique des Mouvements du Navire et des Evolutions navales* (1769).

An der Vorstellung der Kette der Wesen hat Voltaire dreifache Kritik geübt: zunächst einmal war offensichtlich, daß es unter den Pflanzen und Tieren ausgestorbene Arten gab und daß weitere Arten zur Zeit Voltaires vom Aussterben bedroht waren; zum zweiten gab es Brüche in der Kette, wie die zwischen dem Affen und dem Menschen; zum dritten schließlich war die Annahme von Wesen, die zwischen dem Menschen und Gott vermittelten, zwar durch den Glauben geboten, ansonsten aber höchst unwahrscheinlich. Vollends unterbrochen schien die Kette der Wesen, wenn man sich die Himmelskörper anschaute – Platon hatte Fabeln erzählt, deren Ausmaß ebenso groß war wie das seiner unvergänglichen Wahrheiten (*Dictionnaire philosophique*, Art. ›Chaîne des êtres créés‹). Voltaire beschränkte sich nicht damit, diejenigen Argumente zusammenzutragen, die gegen die Konzeption von der Kette der Wesen sprachen. Er versuchte auch, eine Erklärung für die Tatsache zu finden, warum diese Vorstellung eine so lange Zeit und von so unterschiedlichen Anhängern vertreten wurde. Die Kette der Lebewesen vermittelte ein hierarchisches Bild, das mit anderen hierarchischen Vorstellungen zusammenpaßte: »Cette hiérarchie plaît beaucoup aux bonnes gens, qui croient voir le pape et ses cardinaux suivis des archevêques, des évêques; après quoi viennent les curès, les vicaires, les simples prêtres, les diacres, les sous-diacres; puis paraissent les moines, et la marche est fermée par les capucins.«

Die Naturgeschichte klassifiziert statisch: das Reich der Pflanzen und Tiere kann mit den Ständen der Gesellschaft verglichen werden, da bei diesen zwar auch Zwischenstufen sich finden, ohne daß doch ein Übergang von einem Stand zum anderen angenommen werden könnte: »His omnibus accuratum Deus praescripsit subordinationem & quasi politiam«, heißt es deutlich in der Dissertation *Politia naturae* (I,3), die sich im sechsten Band der *Amoenitates academicae* (29. März 1760) findet. Unter den Titeln einer *Oeconomia naturae* und *Politia naturae* hat Linné eine Ständeordnung der Pflanzenwelt

*Cette hiérarchie*... Diese Hierarchie gefällt den guten Leuten sehr, die den Papst zu sehen glauben und seine Kardinäle, die wiederum von den Erzbischöfen und Bischöfen gefolgt werden; dann kommen die Geistlichen, die Vikare, die einfachen Priester, die Diakone und Sub-Diakone; schließlich erscheinen die Mönche, und Kapuziner beschließen den Aufzug.

vorgestellt, innerhalb derer die Moose die Ärmsten bilden, die Gräser als Bauern, die Kräuter als Adel und die Bäume als Fürsten anzusehen sind. Weiterhin werden von Linné die Botaniker ebenso wie das »Heer der Creaturen« nach militärischen Prinzipien gegliedert, so nämlich »wie man aber bey einem grossen Kriegsheer zuerst die ganze Schlachtordnung in drey Haufen vertheilt, jeden Haufen aber wieder in Regimenter und diese in Compagnien zergliedert, bis man endlich die einzelnen Köpfe bestimmt, und alle, die zu einem Regiment gehören, auf einerley Art kleidet...« (Linné 1773–80:37). Daher gilt auch unter Berufung auf Cäsalpin: »Wenn die Pflanzen nicht in gewisse Ordnungen gebracht, und in ihre Klassen vertheilt werden, wie eine Armee; so muß nothwendig alle Kenntniß ungewiß seyn« (*Gattungen der Pflanzen*, § 1). Räumliche und militärische Metaphorik entsprechen dabei einander: classis wird durch provinciae/legiones, ordo durch territoria/cohortes, genus durch paroecia/manipuli, species durch pagi/contubernia und varietas durch domicilium/miles ausgedrückt. Im Heer der Botaniker sieht Linné sich selbst als General, Jussieu ist Generalmajor, Haller und Gesner müssen jeder mit dem Rang eines Obersten zufrieden sein. Für Siegesbeck gar bleibt nur die Position eines Feldwebels – ein sublimer Racheakt Linnés, der sich bei Haller über die Kritik Siegesbecks an seinem System beschwert hatte (Brief vom März 1738) und trotz Hallers Aufforderung, »alle diese Siegesbecks nicht so ernst zu nehmen« (7. Apr. 1738), im September 1739 wieder auf seinen Intimfeind zu sprechen kam: »Ah! sagte ich mir, Äskulap ist der Geber alles Guten, Flora aber hat nur Siegesbecks für mich bereit!«

Ernst Jünger sieht daher die Geltung der Linnéschen Typen aufs engste mit der unangetasteten Autorität der absoluten Monarchie verknüpft. Deren Autoritätsschwund sowie die »Auflösung der Stände und der persönlichen Art« sind mit dem Aufkommen von Theorien verknüpft, in denen die Artgrenzen durchlässiger und die Übergänge zwischen ihnen erleichtert werden. Im Rahmen der Verzeitlichungsthese erscheint es dabei von besonderer Bedeutung, daß Jünger diesen Schwundprozeß, der auch die starren Klassifikationsschemata der Naturgeschichte aufweicht, mit einer allgemeinen »Beschleunigung und Dynamisierung des Lebens« in Verbindung setzt.*

* Ernst Jünger; *Typus, Name, Gestalt* (1963). In diesem Zusammenhang

Dieser Hinweis sollte deutlich machen, wie tief die Widerstände waren, die sich einer Verzeitlichung der ›chain of being‹ (Lovejoy) entgegensetzten. Die Leibniz'sche Philosophie verkörpert den Übergang zur Temporalisierung deutlich. Die Einheitlichkeit des Systems ging dadurch verloren, denn Verzeitlichungsannahmen waren weder mit der Monadenlehre noch mit der präformationistischen Embryologie, die Leibniz vertrat, vereinbar. Leibniz scheint sich der Härte des Widerstands, der sich gegen Temporalisierungstendenzen richten würde, bewußt gewesen zu sein; er spricht davon, daß er einige Entdeckungen in dieser Richtung gemacht habe, auf die sein Zeitalter freilich nicht vorbereitet sei (Lovejoy). Im übrigen lassen sich in beiläufigen Bemerkungen diese Widerstände oftmals überzeugender nachweisen als in den großen System-Kritiken. Beispiele sind etwa die Briefe Bonnets an den Abbé Spallanzani, in denen so herablassend wie mitleidig von unserem »brave Epigénésiste«, unserem »obstiné Epigénésiste« die Rede ist, wenn von Needham gesprochen wird. Ein Beispiel ist ferner Voltaires Artikel ›Coquilles‹ im *Dictionnaire philosophique*. Voltaire hatte die Annahmen der klassischen Naturgeschichte, wie sie sich in der Konzeption der ›Kette der Wesen‹ verkörperten, kritisiert. Das hinderte ihn nicht daran, die Schlüsse, die aus geologischen Funden in Richtung auf eine Theorie der Erdgeschichte gefolgert wurden, abzulehnen, ja lächerlich zu machen. Aus fossilen Muschelfunden hatte man schließen wollen, daß vor Jahrmillionen das Meer die ganze Erde bedeckte und aus dem Meer letztlich die Entwicklung der Lebewesen auf der Erde zu erklären war. Voltaire konterte diese Behauptungen mit einigen kaum systematisierten Zweifeln an den empirischen Funden und Beobachtungen, die ihnen zugrunde lagen. Was er von der ganzen

betont auch Friedrich Georg Jünger die Verwandtschaft botanisch/zoologischer und adliger Stammbäume (*Die vollkommene Schöpfung. Natur oder Naturwissenschaft?*, 1969). Kombinationen dieser Art kann man in Ernst Jüngers *Marmor-Klippen* – »durchgesehen im September 1939 beim Heer« – nachspüren; dort heißt es bezeichnender Weise, daß Linnaeus »mit dem Marschallstab des Wortes in das Chaos der Tier- und Pflanzenwelt getreten war«. Ernst Jünger betont auch zu Recht, daß die sich so objektiv und distanziert gebende Linnésche Nomenklatur voller Wertungen steckt, wie in der Benennung der Amöbe, »eines anderen Charaktertieres unserer Epoche«, als Chaos chaos (*Sgraffiti*).

These hielt, zeigt seine Gegenbehauptung, die in maliziöser Weise auf nichts als den gesunden Menschenverstand zurückgreift: warum sollten die Muschelschalen, die man auf dem Mont Cénis gefunden hatte, nicht von den unzähligen Pilgern stammen, die über diesen Weg nach Rom gepilgert waren? »En un mot, une huître près du mont Cénis ne prouve pas que l'Océan indien ait enveloppé toutes les terres de notre hémisphère«.

Die Verzeitlichung der Vorstellung von der ›Kette der Wesen‹, die Annahme, daß neue Arten sehr wohl auch nach der Schöpfung entstehen können – ebenso wie viele Arten im Laufe der Zeit bereits untergegangen sind – und daß Entwicklungen über die Artgrenzen hinaus möglich sind, hat sich innerhalb der Naturgeschichte zunächst im Bereich der vor-organischen Entwicklungstheorien durchgesetzt. Kants *Allgemeine Naturgeschichte und Theorie des Himmels* (1755) zeigt, daß erdgeschichtliche Hypothesen in den Rahmen der klassischen Naturgeschichte durchaus integrierbar waren – seine Versicherung, dieses Unternehmen nicht eher gewagt zu haben, »als bis ich mich in Ansehung der Pflichten der Religion in Sicherheit gesehen habe« ist daher mehr als bloße captatio benevolentiae. Wenn Kant davon sprach, daß »die Anordnung und Einrichtung der Weltgebäude, aus dem Vorrate des erschaffenen Naturstoffes, in einer Folge der Zeit, nach und nach geschehe« und daß Welten und Ordnungen von der Zeit hervorgebracht seien; wenn er zwanglos Millionen von Jahren erwähnt, die dafür von der im übrigen niemals vollendeten Schöpfung aufgewendet worden seien, so sind all diese Hypothesen immer mit Hinweisen auf Kernbestandteile der klassischen Naturgeschichte – Verschwendung, Fülle, Fruchtbarkeit, Kontinuität der Natur – verbunden. Im übrigen war Kant sich deutlich bewußt, daß die Temporalisierung der Erdentwicklung und der Himmelskörper noch eine vergleichsweise leichte Aufgabe darstellte, wenn man an die übrigen Bereiche der Naturgeschichte dachte. Die Bildung der Himmelskörper schien jedenfalls eher erklärbar als »die Erzeugung eines einzigen Krauts oder einer Raupe«. Der Übergang von der Naturgeschichte zu einer Geschichte der Natur zeigt sich daher in

*En un mot*... Mit einem Wort, eine Auster in der Nähe des Mont Cénis beweist noch nicht, daß der Indische Ozean einst alle Teile unserer Hemisphäre bedeckt hat.

der Botanik und Zoologie besonders deutlich – freilich wirken hier die Widerstände gegen die ›Verzeitlichung‹ auch besonders auffallend. So notiert Chamisso noch 1818 in seinem *Tagebuch:* »Unter den Seepflanzen, die ich vom Kap mitgebracht habe, hat eine, oder nach meiner Ansicht haben zwei eine große Rolle in der Wissenschaft gespielt, indem sie für die Verwandlung der Gattungen und Arten in andere Gattungen und Arten Zeugnis ablegen gesollt. Ich habe wohl in meinem Leben Märchen geschrieben, aber ich hüte mich, in der Wissenschaft die Phantasie über das Wahrgenommene hinaus schweifen zu lassen. Ich kann in einer Natur, wie die der Metamorphosler sein soll, geistig keine Ruhe gewinnen. Beständigkeit müssen die Gattungen und Arten haben, oder es gibt keine. Was trennt mich homo sapiens denn von dem Tiere, dem vollkommneren und dem unvollkommneren, und von der Pflanze, der unvollkommneren und der vollkommneren. wenn jedes Individuum vor- und rückschreitend aus dem einen in den andern Zustand übergehen kann?« (*Sämtliche Werke* 1975 II:243).

# Von der Naturgeschichte zur Geschichte der Natur

Als Auguste Comte sich im *Système de politique positive* (1851) mit den biologischen Klassifikationsverfahren auseinandersetzte, betonte er, daß die Aufgabe der Taxonomien weniger darin zu liegen hätte, die Anzahl der von ihnen erfaßten Elemente ständig zu vergrößern, als vielmehr diese auf ein überschaubares Maß zurückzuführen. Daß Comte diese Warnung, mit der er den wahren Geist der Taxonomie beschwören will, noch Mitte des 19. Jahrhunderts ausspricht, zeigt, wie lange die naturgeschichtlichen Klassifikationsverfahren die wachsende Fülle der Kenntnisse in Botanik, in Zoologie und anderen Disziplinen lediglich repräsentieren, kaum aber nach bestimmten Erkenntnisprinzipien reduzieren wollten. Auch hier ist die Beförderung des Fortschritts Programm, bevor seine Bewältigung zum Problem wird: die »Liebe zur Neuigkeit, die Linnaeus als das hauptsaechliche Vorrecht des Menschen ansieht« – so Haller in seiner Vorrede zur ersten deutschen Buffon-Ausgabe (1750) –, bleibt in ihrer Anfangsphase gänzlich für die Naturgeschichte bestimmend.* Das Imponieren mit Zahlenangaben spielt dabei eine große Rolle – auch im Briefwechsel zwischen Haller und Linné. Als Linné nach einigem Zögern vom großen Umfang der angekündigten *Synopsis Helvetica* Hallers überzeugt ist und neidisch von den über 3000 Pflanzen spricht, die dort aufgezählt sein sollen, korrigiert Haller großmütig,

* Alker gibt einen Hinweis darauf, wie sehr der ›Triumph der Neugkeit‹ ausgekostet wurde: Begleitet von einer Schar Studenten gestaltete Linné seine botanischen Sammelexkursionen »zu Triumphzügen, bei denen die Auffindung einer seltenen Pflanze mit Trompetenstößen begleitet wurde, und die Rückkehr in die Stadt ging unter festlicher Musikbegleitung vor sich, zum Ärger seiner Kollegen, bei denen er überhaupt nur mäßige Sympathien genoß« (Alker 1940:367).

es seien »nur 2490« – nur um wenig später zu schreiben, er hoffe dieses Jahr in seinem eigenen Garten über tausend Pflanzen aufzuziehen und diese Zahl noch zu vergrößern (19. Sept. 1740). Raffgier und Sammlerdrang waren kaum zu unterscheiden; statt gegenseitiger Hilfe gab es vielmehr ein Autoritätsgefälle, das den Strom der Neuentdeckungen meist in eine Richtung lenkte; am 27. März 1747 schreibt Peter Collinson an Linné: »Mein guter Freund, obwohl meine Liebe zur Naturgeschichte unendlich ist, muß ich Ihnen doch folgendes sagen: Sie sind in meinem Museum gewesen und haben meine kleine Sammlung gesehen und doch haben Sie mir nicht das kleinste Specimen eines Fossils, eines Tieres oder einer Pflanze gesandt. Von Jahr zu Jahr habe ich Ihnen Samen und einzelne Exemplare zugeschickt, doch habe ich nie eine Gegenleistung erhalten. Man beklagt sich allgemein, daß Dr. Linnaeus alles erhält und nichts gibt«. Doch läßt sich bei Linné der Übergang vom Sammeln zum Systematisieren am deutlichsten feststellen; Hallers Klage, daß die Franzosen bloß reich an Material seien, sonst aber nichts für die Naturgeschichte täten (25. Aug. 1740), hat er zugestimmt.

1623 zählt Gaspar Bauhin im *Pinax theatri botanici* 6000 Arten auf, 1694 Tournefort 10 146 und zehn Jahre später John Ray 18 655. Während diese Zunahme durchgehend positiv, nämlich als Erweiterung der Erkenntnis, interpretiert wird, muß das gleichzeitige Anwachsen der Systeme oder Methoden, mit denen die Artenvielfalt geordnet werden soll, skeptischer beurteilt werden: »Ja es ist sogar dahin gekommen, daß, so oft ein neues System erscheint, allemal die botanische Welt erschrickt«, notiert Linné (*Gattungen der Pflanzen*, § 8).

Das Wuchern der Methoden und der Systeme zeigt, daß dem Zuwachs an Information keine Steigerung der informationsverarbeitenden Techniken entspricht: »Quelque diversité d'herbes qu'il y ait, tout s'enveloppe sous le nom de salade« (Montaigne; *Essais* I,XLVI). Von Bauhin bis Linné konkurrieren in der Botanik 25 verschiedene Klassifikationsverfahren miteinander; zwischen 1647 und 1775 existierten 27 verschiedene Systeme in der Mineralogie (Adams 1954). Nur auf den ersten Blick scheint das künstliche System Linnés jene Reduktion der Erfahrungsvielfalt zu leisten, die schon frühzeitig Jean und Gaspar Bauhin anzielten, als sie eine Synopse der verschiedenen Nomenklaturen erstellten. Das Bild ändert sich sofort, wenn man die verschiedenen Auflagen des *Systema naturae* berücksichtigt. Es enthält in der ersten Auflage 549, in der zehnten Auflage 4387, in der elften Auflage 5897 und schließlich 7000 Arten; gleichzeitig wächst der Umfang des Werkes von zehn Folio-Seiten der Erstausgabe des Jahres 1735 auf über 2300 Seiten der letzten von Linné selbst noch veranstalteten Ausgabe der Jahre 1766 bis 1768. Die Problematik dieser Erweiterungen ist dabei lange Zeit nicht gesehen und von einer naturalen Wachstumsmetaphorik verhüllt worden. So beschreibt etwa Spix 1811 die erste Ausgabe des Linnéschen *Systema naturae* als »eine Ausgabe, welche, jetzt noch dünn und klein wie ein Samenkorn, in der Folge zu einem buschigten Baume voll Früchte emporwuchs« und vergleicht Linné mit einem Insekt, dessen vielen Verwandlungen gleich viele Auflagen seines Systems der Natur entsprachen. Daß durch solche Wachstumsprozesse die Reduktionsleistungen des Systems eher sinken, kommt dabei noch gar nicht in den Blick. Die Reduktionsleistungen der »natürlichen« Systeme sind demgegenüber nicht höher zu bewerten – letztlich läuft alles auf den zweischneidigen Nutzen heraus, den eine »Vergrösserung des angefangenen Registers der Naturkörper« (v. Baer) bietet.

In dieser Hinsicht unterscheiden sich die Beschäftigungen mit den einzelnen Naturreichen kaum voneinander. Freilich kommt der Botanik dabei eine gewisse Leitfunktion zu. Zwar schien für Linné in erster Linie die Anciennität einer Disziplin ihren Rang auszumachen – »Zoologia, pars illa Historiae naturalis nobilissima« heißt es daher im *Systema naturae* * – doch sprachen andere Gründe für die Führungsrolle der Botanik. Für die Agrikultur wie für die Medizin war die Botanik von höherer praktischer Bedeutung als die Zoologie – im übrigen war es nur natürlich, daß vor ihrer Historisierung in der Naturgeschichte die statische Disziplin der dynamischen die Modelle vorgab und nicht umgekehrt: »Le végétal est le vivant immobile et passif. Une plante sauvage est une plante qui n'a pas été cultivée, ce n'est pas une plante qui fuit. Au contraire l'animal,

* Linné schien freilich nur noch an die Anciennität von Disziplinen, nicht mehr an die Anciennität von Wissenschaftlern zu glauben. Am 8. Juni 1737 schreibt er an Haller: »Diejenigen, die in der freien Republik der Botanik nach uns kommen, werden sich niemals Autoritäten beugen, die sich einzig durch ihr Alter auszeichnen ...«

hors de la domestication, réagit à l'approche de l'homme comme à celle d'un animal, conformément à l'impératif vital de la distance de fuite« (Canguilhem 1962:215). Die Leitfunktion der Botanik war dabei so überragend, daß Herder sogar das Fehlen einer *Philosophia Anthropologica* nach dem Muster der Linnéschen *Philosophia Botanica* bedauerte und noch später Schlegel ironisch den Wunsch nach einem transzendentalen Linné äußerte, der die verschiedenen Ichs klassifizieren sollte (*Athenäumsfragmente*, 345). Rousseaus Bemerkung, er ziehe aus der *Philosophia Botanica* mehr Nutzen als aus sämtlichen Büchern der Moral, war ganz aufrichtig gemeint (Brief an Linné vom 21. Sept. 1771).

Die wesentlich registrierende Funktion der Botanik kommt auch in der Bedeutung zum Ausdruck, die den Reisen zugemessen wird; ihr Ertrag soll dazu dienen, mit neuen und unbekannten Arten des Pflanzenreichs bekannt zu werden. Linné bemüht sich, die Reisenden, seine ›Apostel‹, mit ›probatis directoribus‹ zu versehen; diesem Zweck dient auch die Dissertation mit dem Titel *Instructio peregrinatoris* (1759) – Reiseanleitungen schreiben neben anderen auch Blumenbach, Lamarck und Cuvier. Buffon unterhält ein weitreichendes Netz von Informanten und Korrespondenten; Bricaire de la Dixmerie handelt 1769 die *Histore naturelle* im Kapitel ›Histoire‹, Unterkapitel ›Histoire des voyages‹ ab. Das naturalistische Verlangen nach Neuem zeigt sich nirgends deutlicher als in den Reisen: Adanson beschließt in den Senegal zu gehen, da dies die am schwierigsten zu erreichende, heißeste, ungesundeste und auch in jeder anderen Hinsicht gefährlichste und daher den Naturforschern unbekannteste aller europäischen Besitzungen sei. Auf die erhoffte Ausbeute naturhistorischer Reisen und Expeditionen kann bald subskribiert werden; als im Jahre 1800 Napoleon als Erster Konsul zwei Schiffe unter dem Kommando von Baudin und Hamelin in die australischen Gewässer schickt, tragen diese die Namen *Le Géographe* und *Le Naturaliste*.

Cuvier unterschied voyageurs-naturalistes, -géographes und -bota-

*Le végétal*... Das Vegetabilische ist das unbewegliche und passiv Lebendige. Eine wilde Pflanze ist eine, die nicht kultiviert worden ist, es ist keine Pflanze auf der Flucht. Anders das Tier, das, wenn es nicht domestiziert ist, auf die Annäherung des Menschen wie eines anderen Tieres dem vitalen Imperativ der Fluchtdistanz gemäß reagiert.

nistes. Zu letzteren zählen Joseph de Jussieu (1704–79), jener Märtyrer der Botanik, wie Condorcet in seiner Eloge ihn nennt, der 36 Jahre lang von Frankreich abwesend und Mitglied der Académie des Sciences war, ohne etwas zu publizieren und ohne auch nur an einer einzigen ihrer Sitzungen teilzunehmen, sowie Pierre Poivre, jener ›voyageur philosophe‹, der sich besonders um die Gewürzkulturen verdient machte und sich weigerte, etwas zu publizieren: »Il y a déjà assez de livres ...« Gegenüber der registrierenden Aufgabe der Naturgeschichte war die Entwicklung bestimmter Methoden, in denen die Prinzipien einer solchen Registrierung dargelegt wurden, zweitrangig. Als Rousseau daher Bernard de Jussieu fragte, welcher Methode in der Botanik er folgen solle, antwortete dieser konsequent: keiner, denn es genüge, daß man die Botanik mit esprit betreibe, um auch die Botaniker selbst noch etwas lehren zu können.

Von Bernard de Jussieu hatte Bonnet in einem Brief an den Abbé Spallanzani (29. Nov. 1777) bewundernd gesagt, in seinem Kopf befinde sich abgekürzt die ganze Natur. Ganz ähnlich sind für Diderot die Naturalienkabinette »ein Abriß der gesamten Natur« (Art. ›Cabinet d'Histoire naturelle‹) und in der Mercier'schen Utopie ziert das Frontispiz des Cabinet du Roi die Aufschrift: »Abrégé de l'Univers«. Doch liegt in solchen Aussagen die Betonung nicht so sehr auf der Leistung, die dem Abkürzen zugesprochen wird. Bonnet imponiert an Jussieu vor allem der Umfang der gespeicherten Kenntnisse, wie Diderot die Komplettierung der Naturalienkabinette als Zeichen für den Fortschritt der Naturgeschichte deuten will. Daß von Buffon die zoologischen Einteilungen dann unter anderem nach der Reihenfolge vorgenommen werden, in der die Tiere in der Menagerie des Jardin du Roi eintreffen, ist also ganz verständlich: der Vorgang der Vervollständigung wird davon nicht behindert, und auch dieses höchst arbiträre Verfahren stellt angesichts der sublimen Unordnung der Natur, von welcher Diderot spricht, noch eine Ordnungsleistung dar.

Dennoch hat gerade Bonnet vorausgeahnt, in welche Schwierigkeiten die Naturgeschichte geraten würde, wenn sie auf Dauer das Registrieren auf Kosten des Abkürzens überbetonen sollte: als der Abbé Spallanzani ihm von den vielen Vorhaben berichtet, denen sein naturgeschichtliches Interesse sich noch zuwenden wird, beschwört Bonnet ihn inständig, sich zu konzentrieren und die Zahl seiner Forschungsobjekte nicht über Gebühr auszudehnen – »Ne multipliez pas trop les objets de vos recherches« (Brief vom 27. Dez. 1765). Komplettierungswahn und Neuheitssucht bestimmen die Ausstattung der Naturalienkabinette. Daß die Ordnung in ihnen fehlt, wird später Anlaß zu Satire und Kritik. So schildert Jean Paul im *Hesperus* das Naturalienkabinett, das der Kammerherr Le Baut Viktor vorführt, als Rumpelkammer, und Isidore de Gosse spricht in seiner *Histoire naturelle drolatique et philosophique des Professeurs du Jardin des Plantes* (1847) vom Muséum d'Histoire naturelle als einem Campo-Santo wissenschaftlicher Schätze, die dort seit anderthalb Jahrhunderten ohne jede Ordnung aufgehäuft würden. Als Merck in Köln das naturhistorische Kabinett des Kunstsammlers Hüpsch gesehen hat, bezeichnet er es in einem Brief an Camper vom 10. August 1784 als »eine mit Staub bedeckte Ansammlung von Häßlichkeiten jeder Art« – ein Urteil, das wohl für den wissenschaftlichen Wert der meisten Kabinette zutraf, denn schon zwei Monate vorher hatte Merck Camper mitgeteilt, leider hätten seine Voraussagen über die naturhistorischen Sammlungen sich erfüllt, er habe nur »des matrices et des monstres« gesehen (12. Juni 1784).

Die Beschäftigung mit der Naturgeschichte, insbesondere aber mit der Botanik, bildet daher bis ins 20. Jahrhundert den topos eines Verhaltens, in welchem Sammelleidenschaft und Klassifikationsdrang sich mischen.* Für Joubert zählt die Botanik zu den aufgeblähten Disziplinen (»des sciences qui enflent et qui ont leurs flatuosités«; *Carnets*, 6. März 1815), Chamissos Schlemihl endet als Botaniker, der glaubt, in seiner *Historia stirpium plantarum utriusque orbis* »die Zahl der bekannten Arten müßig um mehr als ein Drittel vermehrt

* Außerdem hält sich die Darstellung der Naturgeschichte als ›weibischer‹ Disziplin, die mit der maliziösen Bemerkung in Grimms *Correspondance littéraire*, aller Kritik zum Trotz schätzten die Damen die *Histoire naturelle* Buffons über alles, begonen hatte; Forster betont in seiner Kasseler Vorlesung *Ein Blick in das Ganze der Natur* (1781), das glänzende Äußere der Naturkunde bestimme sie »in der Tat zum Spielzeuge der Weiber und Kinder und solcher Männer, deren Gedächtnis für die Namen vieler Schneckenhäuser und Schmetterlinge Raum genug enthält« und E. T. A. Hoffmann nennt die Botanik eine Disziplin, »die doch jedem Frauenzimmer wohl ansteht« (*Datura fastuosa*, 1823).

zu haben«, und Valérys Monsieur Teste genießt die Ordnung seines Gartens: *»Das ist ein Garten der Beiwörter! sagte er jüngsthin, ein Wörterbuch und Friedhof* ... Und nach einiger Zeit sagte er zu sich: *›Gelehrt sterben ... Transiit classificando.‹«*

In der Terminologie Buffons ist das Ziel der Naturgeschichte »la description exacte et l'histoire fidèle de chaque chose«, doch wird diese ›Geschichte‹ der ›Beschreibung‹ untergeordnet: »L'histoire doit suivre la description ...« *(De la manière d'étudier et de traiter l'histoire naturelle).* Das Klassifikationsraster der Naturgeschichte ist räumlich bestimmt, die Varietäten der Lebewesen werden in Form eines Tableaus dargestellt, das es Buffon erlaubt, sowohl die Einheit der Menschengattung wie ihre Diversität zu belegen. Die Gliederungsprinzipien der Buffonschen Naturgeschichte sind der Anschauung und der Alltagserfahrung entlehnt. Entwicklungsgeschichtliche Gesichtspunkte werden zunächst ebenso verworfen – »Den Menschen mit dem Affen, den Löwen mit der Katze einzuordnen; zu sagen, daß der Löwe eine Katze mit Mähne und langem Schwanz sei, das heißt die Natur entwürdigen und schänden, statt sie zu beschreiben oder zu benennen« – wie die Klassifikation aufgrund sogenannter künstlicher Merkmale – »Ist es nicht besser, den Hund, der fünfzehig ist, dem Pferd, das einhufig ist, folgen zu lassen, was ja auch in Wirklichkeit die Gewohnheit des Hundes ist, als das Zebra, das uns schlecht bekannt ist und das vielleicht keine andere Beziehung zum Pferd hat, als daß es einhufig ist?« (nach Zimmermann 1953:220). Ganz ähnlich hatte schon Philibert Collet (1643–1718) seiner Aversion gegen das System Tourneforts Ausdruck verliehen.

Zur ›Natürlichkeit‹ dieser Naturgeschichte gehört auch, daß Buffon den Gebrauch des Mikroskops ablehnt – obwohl er schon 1748 den Entwurf einer ›loupe à échelons‹ vorgelegt hatte, die dann dreißig Jahre später der Abbé Rochon ausprobieren sollte.* Umgekehrt sah

* Charles Bonnet korrespondierte mit Montesquieu über Heilmittel gegen nachlassendes Augenlicht; Buffon war – wie Haller – stark kurzsichtig; Bernard de Jussieu erblindete; Lamarck mußte im Jahre 1818 wegen nachlassender Sehkraft seinem Schüler Latreille den Lehrstuhl überlassen. Kierkegaard führte das Schicksal des seit seinem fünfzehnten Lebensjahr erblindeten François Huber zu der Vermutung, in der Naturgeschichte sei die äußere Beobachtung nicht so wichtig wie die innere Intuition. Ganz ähnlich hat Goethe in den *Maximen und Reflexionen* sich gegen den Gebrauch von Mi-

Bonnet in guten Augen, guten Mikroskopen und ein wenig Neugier die Vorbedingungen für das Studium der Naturgeschichte, und Rousseau, der an die Möglichkeit eines natürlichen Systems nicht glaubte, hat in den *Lettres élémentaires sur la botanique* (1771) die Lupe ein Instrument genannt, auf das der Botaniker gar nicht verzichten könne. Für den Zoologen Buffon mochte dies nicht zutreffen – wichtiger ist auch der schon 1756 von Lignac geäußerte Einwand, glaube Buffon an die ›gradations insensibles‹, so müsse er auch den Gebrauch der Lupe zulassen. Damit ist ein Hinweis auf die Schwierigkeiten gegeben, in die in der zweiten Hälfte des Jahrhunderts eine Naturgeschichte geraten mußte, die wesentliche Voraussetzungen der Vorstellung von der ›Kette der Wesen‹ noch teilte.

kroskopen und Fernrohren ausgesprochen und noch Claude Bernard hat in seinen *Notes* die einengende Wirkung hervorgehoben, die die übertriebene Mikroskopie auf den Geist ausübt. – »Fabre, neben Mistral der zweite große Provencale der Moderne, muß hier in der Nähe den Garten besessen haben, in dem er seine berühmt gewordenen Insektenstudien trieb. Die Anteilnahme, die sie erwecken, rührt daher, daß hier noch Wissenschaft im alten, aristotelischen Sinn getrieben wurde – ohne Statistik, ohne Apparate, ohne Meßkünste. Dort ist das Objekt und hier der Mensch mit seinem Auge, das liebend erkennt. Das gibt ihm den freien Gang des Kämpfers, der nackt in die Arena tritt. Die Apparate schärfen und klären, aber sie filtern auch, wenngleich im umgekehrten Sinne, indem sie Unwägbares zurückhalten. Was den Mechanismus passiert, tritt in die Ziffernordnung ein. – Ich kam auf Fabre, weil er einen Assistenten hatte, der ein feines Ohr für Insekten besaß. Er unterschied die Arten nicht nur an den mannigfaltigen Tönen, die wir Gesang nennen, sondern auch am Geräusch des Flugs und hatte es darin fast zur Vollkommenheit gebracht. Wenn er mit seinem Meister im Feld war, pflegte er zu rufen: ›Monsieur Fabre, une cicindèle‹ oder ›un scarabée‹. – Dieser Assistent war blind«. (*Ein Vormittag in Antibes;* E. Jünger 1960–62:421–422).

Bei den Naturalisten ist die metaphorische und entschuldigende Versicherung häufig, Dinge nur übersehen zu haben, da Sterbliche nun einmal ›blind‹ seien – so Linné an Haller in einem Brief vom 18. Juli 1743. Vor dem Hintergrund der soeben genannten Tatsachen erhält diese Metapher einen makabren Klang – Linné hätte hier weitere Belege für die *Nemesis divina* finden können. Im übrigen erwies sich der scharfe Blick der Naturalisten auch außerhalb der Wissenschaft als nützlich; Lyonnet, »der unnachahmliche Zergliederer der Weidenraupe, der ihre dritthalbtausend Muskeln zählte«, diente den Generalstaaten als »geheimer Sekretair und Déchiffreur« (Forster, *Ansichten vom Niederrhein* XXIV).

Entscheidend wird dabei die Diskussion um den Artbegriff. Über ihn verfügt die Naturgeschichte seit Rays *Historia plantarum* (1688); die Frage, ob die Arten natürliche Unterschiede der Tiere bezeichnen oder lediglich künstliche Einteilungen durch den Menschen darstellen, trennt die Verfechter natürlicher und künstlicher Systeme. Buffon benutzt den Artbegriff zunächst, um den ›ordre des temps‹ aus einer invariablen Natur, innerhalb derer die Beziehungen zwischen den Wesen immer die gleichen bleiben, auszuschließen. In Georg Forsters *Blick in das Ganze der Natur*, einer weitgehenden Paraphrase Buffonscher Ansichten, heißt es, daß die Zeit nur ein Verhältnis zu den einzelnen Geschöpfen habe, deren Dasein vorübergehend sei, das Dasein der Gattungen aber währe ununterbrochen fort. Denkt man sich aber den Begriff der Zeit aufgehoben, so fallen Individuen und Gattung zusammen: »Wenn wir immer so wie jetzt fortlebten, und dazu alle Wesen um uns her, so wie sie jetzt sind, beständig blieben; wenn alles beständig so wäre wie heute: so würde der Begriff, den wir uns von der Zeit machen, verschwinden, und das Individuum zur Gattung werden«. Eine Argumentation dieser Art, auch wenn sie nur hypothetisch erfolgt, dient der Abwehr von Temporalisierungstendenzen: ähnlich hatte schon Fontenelle die Schwierigkeiten seiner Geschichtskonstruktion beheben wollen, indem er zwar den traditionellen Vergleich der Menschheitsgeschichte mit den Altersstufen des Menschen aufnahm, andererseits aber den ›homme universel‹ nicht altern ließ (Jauss in: Perrault 1964:22/23). Als paläontologische Funde, das sich ausbreitende Fortschrittsdenken und die Krise der Klassifikationsverfahren zu einer Verzeitlichung ihrer Grundkategorien drängen, wird die stillgestellte Zeit zur Utopie der Naturgeschichte.

Im Unterschied zur klassischen Konzeption der ›scala rerum‹ kennt Buffon zunächst keine Zwischenstufen; Hanks hebt hervor, daß Buffon von seinen frühen mathematischen und zahlentheoretischen Arbeiten bis in die naturgeschichtlichen Werke hinein über einen Begriff von Kontinuität nicht verfüge. Selbst die Zeit begreift er als diskontinuierlich: sie soll durch ein natürliches Maß, die Abfolge unserer Vorstellungen nämlich, gemessen werden, wobei der nicht weiter reduzierbare Abstand, der zwei Vorstellungen oder Empfindungen voneinander trennt, das Einheitsmaß bildet. Die empirische Orientierung der Buffonschen Naturgeschichte sowie die ursprüngliche Ablehnung der ›lex continui‹ führen dabei zu weiteren Schwierigkeiten und »peinlichen Überlegungen« (Goethe). Buffon wird beispielsweise zu einer Feststellung äußerer Analogien zwischen Tier und Mensch gezwungen, die er durch die Annahme eines Inneren, das beide doch wieder scharf voneinander trennen soll, vergeblich zurücknehmen möchte. Herder hat in den *Ideen* (1784/85) – ganz im Sinne der Vorstellung von der ›Kette der Wesen‹ – diesen Widerspruch schonungslos aufgedeckt: »Buffon verschwendet den Strom seiner Beredsamkeit umsonst, wenn er die Gleichförmigkeit des Organismus der Natur von Innen und Außen bei Gelegenheit dieser Thiere (der Affen) bestreitet; die Fakta, die er von ihnen selbst gesammelt hat, widerlegen ihn gnugsam, und der gleichförmige Organismus der Natur von Innen und Außen . . . bleibt in allen Bildungen der Lebendigen unverkennbar«.

1816 übersetzt Strack in seiner Verdeutschung der *Historia animalium* das aristotelische ἔνια δὲ τῶν ζῴων ἐπαμφοτερίζει τὴν φύσιν τῷ τε ανθρώπῳ καὶ τοῖς τετράποσιν (*Historia animalium* II.8.502a 16–18) mit: »Einige Gattungen von Thieren machen den Uebergang vom Menschen zu den vierfüßigen Thieren, und dieses sind die gemeinen Affen, der Kebos und der hundsköpfige Affe«. Agassiz hat im *Essay on classification* (1859) auf den Fehler dieser Übersetzung aufmerksam gemacht – in der englischen Übertragung von D'Arcy Wentworth Thompson (1910) heißt die entsprechende Stelle: »Some animals share the properties of man and the quadrupeds, as the ape, the monkey, and the Baboon«. Agassiz hat recht, die große Differenz zwischen »partaking of the nature of both man and the quadrupeds« auf der einen und »forming a transition between man and the quadrupeds« auf der anderen Seite zu betonen. Gerade diese falsche Übersetzung aber gibt die Lage der Naturgeschichte an der Wende zur Moderne richtig wieder: sie zeigt, wie die wachsende Tendenz zur Temporalisierung auf die Annahme von Zwischenformen als ›Übergängen‹ zwischen den Arten hindrängt und diese nicht länger als neue, distinkte Arten auffassen oder sie lediglich als Anomalien darstellen will.

Die Krise der Naturgeschichte hatte vielfältige Ursachen. Spätestens mit den Versuchen, die Dimensionen der Klassifikationsverfahren zu erweitern, um die Verarbeitung der wachsenden Materialfülle noch leisten zu können, wurde deutlich, daß die Naturgeschichte in eine Wachstumskrise geraten war: lange Zeit waren die Naturalisten auf die Erweiterung ihrer Kenntnisse konzentriert gewesen, bevor sie merkten, daß ihre Erkenntnismittel nicht mehr ausreichten, um über die Anhäufung von Tatsachen hinaus noch zu einer Systematisierung des Wissens zu gelangen. Was sich unter dem Druck zur Temporalisierung ändert, ist aber zunächst nicht die jeweilige naturhistorische Methode, sondern die Naturgeschichte in ihrer Darstellungsform. Von Bonnet über Buffon bis zu Goethe und Schelling lassen sich innerhalb der Naturgeschichte die Grundannahmen des naturhistorischen Systems in seiner Darstellungsform wiederfinden. Bonnet, der die Kette (chaîne) der Lebewesen umfassend darstellen will, sieht in der Vorrede zur *Contemplation de la nature* (1764) sein Werk selbst als Verkettung (enchaînement). Bei Buffon und Schelling findet dabei eine Umkehrung statt: Während die *Histoire naturelle* das System der Lebewesen als ahistorisch darstellt und darüber zur Chronik wird, ist Schellings Ziel im *System des transzendentalen Idealismus* die Nachzeichnung der Natur-Evolution; dieser möchte er einen »inneren Zusammenhang geben, an welchen keine Zeit rühren könne« (Schelling 1927:331). Der Übergang zur Chronik bedeutet dabei keine Temporalisierung, sondern kündet diese höchstens an. Der ahistorische Charakter einer chronikalischen Betrachtungsweise wird bei Novalis deutlich, wenn er »jede Materialien Masse ... Kronik« nennt und diese der allgemeinen Topologie als der Lehre von der Ortsbestimmung im Raum gegenüberstellt (*Das allgemeine Brouillon. Materialien zur Enzyklopädistik*, 1798/99, §§ 461, 474).

Wenn auch das System der Lebewesen noch lange von jeder Verzeitlichung freigehalten wird, wird die *Histoire naturelle* dafür ihrerseits zur Chronik, in der sich die Entdeckungen, die nicht einfach in das System selbst eingearbeitet werden können, sukzessive widerspiegeln – die ›Additions‹ zum Kapitel ›Variétés dans l'espèce humaine‹ sind bei Buffon dafür ebenso bezeichnend wie die vielfach erweiterten, sieben Ausgaben, in denen Valmont de Bomares *Dictionnaire raisonné universel d'histoire naturelle* erscheint oder die fortlaufenden Veränderungen und Zusätze, die Abraham Gottlob Werners Werk zwischen 1780 und seinem Todesjahr 1817 erfährt, in dem in Freiberg und Wien *Abraham Gottlob Werners letztes Mineralsystem* erscheint. Werner hatte von sich selbst gesagt, er wolle ein Fossil lieber schlecht geordnet und gut beschrieben haben, als umgekehrt (Adams 1954:203). An der Wende zur Moderne aber steht diese Option der Naturgeschichte längst nicht mehr offen. Kein Weg führt zu ihrer vor-klassifikatorischen, reinen Sammeltätigkeit zurück; ihre entscheidenden Schwierigkeiten rühren daher, daß nun sowohl gut beschrieben als auch gut geordnet werden muß.

Die Verzeitlichung ihrer Darstellungsform führt die Naturgeschichte von einer mühsam errungenen unhistorischen Systematik zur unsystematischen Chronik zurück. Die Naturgeschichte wird damit eigentümlich instabil. Auf der einen Seite werden Versuche unternommen, den wachsenden Erfahrungsdruck durch Systemerweiterungen aufzufangen. Damit geht aber der systematische Charakter der Naturgeschichte weitgehend verloren. Wie alle Systeme nämlich, so Kant in der ›Architektonik der reinen Vernunft‹, kann sie zwar »innerlich (per intus susceptionem), aber nicht äußerlich (per appositionem) wachsen, wie ein tierischer Körper, dessen Wachstum kein Glied hinzusetzt, sondern, ohne Veränderung der Proportion, ein jedes zu seinen Zwecken stärker und tüchtiger macht« (*Kritik der reinen Vernunft*, B 861). Die Systemergänzungen der Naturgeschichte – ausgedrückt etwa in den Versuchen, die Dimensionen der Klassifikationsverfahren zu erweitern – bedingen ihre Rückbildung zur Chronik. Auch als Chronik aber kann die Naturgeschichte einen notwendigen Rest an Systematik nicht lange aufrechterhalten. Im Artikel ›Cabinet d'Histoire naturelle‹ der Enzyklopädie hebt Diderot – für den die Naturalienkabinette ein Spiegelbild der Naturgeschichte darstellten – hervor, daß man die Ordnung eines Naturalienkabinetts nie lange aufrechterhalten könne; bei jeder Vergrößerung müsse man vielmehr eine neue Ordnung schaffen: »Tant qu'on augmente un cabinet d'histoire naturelle, on n'y peut maintenir l'ordre qu'en déplacant continuellement tout ce qui est.« Die größte Gefahr für die Systematik aber droht von den Anomalien, die sich im Tierreich finden; den Monstren der Erde und des Meeres soll daher nach Diderots Vorschlag in den Naturalienkabinetten eine eigene, ausgegliederte Abteilung vorbehalten bleiben. In das System der Präformation paßt die »Erzeugung der Bastarde« vollends nicht hinein; die einzige Zweckmäßigkeit, die hier an ihnen gefunden werden könnte, liegt darin, »daß ein Anatomiker einmal daran, als einer zwecklosen Zweckmäßigkeit, Anstoß nehmen und niederschlagende Bewunderung fühlen sollte« (Kant; *Kritik der Urteilskraft,* B 377).

Gerade an der Diskussion über die Monstren läßt sich im übrigen zeigen, wie weit die Naturgeschichte um die Mitte des 18. Jahrhunderts von einer empirischen Verfahrensweise noch entfernt war. Das Erfahrungsmaterial schien beinahe beliebig manipulierbar; für jede These, so unwahrscheinlich sie auch klang, konnten ›Belege‹ beigebracht werden. So schildert Maupertuis auch den Akademie-Streit zwischen Lemery und Winslow, von denen der eine behauptet hatte, die Monstren seien schon im Keim angelegt, während der andere ihre Entstehung auf eine spätere Beschädigung des Keims zurückführte: auf jedes Argument, das Lemery vortrug, führte Winslow umgehend ein neues Monstrum ins Spiel, mit dem jener sich dann auseinanderzusetzen hatte (*Vénus physique,* 1744).

Als Michel Adanson am 3. März 1749, im Erscheinungsjahr der Buffonschen *Histoire Naturelle,* in den Senegal aufbrach, nahm er an Fachbüchern nur den Tournefort und Linné mit; beide aber blieben nutzlos für ihn, da die »étrange structure des êtres de ce pays singulier« in die Systeme nicht hineinpaßte. Adansons Versuch, die Naturgeschichte unter anderem durch Einführung einer neuen Orthographie zu reformieren, mißlingt; die Zwischenstufen der Arten aber, die ›êtres intermédiaires‹, beschleunigen die Veränderung der Naturgeschichte, gleich ob das natürliche oder das künstliche System zur Grundlage dient.

Die Entdeckung von Zwischenstufen der Arten wirft die Frage des Transformismus auf – von 1719, als Jean Marchant in seiner Notiz *Observations sur la nature des plantes* der Académie des Sciences über die Entdeckung von Mercurialis foliis capillaceis berichtet, bis zum 21. Floréal des Jahres VIII (11. Mai 1800), an dem Lamarck den ›Discours d'ouverture‹ seiner Vorlesungen im Muséum d'Histoire naturelle hält. Schon Bacon hatte in *Neu-Atlantis* (1638) die Umwandlung von Pflanzen von einer Art in die andere und die Hervorbringung neuer fruchtbarer Tierarten durch Kreuzung als Teil seiner Utopie beschrieben – in Merciers *L'An deux mille quatre cent quarante* (1770/71) gehört die Kreuzung der Rassen zu einer wichtigen Aufgabe des Cabinet du Roi. Im 18. Jahrhundert nehmen die Entdeckungen von Zwischenarten zu. 1741 entdeckt Celsius eine Varietät der Species Linaria, ein Leinkraut, dessen Blütenkrone fünf

Sporne statt wie üblich nur einen trägt und das radiäre statt bilaterale Blüten hat (Peloria radiata). Er informiert Linné über seinen Fund, der in den ersten Band der *Amoenitates academicae* die *Dissertatio botanica de peloria* (19. Dez. 1744) aufnimmt und an Haller schreibt, er sei auf eine neue Species gestoßen, die nicht von Anbeginn der Welt an existiert habe. In der *Histoire naturelle des Fraisiers* (1766) beschäftigt sich Duchesne mit verschiedenen Merkmalsänderungen bei Erdbeerpflanzen, die er und sein Sohn im Garten von Versailles beobachtet hatten.

Die auf die Unveränderlichkeit der Arten eingeschworene Naturgeschichte verarbeitet die sich häufenden Berichte von Abarten und Zwischenstufen damit, daß sie diese zu Monstruositäten und Degenerationserscheinungen herabsetzt.* Auf dem Höhepunkt ihrer systematischen Phase haben die Tier- und Pflanzenarten für die Naturgeschichte in das jeweilige System zu passen und nicht umgekehrt

* Haeckel hat 1866 im Vorwort zu seiner *Generellen Morphologie der Organismen* erzählt, wie ihn schon als Zwölfjährigen das »Problem von der Constanz oder Transmutation der Species« lebhaft interessierte. »Mit heiterer Genugthuung muß ich jetzt der kritischen Beängstigungen gedenken, welche damals mein zweifelsüchtiges Knabengemüth in die schmerzlichste Aufregung versetzten, da ich beständig hin und her schwankte, ob ich (nach Art der meisten sogenannten ›guten Systematiker‹) die ›guten‹ Exemplare allein in das Herbarium aufnehmen und die ›schlechten‹ ausweisen, oder aber durch Aufnahme der letzteren eine vollständige Kette von vermittelnden Uebergangsformen zwischen den ›guten Arten‹ herstellen sollte, welche die Illusion von deren ›Güte‹ vernichteten. Ich beseitigte diesen Zwiespalt damals durch einen Compromiss, welchen ich allen Systematikern zur Nachahmung empfehlen kann: ich legte zwei Herbarien an, ein officielles welches den theilnehmenden Beschauern alle Arten in ›typischen‹ Exemplaren als grundverschiedene Formen, jede mit ihrer schönen Etikette beklebt, vor Augen führte, und ein geheimes, nur einem vertrauten Freunde zugängliches, in welchem nur die verdächtigen Genera Aufnahme fanden, welche Goethe treffend die ›charakterlosen oder liederlichen Geschlechter‹ genannt hat, ›denen man vielleicht kaum Species zuschreiben darf, da sie sich in gränzenlose Varietäten verlieren‹ ... Hier zeigten Massen von Individuen, nach Nummern in eine lange Kette geordnet, den unmittelbaren Uebergang von einer guten Art zur andern. Es waren die von der Schule verbotenen Früchte der Erkenntniss, an denen ich in stillen Mussestunden mein geheimes, kindisches Vergnügen hatte« (Haeckel 1866: XVI/XVII).

die Systeme die Artenvielfalt getreu widerzugeben; so werden die von Adam Afzelius (1750–1837), einem der letzten Schüler Linnés, in Sierra Leone gesammelten Pflanzen von den Botanikern ebenso als ›paradox‹ bezeichnet wie für Adanson selbst die Flora in Senegal als ›fremdartig‹ erscheint. Als er auf ›types intermédiaires‹ stößt, spricht er bezeichnender Weise sogleich von ›monstrueux quadrupèdes‹; votiert er noch 1763 für die Veränderlichkeit der Arten, so kehrt er sechs Jahre später wieder zur These der Artenkonstanz zurück: die Peloria Linnés und Marchants Mercurialis versucht er ebenso als Monstren aus Mangel oder aus Übertreibung zu entlarven wie den ›fraisier monophylle‹ Duchesnes. (*Examen de la question, si les espèces changent parmi les plantes*, 1772).

*Exkurs: Parodien der Artenmischung*

Kaum ein anderes Thema der Naturgeschichte hat soviel Popularität gefunden wie die Frage nach den Zwischenstufen und Abarten innerhalb des Naturreichs; meist wurde es zum Anlaß genommen, die Naturgeschichte zu parodieren. Lichtenberg berichtet am 1. September 1783 an Johann Andreas Schernhagen, in Wien sei eine »verhenkerte und sehr sinnreiche Schrift herausgekommen, die heißt: *Specimen Monachologiae methodo Linnaeana.* Der Verfasser setzt die Mönche zwischen die Menschen und Affen und beschreibt sie mit Linnaeischen Ausdrücken. Es ist eine herrliche Satire; der Verfasser soll der berühmte Herr von Born sein«. Jean Paul erwähnt im *Titan* einen Bären, dem man das tierische Haar abgezogen habe, so daß kein Blumenbach ihn mehr erkennen konnte; ähnliches berichtet Justinus Kerner in seinen Erinnerungen aus den Jahren 1786 bis 1804: dort bekommt ein Bauer von einem Studenten den Rat, einen haarlosen Gaul auf die Frankfurter Messe zu bringen und als ein »amerikanisches Nilpferd« vorzustellen, gleich neben »einem trommelschlagenden Hasen und einem wahrsagenden Esel«. Man müsse nämlich, um Aufmerksamkeit zu erregen, das Tier »als eine ganz neue Thiergattung aus einem fremden Welttheile ausposaunen.«

Als begeisterte Leser Buffons versuchen Flauberts Bouvard und Pécuchet sich an anomalen Paarungen: »Sie machten Versuche mit Hühnern und einem Enterich, mit einer Dogge und einer Sau und hofften jedesmal, daß ein Ungeheuer zur Welt käme; der Begriff der Art war ihnen völlig fremd«. Bereits in einem Jugendwerk hatte sich Flaubert in der sozialen Zoologie versucht, als er dem Commis beschrieb, »l'animal le plus intéressant de notre époque« und eines der am schwierigsten zu klassifizierenden (*Une leçon d'histoire naturelle. Genre* COMMIS).

Balzac aber hat im »Guide-âne à l'usage des animaux qui veulent parvenir aux honneurs«, der im April–Mai 1841 als Teil der von Grandville illustrierten *Scènes de la vie privée et publique des animaux* erschien, eine vollendete Parodie auf die Klassifikationssucht der Naturgeschichte geliefert und – wie später in *Entre Savants* – seiner Bevorzugung Geoffroy Saint-Hilaires gegenüber dem Baron Cuvier deutlich Ausdruck verliehen. Der Volksschullehrer Marmus – in *Entre Savants* wird er zu Marmus de Saint-Vaudrille oder Marmus de Saint-Leu, wodurch die Identifizierung mit Geoffroy Saint-Hilaire um so deutlicher wird – ist Verfechter einer ›instinctologie‹, einer vergleichenden Lehre von den Instinkten. Ein junger Mann, der »von Zeitungsenten lebt«, überredet ihn dazu, aus einem in seinem Besitz befindlichen Esel ein »außerordentliches Zebra« zu machen. Damit sollen alle Kombinationen der Naturalisten übertroffen werden – zum besonderen Schaden des berühmten Baron Cerceau (= Cuvier), der sein ganzes Leben damit zugebracht hat, »à parquer les Animaux dans des divisions absolues«. In einer Pariser Schenke, in der die ›êtres monstrueux‹ produziert werden, wird aus dem Esel mit Hilfe von Farbe und Rasiermesser ein Zebra, »das die Aufmerksamkeit der gelehrten Welt endlich auf Ihr System der vergleichenden Instinkte lenken wird, da seine Einzigartigkeit die Klassifikationen durcheinander bringen wird«. Das außerordentliche Zebra erschüttert tatsächlich die Grundfesten der Zoologie: »Salteinbeck der Belgier, Vos-man-Betten, Sir Fairnight, Gobtoussell, der dänische Gelehrte Sottenbach, Crâneberg, alles Lieblingsschüler des französischen Professors, schienen mit ihrer unitarischen Doktrin den Sieg über den Baron Cerceau und seine Nomenklaturen davon zu tragen. Nie war ein irritierenderes Faktum zum Streitgegenstand zweier Parteien geworden. Hinter Cerceau standen die Akademiker, die Universität sowie Legionen von Professoren, und die Regierung unterstützte eine Theorie, die als einzige mit der Bibel zu harmonieren vorgab«. Dies alles passiert 1831 und bald sind Marmus und der junge Journalist berühmt; vor Einladungen können sie sich kaum mehr retten. In der Botanik formiert sich eine Schule, die die unitaristische Doktrin vertritt. Man arrangiert sich aber mit dem Baron, Marmus erhält das Kreuz der Ehrenlegion, schreibt einen Bericht über seine Reise nach Afrika, von wo er das berühmte Zebra mitgebracht haben wollte und wird Mitglied der Société géographique; der Journalist wird seinerseits Unterbibliothekar im Jardin des plantes. Marmus läßt sich endlich überreden: von einem Adepten des Baron Cerceau, der besonders als Redner hervorgetreten ist, wird im Athénée nun vor einem vorwiegend aus Frauen bestehenden Publikum die Lehre von den vergleichenden Instinkten vorgetragen, die sich in schönster Harmonie mit den Klassifikationen des Barons befinden soll: »In diesem Punkt sind die Deutschen uns voraus gewesen: Vittembock und Mittemberg, Clarenstein, Borborinski, Valerius und Kirbach haben klar gezeigt, daß die Zoologie eines Tages sich in die Instinktologie verwandeln wird. Die verschiedenen Instinkte aber entsprechen den Klassifikationen, die der Baron Cerceau aufgestellt hat.« Die Anhänger des Unitarismus sind konsterniert. Sir Fairnight bringt viertausend Pfund Sterling auf, um das revolutionäre Zebra zu kaufen und nach England zu schaffen. Der Hilfsbibliothekar aber instruiert den englischen Zoowärter; der Betrug bleibt unentdeckt, Marmus, »professeur de ce que vous savez« wird mit weiteren Ehren überhäuft. Der Esel beendet seinen Bericht mit den Worten: »Denkt daran, daß ich nach meinem Tode ausgestopft und in den Sammlungen aufbewahrt werde. Ich zweifle, ob wir im Naturzustand je zu einer ähnlichen Unsterblichkeit gelangen können. Die Museen sind das Pantheon der Tiere.«

In *La Peau de Chagrin* trifft Raphaël den Naturforscher Lavrille – er wohnt in der rue de Buffon –, der an einer Monographie über die Enten arbeitet und durch die Kreuzung von Lachgans (anas albifrons) und großer Pfeifente (anas rufina) hofft, »eine hundertachtunddreißigste Art zu erhalten, die vielleicht meinen Namen tragen wird . . . Sie sehen, mein Herr, daß wir nicht zu unserm Vergnügen hier sind . . .« Balzac bleibt dem Thema treu: »Für die Leute des großen Gaunertums gibt es nichts Heiliges; diese Wilden respektieren weder das Gesetz noch die Religion, nichts, nicht einmal die Naturgeschichte, denn sie machen sich auch über ihre Nomenklatur lustig« *(Glanz und Elend der Kurtisanen).*

Variationen und Hybridisierungen werden von Linné anerkannt, nicht jedoch Transmutationen, d. h. die Behauptung, Pflanzen verschiedener Art könnten beispielsweise durch eine Bodenveränderung ineinander übergehen. In der Beantwortung einer Preisfrage der Petersburger Akademie der Wissenschaften ging Linné jedoch bis zu der Behauptung, im Anfang habe Gott von jedem genus nur eine einzige species geschaffen, die übrigen seien dann daraus durch Bastardisierung entstanden, »sed postea per generationes hybridas propagatae sint« (*Disquisitio de sexu plantarum*, 1760). Auch glaubte Linné, durch Hybridisierungen das Entstehen neuer Pflanzenarten (»novas efficere species vegetabilium«) erklären zu können. Diese Zugeständnisse an den Entwicklungsgedanken muß die Naturgeschichte durch neue Hierarchiebildungen neutralisieren. Für Linné stehen die Species über den Varietäten, da jene unveränderlich und von Gott geschaffen sind, während diese, wie der Wasserstern (Stellaria minima), »nicht irgendeine vom Schöpfer erfundene Species ... sondern eine durch die Kultur verdrehte Species der Natur« darstellen (*Lappländische Reise*), die gegenüber der ewigen Dauer der von Gott geschaffenen Species nur auf eine ephemere Existenz hoffen dürfen.

Im Laufe des 18. Jahrhunderts werden die Entdeckungen neuer ›Räume‹ seltener; je bekannter die Erde wird, desto bedeutsamer werden die Reisen in die Zeit, die ›time voyages‹, wie Wyndham Lewis sie genannt hat. Im letzten Drittel des Jahrhunderts scheint sogar die geographische Phantasie der Utopien erschöpft: Merciers *L'An deux mille quatre cent quarante* (1770/71) ist die erste Uchronie. Langsam setzt die Tendenz zur Verzeitlichung sich nunmehr doch in der Naturgeschichte durch, auch wenn nicht einfach von einer Vorwegnahme evolutionärer Vorstellungen gesprochen werden kann. Der Übergang zum Transformationismus ist dabei im Werk Linnés wie bei Buffon sichtbar. Die Annahme des Transformationismus muß dabei noch nicht auf eine entwicklungsgeschichtliche Perspektive im modernen Sinne hindeuten. Diderots *Gedanken zur Interpretation der Natur* (1754) sind in ihrer Zweideutigkeit typisch für die Epoche; dort heißt es zwar, daß alle Arten ineinander übergingen, doch ist dabei nicht an eine lineare Entwicklung, sondern an einen Kreislauf gedacht – ähnlich wie später Nietzsche, dessen Metaphorik auf die Naturgeschichte zurückverweist, vermutet, das ganze Menschentum sei nur eine Entwicklungsphase einer bestimmten Tierart von begrenzter Dauer: »so daß der Mensch aus dem Affen geworden ist und wieder zum Affen werden wird« (*Menschliches, Allzumenschliches;* ›Kreislauf des Menschentums‹).

Anfänglich herrscht auch bei Linné die räumliche Interpretation von Erscheinungen vor, die wir heute zwanglos durch eine Abfolge in der Zeit erklären würden. Ökologische Betrachtungen führen ihn beispielsweise dazu, das Paradies als gebirgige Insel zu beschreiben, die alle Klimazonen aufweist – nur so ist verständlich, wieso dort alle Pflanzen existieren konnten (*Oratio de telluris habitabilis incremento*, 1743). Das Paradies erscheint als der erste und vollkommene botanische Garten,* wie umgekehrt für Linné die Gärten ›minores paradisi‹ sind, minores auch deswegen, weil in ihnen – wie in Cliffords Garten, den Linné im holländischen Hartecamp besuchte – Monstrositäten und Abarten zu beobachten sind, denen als Scherz der Natur nur eine vorübergehende Existenz zugesprochen werden kann (Stubbe 1965:83). In der *Philosophia botanica* (1751) herrscht die Landkarten-Metaphorik vor – wie bei Jussieu, Bernardin de Saint-Pierre und anderen –, doch heißt es vom gleichen Moment ab nicht mehr, die Arten seien ›ab initio‹, sondern nur noch, sie seien ›in principio‹ alle ursprünglich erschaffen worden, womit eine Entstehung der Arten im Laufe der Zeit nicht mehr ausgeschlossen ist. Von der 12. Auflage des *Systema naturae* (1766) an, der letzten, die Linné noch selbst besorgte, fehlt der Ausdruck »nullae species novae« in seinem Werk. In den *Amoenitates academicae*, der Sammlung aller von Linné herausgegebenen Disputationen, heißt es ebenfalls 1766, die Hypothese, daß die Arten Töchter der Zeit seien, müsse in eine Tatsache verwandelt werden. Die Formel ist häufig: Schlözer nennt die Entwicklung der Sprachenvielfalt »ein Werk der Natur und der Zeit«; Werner – den d'Aubuisson mit Linné vergleicht – betrachtet die Erde ebenso als ein ›Kind der Zeit‹ wie d'Holbach; ›veritas filia temporis‹ hat eine lange Geschichte (Saxl 1936; Gordon 1939). Die Formel besagt – wie etwa bei Charles Perrault – sowohl, daß es nichts gibt, was die Zeit nicht vervollkommnen könnte, als auch, daß die Natur, die »auf unser Zeitmaas gar nicht rechnet« (Herder), zur Hervorbringung der Wesen eine unendliche Zeitspanne

* Ähnlich bei Kant, wo das Paradies »in einen Garten, unter einem jederzeit milden Himmelsstriche« (*Mutmasslicher Anfang der Menschengeschichte*, 1786) verlegt wird, oder bei Herder (»Ein Garten war der erste Wohnsitz des Menschen«), bei dem die Raum-Metaphorik (»becirkte Räume«) noch eine große Rolle spielt. Botanische Gärten wurden auch als Heilmittel gegen eine Denaturierung der Botanik in Kabinetten und Herbarien aufgefaßt; die Durchsetzung des englischen Gartens in Europa, die geistesgeschichtlich so umfassend gedeutet worden ist, sollte im Hinblick auf die Veränderung der Botanik auch einmal wissenschaftshistorisch interpretiert werden.

zu ihrer Verfügung hatte. Diese Vorstellung ist eine der Voraussetzungen zur Entwicklung der Evolutionstheorie: gegen die mosaische Chronologie behauptet Lamarck in seiner *Hydrogéologie* (1802), daß die Natur über unendlich viel Zeit verfüge, und Darwin ließ sich von Lyell versichern, daß die Zeit, die für geologische und biologische Veränderungen angenommen werden konnte, praktisch grenzenlos war.*

Auch in dem »bloß steifen, verständigen Linnéschen Pflanzensystem« (Hegel; *Enzyklopädie*, § 368 Zusatz) wird also die Tendenz zur Verzeitlichung deutlich – wie in den natürlichen Systemen, die erst recht zur evolutionären Betrachtung führen. Carl Gustav Carus war der Meinung, die Ordnung des Mannigfaltigen, die Linné noch vergeblich versucht habe, sei erst Oken durch die Einführung eines genetischen Prinzips, des Prinzips der Entwicklung, gelungen. In der *Histoire naturelle des animaux sans vertèbres* (1815–1822) betonte Lamarck wie später Darwin denn auch den genealogischen Charakter des Arrangements im natürlichen System, und Boveri sah dementsprechend in der Deszendenzlehre die »endgültige Lösung des Mannigfaltigkeitsproblems« (*Die Organismen als historische Wesen*, 1906). Heute gilt die moderne Taxonomie übereinstimmend als evolutionär orientiert (Simpson 1961).

Eine ähnliche Entwicklung zum Transformismus, wie sie das Werk Linnés aufweist, läßt sich auch bei Buffon finden. Buffon kennt 1749 – ich folge in dieser Zusammenfassung der Darstellung Jacques Rogers – nur isolierte Arten, seit 1755 aber auch ›espèces voisines‹ *(La Chèvre)*, 1758 wendet er sich gegen den Begriff der Art, den er aber ab 1761 zuläßt und 1770 zur Grundlage der *Histoire naturelle des oiseaux* macht. Während vorher nur in räumlicher Metaphorik von ›voisinage‹ und ›juxtaposition‹ die Rede ist, verwendet Buffon seit 1755 die Bezeichnungen ›espèce première‹ und ›espèce subalterne‹ – auch eine Art der zusätzlichen Annahme von Hierarchien, mit der Übergängen zu Entwicklungsvorstellungen begegnet werden kann.

* Die Verlängerung der Zeiträume, die für die evolutionären Prozesse angenommen werden, hat zum Vorschlag geführt, einen allgemeinen Meßwert, das ›Äon‹, dafür anzunehmen (vgl. auch S. 29). Dieses »Spiel mit der langen Zeit« bedingt eine eigentümliche Wiederannäherung von Evolutionstheorie und Genesis (Bachmann 1972), die ursprünglich durch den engen Rahmen der zugelassenen Chronologie einander ausschlossen.

Die Betrachtung der ›espèces nobles‹ oder der ›êtres du premier rang‹ erweist sich deutlich als Versuch zu einer Rettung des räumlich orientierten Klassifikationssystems, begreift Buffon doch als die edlen Arten solche, »die konstant und unveränderlich sind und bei denen man keinen Verdacht haben muß, daß sie entarten« – während Diderot in den *Elementen der Physiologie* (1774–80) die Vermutung aussprach, vielleicht seien der Mensch und alle Lebewesen nur bestimmte Arten von Mißbildungen, die etwas dauerhafter seien als andere. Ursprünglich werden lediglich Individuen mit Hilfe von Zeitkategorien beschrieben, die Natur selbst befindet sich außerhalb der Zeit *(De la nature. Première vue)*. Dann erfolgt der Übergang zu einer Geschichte der Natur in den *Epoques de la nature;* »le grand ouvrier de la nature est le temps« *(Les animaux sauvages)*. Die Natur befindet sich in einem kontinuierlichen Fluß *(Animaux communs aux deux continents)*, der Mensch soll seine Blicke in die Vergangenheit wenden und in die Zukunft werfen, um zu erkennen, was die Natur gewesen ist und wie sie werden wird. Buffon ist voller Widersprüche, weil er sich in den verschiedenen Rahmen der Naturgeschichte und der Biologie bewegt, er ist Naturalist und Geschichtsschreiber des Lebens gleichermaßen.

»Die Botanik erhebt . . . ihr Haupt über alle Wissenschaften empor«, so Haller, »Die Kenner der Thiere und der Erze haben bey ihr, wie die Römer beym Areopagus, ihre Gesetze geholet, und sich denselben unterworfen«; sie bildet für die Naturgeschichte die Leitdisziplin. Ihr gegenüber hatte die Zoologie wegen der größeren Beweglichkeit und der Vielfalt ihrer Objekte Schwierigkeiten, die Prinzipien des räumlich orientierten Klassifikationssystems quer durch das Tierreich beizubehalten. Dabei gibt es erhebliche Unterschiede des Schwierigkeitsgrades innerhalb der Zoologie selbst. Buffon kannte etwa 200 Vierfüßler, doch über 2000 Vögel. Innerhalb der *Histoire naturelle des oiseaux* verstärken sich daher die Probleme, in die die Naturgeschichte gerät: »Das vierfüßige Thier wird gezwungen, sich den Gesetzen des Klima, in welchem es geboren wurde, zu unterwerfen; der Vogel entzieht sich ihm und wird unabhängig von demselben durch die Fähigkeit, in kurzer Zeit sehr große Räume durchfliegen zu können; auf ihn hat nur die Jahreszeit Einfluß« (Buffon 1838:6). Die Vielzahl der Vögel und die Vielfalt der Unterschiede zwischen ihnen machen es unmöglich, weiterhin nur Individuen zu beschreiben. Ist es schon schwer genug, die vollständige Geschichte auch nur eines einzigen Zugvogels zu beschreiben, so vergrößert sich diese Schwierigkeit noch, wenn man vorhat, die »allgemeine Geschichte aller« darzustellen. Die Zusammenfassung zu Arten wird damit unvermeidlich. Buffons ursprünglicher naturalistischer Standpunkt ist damit aufgegeben, seinen Unmut darüber drückt Buffon in einem Brief an den Abbé Bexon vom 24. Dez. 1779 in dem Wunsch aus, »de ne plus travailler sur des plumes«. Cuvier aber wurde dadurch zu dem triumphierenden Kommentar veranlaßt, an der Buffonschen *Histoire naturelle des oiseaux* werde sichtbar, wie sich endlich die Macht der Dinge – nämlich die Einteilung des Tierreichs in festumrissene Arten – auch gegen die rebellischsten Geister durchsetze.

Die großen Schwierigkeiten, die eine Naturgeschichte der Vögel bietet, werden wiederum an ihrer Darstellungsweise besonders gut sichtbar. Da hier nämlich die Schilderung der Farben durch bloße Worte besondere Mühe macht, werden nun kolorierte Kupferstiche der Vögel angefertigt, während für die vierfüßigen Tiere schwarze genügten. Freilich kann die Kolorierung aus Kostengründen nicht in allen Ausgaben der *Histoire naturelle des oiseaux* erfolgen: »Lediglich einer kleinen Edition de luxe in Folio oder Gross-Folio in 10 bzw. 6 Bänden wurde sie als Atlas beigegeben, während die Gross-Auflagen der ›Histoire naturelle des oiseaux‹ in Quart und Duodez nur mit einer Auswahl von 262 Tafeln illustriert wurden, die Buffon von Jacques de Seve neu hatte zeichnen lassen – und die er unkoloriert ließ!« (Nissen 1970:152). Buffons Kennzeichnung der ›planches enluminées‹ als ›genre de mauvaise peinture‹ zeigt, daß er dieses Hilfsmittel, das den Prinzipien seiner sonstigen Darstellungsweise in der Naturgeschichte widersprach, nur widerwillig benutzt hatte. Im übrigen waren die kolorierten Kupferstiche nach den im Cabinet national vorhandenen Vögeln, die schon erhebliche Farbänderungen aufwiesen, gestochen worden, was Le Vaillant zu dem Urteil veranlaßte, die Stiche seien »si defectueuses et si peu conformes à la nature« *(Oiseaux d'Afrique)*. Auch ist offenkundig Buffon gemeint, wenn Johann Andreas Naumann in seiner *Naturgeschichte der Vögel Deutschlands* betont, sein Werk enthalte nicht die Abbildung eines einzigen Vogels, den er nicht selbst beobachtet habe: »Anmuth aber und Zierlichkeit im Stil – die werden meine billigen Leser mir erlassen, in der Hinsicht, weil ich . . . im Vogelstellen mehr als im Schriftstellen geübt bin, und von jeher lieber ein Natur-Forscher als ein Bücher-Forscher war« (Naumann 1822–1824:XXI).

Auch in anderer Hinsicht ist die Naturgeschichte der Vögel für Veränderungen der Naturgeschichte aufschlußreich. Zwar hat Buffon, der »sich viel helfen ließ« (Flourens), immer die Mitarbeit anderer Fachgelehrter gesucht – in der *Histoire naturelle des minéraux* waren es beispielsweise Guyton de Morveau und Faujas de Saint-Fond – doch wird der Zwang zur Kooperation in der *Histoire naturelles des oiseaux* besonders deutlich. Diese Tatsache ist umso bemerkenswerter, als Buffon nach Meinung mancher Autoren, wie Sainte-Beuve, erst mit der Naturgeschichte der Vögel zum wirklichen Wissenschaftler wird. Hauptmitarbeiter daran ist zuerst Guéneau de Montbéliard, der sich im übrigen von seiner Frau dabei helfen ließ, der Artikel ›Rossignol‹ stammt von ihr; seit 1776 engagiert Buffon den Abbé Bexon als ›coopérateur‹; außerdem beteiligt sich noch Sonnini de Manoncourt – an die Naturgeschichte der Vögel wird Lacépède daher vor allem gedacht haben, als er von der ›grande association‹ sprach, die an der *Histoire naturelle* gearbeitet habe. Hier wird sichtbar, daß zur Bewältigung des Informationszuwachses auch Veränderungen innerhalb der Wissenschaftsorganisation notwendig werden. 1781 stellt Johan Caspar Fueßly seinem *Archiv der Insektengeschichte* den ›Plan zu einer entomologischen Republik‹ voran. Alle Entomologen in Deutschland sollten »gleichsam eine Republik« unter sich errichten und ihre Beobachtungen aus der Insektengeschichte zusammentragen, um das geschwinde Wachstum und die Aufklärung der Entomologie dadurch zu befördern. Der Zwang zur Arbeitsteilung hat derart auch für die ›ideologische‹ Umorientierung der Naturgeschichte Konsequenzen.

Auch in Buffons *Histoire naturelle des oiseaux* zeigt sich jene Resistenz, den Zeitfaktor in den Objektbereich einzuführen – die Vielfalt ihrer Objekte also dadurch zu erklären, daß man von der Möglichkeit der Transformation und des Übergangs zwischen ihnen ausgeht –, der die Naturgeschichte in ihrer Umbruchphase zu Ende des 18. Jahrhunderts kennzeichnet. Die Schwierigkeiten, die der Plan seiner Geschichte der Vögel eröffnet, werden von Buffon als Schwierigkeiten der Ornithologie schlechthin beschrieben. Für diese wird der Zeitfaktor allerdings höchst bedeutsam: »Man wird daher erst mit der Zeit, und ich kann sagen in der Folge von Jahrhunderten, die Geschichte der Vögel so vollständig behandeln können, wie wir jene der vierfüßigen Thiere mitgetheilt haben« (Buffon 1838:6). Diese Arbeit kann nur das »Werk der Zeit« sein. Dennoch bleibt auch die historische Ornithologie letztlich eine Sammlung regionaler Ornithologien: »Das einzige Mittel, die historische Ornithologie zu fördern, würde seyn, die besondere Naturgeschichte der Vögel eines jeden Landes zu entwerfen; anfangs jener einer einzelnen Provinz, dann jener einer benachbarten und darauf jener einer entferntern; sodann diese besondern Naturgeschichten zu vereinigen« (Buffon 1838:12/13). Wieder unternimmt Buffon den Versuch, die Systematik durch die Chronik zu ersetzen; mit seinem Werk will er einen ›Vereinigungspunkt‹ schaffen, »um welchen man die neuen Thatsachen, welche die Zeit herbeiführt, sammeln kann.«

Daß in der zweiten Hälfte des 18. Jahrhunderts der Erfahrungsdruck die Naturgeschichte zur Temporalisierung ihrer Grundannahmen zwingt, bedeutet noch keine Vorwegnahme evolutionären Denkens. Darin drückt sich zunächst die Krise der Naturgeschichte aus, für deren Heftigkeit gerade die Zweideutigkeit der Versuche spricht, mit der man sie zu lösen versucht. Diese Zweideutigkeit kennzeichnet das Werk Lamarcks, sie ist bei Cuvier und Agassiz spürbar. Auf der einen Seite soll Lamarck den endgültigen Übergang zu einer Wissenschaft vom Leben vollziehen, auf der anderen Seite soll die *Philosophie zoologique* (1809) den Endpunkt einer Entwicklung markieren, die mit Linnés *Systema naturae* (1735) ihren Ausgangspunkt nimmt. Auf der einen Seite betrachtet Buffon die *Flore française* – deren drei Bände er in der königlichen Buchdruckerei drucken ließ – als Unterstützung seines Kampfes gegen Linné und die ›Systeme‹ und läßt Lamarck zum ›botaniste du roi‹ ernennen, auf der anderen sieht Etienne Geoffroy Saint-Hilaire in ihm den französischen Linné. Für die einen gehört Lamarck noch ganz dem 18. Jahrhundert an – »un homme du XVIII$^{e}$ siécle, c'est-à-dire d'un âge où les recherches en morphologie, en physiologie, en éthologie des organismes restent dominées par un impératif général de classification et

*Un homme* ... Ein Mann des 18. Jahrhunderts, d. h. einer Zeit, in der die Untersuchungen in der Morphologie, der Physiologie und der Ethologie der Organismen noch ganz von der Notwendigkeit der Klassifikation und einer skalaren Ordnung bestimmt werden.

d'ordination scalaire« (Canguilhem 1962:212) –, für andere beginnt mit ihm die neue Epoche des transformationistischen und evolutionären Denkens. Isidore Geoffroy Saint-Hilaire sucht diese Zweideutigkeit zu beseitigen. Für ihn ist Lamarck Botanist im 18. Jahrhundert, im 19. aber – übrigens auf Dekret des Konvents, der ihn dazu auffordert – Zoologe. Es ist der *Zoologe* Lamarck, der für die Beschleunigung mitverantwortlich zeichnet, die die Naturgeschichte seit der Französischen Revolution bestimmt und für die die Arbeiten Linnés und Buffons eine Voraussetzung waren. Mit ihm bricht eine neue Epoche der Wissenschaft an. Lamarcks eigene Anschauungen wirken uneinheitlich – Revolutionär in der Biologie, sind seine chemischen Auffassungen eher konservativ –; er versucht aber auf der anderen Seite divergierende Tendenzen der Naturgeschichte zu harmonisieren und beispielsweise die natürlichen Familien Bernard de Jussieus und Linnés Klassifikation in Übereinstimmung zu bringen.

Isidore Geoffroy Saint-Hilaire erblickt in der rapiden Beschleunigung das auszeichnende Moment der Wissenschaftsentwicklung an der Wende zur Moderne. Wenn diese Beschleunigung – im Bild der Fallgeschwindigkeit – auch wie ein natürlicher Prozeß beschrieben wird, sind für ihn doch organisatorische Voraussetzungen, zu denen die Reorganisation des Jardin du Roi zählt, ebenso bedeutend wie die organisatorischen Konsequenzen, die sich daraus ergeben. In der Organisationsstruktur der Wissenschaften entspricht nämlich diesem Beschleunigungsvorgang, der die Ausweitung des Gegenstandsbereichs wie die Veränderung der Theorieform charakterisiert, der Übergang von der Konfusion (›confusion de toutes les sciences‹) über die Arbeitsteilung (›division du travail‹) zur Assoziierung der Einzeldisziplinen (›association des diverses branches de l'Histoire naturelle‹).

Wie konsequenzreich die Verzeitlichung gewesen ist, macht Tinland gerade an Lamarcks *Philosophie zoologique* deutlich. Schon früh war der Wilde und ebenso der Affe als unser Bruder, unser Vetter (Lichtenberg) bezeichnet worden. Erst mit dem Beginn der Moderne aber muß sich der Mensch anscheinend damit vertraut machen, daß er sein Großvater sein könnte. Die Ethnologie wird nun, so für Condorcet, zur Vorgeschichte, und der Gründer des *Historischen Journals*, Gatterer, spricht als einer der ersten von ›Völkerkunde‹. Dem Begriff der ›lebenden Fossile‹ in der sich herausbildenden Biologie entspricht in der Ethnologie der Terminus der ›zeitgenössischen Vorfahren‹. In seiner *Lettre sur le progrès des sciences* hatte Maupertuis bei der Nachricht von einer ›espèce mitoyenne‹ zwischen den Affen und den Menschen, »behaarten Wilden, die Schwänze trugen«, ausgerufen: »Ich möchte lieber mit ihnen, als mit dem größten Schöngeist Europas eine Stunde im Gespräch verbringen.« Mit dem Verzeitlichungsschub des späten 18. Jahrhunderts veraltet diese Form der humanen Neugier, die für die Naturgeschichte charakteristisch gewesen war. Nunmehr wird es möglich, die Wilden zu integrieren, die nicht länger in ihrer prinzipiellen Andersheit gedacht werden müssen, da ihre Gesellschaften als Stadien eines umfassenderen welthistorischen Prozesses erscheinen. Was an den Gesellschaften der Primitiven früher als Absurditäten aufgefaßt wurde, wird jetzt zu den Überbleibseln einer früheren Entwicklungsstufe. Nicht mehr der Rückgriff auf eine natürliche und universelle Vernunft, sondern eine Geschichtstheorie bestimmt nunmehr die Stellung des Abendlandes, das als das einzigartige Resultat dieses Entwicklungsprozesses erscheint, zu den Wilden.

# Von der Nosographie zur Krankengeschichte

Als Linné eine Zeitlang Therapie betrieben hatte, erschien ihm die Medizin nicht weniger anziehend als die Naturgeschichte. Nachdem er bei seiner Bewerbung um den botanischen Lehrstuhl in Uppsala nach Rosén und Wallerius nur auf den dritten Platz gekommen war, wurde er im Mai des Jahres 1741 zum Professor der theoretischen und praktischen Medizin ernannt, tauschte freilich schon zu Beginn des nächsten Jahres die Professur mit Rosén. Von Vorteil war es dabei, daß die Botanik zur medizinischen Fakultät gehörte; materia medica, pharmazeutische Botanik, bildete ein Verbindungsglied zwischen Medizin und Botanik. Während Linné von der Medizin zur Botanik gelangte, war Boissier de Sauvages erst Botaniker, bevor er Professor der Medizin in Montpellier wurde. Im gleichen Jahr, 1763, erscheinen Linnés *Genera morborum* und Boissier de Sauvages' *Nosologia methodica*.

Schon Sydenham hatte dazu aufgefordert, die Krankheiten nach dem Vorbild der Botanik zu ordnen. Boissier de Sauvages wollte daher der Linné der Krankheiten sein, in seiner Nosologie betont er, die Vorsehung sei bei der Schöpfung von Krankheiten und krankheitserregenden Säften nicht weniger regelmäßig verfahren als bei der Schaffung von Pflanzen und Tieren. Linné wiederum schrieb an ihn, die Symptome seien hinsichtlich der Krankheiten, »was die Blätter und die Stützen für die Pflanzen sind«. Bis tief ins 18. Jahrhundert sind so die Klassifikatoren bemüht, das Krankenreich in eine der Pflanzenwelt ähnliche Ordnung zu überführen.* Boissiers Nosologie

* Diese nosographische Orientierung Linnés darf freilich nicht zu dem Fehlschluß verleiten, er sei an einer empirischen Analyse der Krankheitsursachen weniger interessiert gewesen. Am 21. Januar 1740 schreibt Linné an Boissier de Sauvages: »Endlich habe ich das Recht erhalten, die Leichen von

wies 315 Gattungen auf; es wurde als Fortschritt angesehen, daß Johann Baptist Michael Sagars *Systema morborum symptomaticum*, das 1771 erschien, nicht weniger als 340 Gattungen verzeichnete. Noch 1803 fragt ein in Bordeaux veröffentlichtes medizinisches Buch im Titel, ob nicht die Klassifikationssysteme, deren man sich in der Naturgeschichte bedient, zur Erkennung der Krankheiten ebenso nützlich sein könnten. In der Vorrede beschreibt Erasmus Darwin seine *Zoonomie* (1794–6) als einen Versuch, »die Thatsachen welche dem thierischen Leben zugehören, in Classen, Ordnungen, Gattungen und Arten zu ordnen, und durch ihre Vergleichung unter einander, die Theorie der Krankheiten zu entwickeln«.

Entscheidend für die Einordnung einer Krankheit ist der Grad ihrer Ähnlichkeit zu einer anderen, ohne daß die Genealogie der Symptome oder Abläufe eine Rolle spielte. Diderot beklagt in den *Elementen der Physiologie* (1774–80), die menschlichen Laster hätten die Krankheiten häufiger, komplizierter und gefährlicher gemacht; nur bei unverdorbenen nationalen Sitten seien die Körper gesund und die Krankheiten einfach. Es existiert, so Michel Foucault, eine wilde Natur der Krankheiten, »die zugleich ihre wahre Natur ist und ihr vernünftigster Verlauf«. Bei den Bauern und den einfachen Leuten aus dem Volk gibt es nicht, wie bei den ›gens du monde‹, diese »vielfältigen, komplexen, gemischten Nervenleiden, sondern solide Schlaganfälle und freimütige Tobsuchtsausbrüche«. Die Nosographie Pinels, der mit Desfontaines die Botanik, mit Fourcroy die Chemie studierte und der mit Cabanis befreundet war, bietet für eine solche Klassifikation, in der die vernünftige Ordnung des nosologischen Tableaus voll zur Geltung kommt, das beste Beispiel. Daremberg sagt von Pinel, der die botanischen Methoden keineswegs sklavisch in die Medizin übertrug, er sei eher Naturalist als Kliniker gewesen; Foucault spricht von den Medizinern der Vor-Moderne als von Botanikern, die sich auf dem Felde des Pathologischen betätigen (Foucault 1973a).

denjenigen, die im Marine-Krankenhaus gestorben sind, zu untersuchen, was ich bisher nicht gekonnt habe. Wenn ich noch ein Jahr lang lebe, will ich Antwort auf die Frage nach der nächsten Ursache der Fieber geben, aber nicht früher; ich werde keine Hypothesen aufstellen, sondern ewige Wahrheiten« (Hjelt 1909:13).

Als sich um die Wende vom 18. zum 19. Jahrhundert die Klagen darüber häufen, daß die Komplexität der vielfältigen Krankheitsformen, ihre ›verwirrenden Akzidentien‹, kaum noch in eine sinnvolle und überschaubare Ordnung gebracht werden können, da macht, so Foucault, das 18. Jahrhundert in seinen letzten Jahren aus diesem Mangel ein positives Moment der Erkenntnis: »Die *Geschichte* der Krankheiten, der Sauvages einen insgeheim räumlichen Sinn gegeben hat, erhält nun ihre chronologische Dimension. Der Ablauf der Zeit hat nun in der Struktur dieses neuen Wissens die Rolle inne, die in der klassifizierenden Medizin von der Fläche des nosologischen Tableaus eingenommen wurde« (Foucault 1973:110).

Die alten Klassifikationen werden nun mehr und mehr kritisiert. Sprengel hält in seinem *Versuch einer pragmatischen Geschichte der Arzneykunde* (1821) den Schritt von Sauvages zu Sagar für einen zweideutigen Vorzug, einen Fortschritt kann er darin eigentlich nicht erblicken: »Mit Ausnahme weniger Anatomen traf diejenigen Aerzte, welche sich vor dem Jahre 1794 mit anatomisch-pathologischen Untersuchungen beschäftigten, alle der Vorwurf, daß sie auf die Gesetzmäßigkeit in der Entwicklungsart der krankhaften Gebilde fast gar keine Rücksicht nahmen, sondern nur bemüht waren, recht viele auffallende und seltene Krankheitsproducte zu finden, und wohl auch in eigenen Sammlungen aufzubewahren« (Eble 1837: 253). Wie weit dieser Exotismus ging, zeigt das Beispiel Philipp Meckels (1756–1803), der jede Gelegenheit nutzte, um seine anatomische Sammlung zu vervollständigen; nicht nur wurden drei eigene, frühverstorbene Kinder von ihm selbst seziert und skelettiert, er machte es in seinem Testament seinen Angehörigen auch zur Pflicht, ihn nach seinem Tode sezieren zu lassen und, »sollte sich irgend etwas Merkwürdiges in meinen Eingeweiden finden«, dieses »nach gewöhnlichen Methoden« aufzubewahren. Tatsächlich entdeckte der Präparator am Skelett Meckels einen überzähligen Brustwirbel, der die Witwe zu dem Ausruf veranlaßt haben soll: »Ach wie würde er sich gefreut haben, wenn er das noch erlebt hätte!« (Beneke 1934:128).*

* Carl Gustav Carus schreibt darüber in seinen *Lebenserinnerungen und Denkwürdigkeiten* (1865/66): »Die Gebrüder Meckel gehörten zu einer von den wenigen Familien Deutschlands, in welchen bedeutende Anlagen, Fähig-

Nunmehr treten Versuche wie die Pinels, den wahren Charakter einer Krankheit und ihren Rang innerhalb des nosologischen Tableaus zu bestimmen oder die Irren in Klassen einzuteilen, in den Hintergrund. Schon zu Beginn des 19. Jahrhunderts werden an derartigen Versuchen Kritiken laut, die das spätere Erstaunen Blainvilles vorwegnehmen, eigentlich habe doch auch bei Pinel der Wunsch zu heilen gegenüber dem Klassifikationsinteresse im Vordergrund stehen müssen. Langsam setzt sich nun die Verzeitlichungstendenz gleichermaßen in der Ätiologie wie in der Therapie durch. Mathew Baillies Leistung besteht laut Eble darin, die krankhafte Struktur »nach ihrer Entstehungsart« erklärt zu haben, und 1818 faßt Heinroth sein therapeutisches Programm in die Maxime zusammen: »Der Zeit ihre Zeit lassen.«

Typisch für diese Epoche ist die enge Beziehung medizinischer und historischer Vorstellungen. Owsei Temkin hat für Deutschland die Verknüpfung ontogenetischer, insbesondere embryologischer, und historischer Konzepte verfolgt und dabei vor allem die Wirkung ontogenetischer Entwicklungstheorien auf Natur- und Geschichtsphilosophie hervorgehoben (Temkin 1950). In Edwards *Des caractères physiologiques des races humaines* (1829) findet sich ein deutlicher Hinweis auf die nützliche gegenseitige Erhellung von Physiologie und Historie; de Maistre wie de Bonald, Gall, Virey und Bory de Saint-Vincent vertreten ähnliche Auffassungen. Am 7. Oktober 1833

keiten und Neigungen ganz in einer und derselben Richtung, durch mehrere Generationen hindurch, zusammentrafen. Wie in den Bachs und Schneiders die Musik, so war hier vom Großvater bis zum Enkel die Anatomie in Fleisch und Blut übergegangen, und von dem Verbissensein in ihre Wissenschaft konnte es Kunde geben, wenn man auf dem anatomischen Theater den Schrank sah, in welchem der Vater dieses Meckel sein eigenes Skelett aufzustellen befohlen hatte, eine Anordnung, welcher dann auch der Sohn durch sorgfältiges Abpräparieren der Knochen des Vaters pünktlich Folge geleistet hatte. Scheinen doch selbst die Frauen an diesen Passionen Anteil genommen zu haben, denn man versicherte mich, daß die diesen alten Herren überlebende Ehehälfte, als man ihr die Nachricht brachte, daß beim Skelettieren des seligen Professors die anatomische Merkwürdigkeit sich ergeben, daß statt zwölf Rippenpaaren hier dreizehn vorhanden waren, sie freudig bewegt ausgerufen habe: ›Ach! Hätte mein lieber Mann doch das noch erfahren!‹« (Carus 1966:185/186).

präsentiert Etienne Geoffroy Saint-Hilaire der Académie des Sciences die *Introduction à la science de l'histoire* oder *Science des développements de l'humanité* von Buchez – nicht ohne gebührend hervorzuheben, daß dieser Mediziner mit seinem Entwurf einer transzendentalen Physiologie auf eine Wissenschaft von der Geschichte abziele und die Idee des Fortschritts, die in seinem Werk einen so überragenden Platz einnehme, sowohl auf die physischen und physiologischen Phänomene im engeren Sinne wie auf die ›faits sociaux‹ Anwendung finden könne.

Im Werk von Cabanis, einem Schwager Condorcets, spiegelt dieser Übergang der Medizin von der räumlich orientierten Klassifikation zur Verzeitlichungsperspektive sich vielleicht am deutlichsten wider – ähnlich wie in der Naturgeschichte bei Lamarck, auf den Cabanis einen beträchtlichen Einfluß ausgeübt hat. In seinen zwischen 1789 und 1790 geschriebenen *Observations sur les hopitaux* geht Cabanis von der unendlichen Vielfalt der Krankheiten aus. Dieser Vielfalt der Krankheiten müsse die Nuanciertheit der Therapie entsprechen, wenn die Medizin nicht mehr Böses als Gutes bewirken wolle. Den Nosologen, die sich an Hippokrates orientieren, schlägt er vor, sich diesen in einer anderen Hinsicht zum Vorbild zu nehmen: Hippokrates beschrieb die Krankheitsphänomene, er benannte sie fast nie.* Die Benennung der Krankheiten erfolgt ohnehin meist willkürlich, und ein ausgeklügeltes Klassifikationssystem dient oft nur dazu, eine mangelhafte Behandlung der Kranken zu vertuschen. Gegenüber der Krankengeschichte aber hat die Klassifikation der Krankheiten zurückzutreten. Cabanis scheint für die Medizin ähnliche Befürchtungen zu hegen wie Condorcet und Daubenton für die Botanik: der erste hielt sie, wenn man nur auf die Nomenklatur achte, für eine bloße ›science de mots‹, der andere sprach von der ›triste étude des noms‹, zu der sie herabgesunken sei.

1798 erneuert Cabanis seine Kritik an den Nosologen *(Du degré*

* Claude Bernard bezeichnete die ›nosologistes‹ (Sydenham, Sauvages, Pinel und auch Laënnec) als ›hippocratistes‹, die sich vor allem mit Definitionen und Klassifikationen beschäftigt und die Diagnostik und Prognostik der eigentlichen Behandlung vorgezogen hätten; Magendie und Ducrotay de Blainville rechnen die Hippokratische Methode gar nicht zur Medizin, sondern sehen in ihr einen Teil der Naturgeschichte.

*de certitude de la médecine)*, wenn auch eine Klassifikation der Krankheiten – ebenso wie die der Tiere, Pflanzen und Fossilien – zu mnemotechnischen Zwecken nützlich sein mag, was freilich noch nicht die Vagheit der Benennungen rechtfertigt. Mehr und mehr gewinnen Zeitaspekte an Bedeutung. Dies gilt sowohl für eine Klassifikation der Krankheiten, die als Trennung der ›maladies chroniques‹ von den ›maladies aigues‹ unter Periodisierungsgesichtspunkten vorgenommen wird, wie für die individuelle Krankheit, von der man sich solange keine präzise und umfassende Vorstellung machen kann, solange sie nicht eine bestimmte Anzahl von Stadien durchlaufen hat. Die Historizität der Krankheiten gerät in den Blick – »Le cours des siècles apporte des changemens notables dans les maladies« –, für die Medizin überhaupt werden Temporalaspekte bedeutsam: »Elle seule en effet peut nous faire connoître les lois de la machine vivante, la marche régulière de la sensibilité dans l'état sain, les modifications que cette faculté peut éprouver dans l'état de maladie.«

Im *Coup d'œil sur les révolutions et sur la réforme de la médecine* (1804) werden diese einzelnen Argumente noch einmal miteinander verknüpft. Cabanis sieht es wiederum als nützlich an, den Plan einer neuen Klassifikation zu erstellen, doch soll diese Klassifikation zunächst einmal die verschiedenen Bereiche der Medizin selbst ordnen. Zu diesem Zweck ist eine genaue Markierung der wichtigsten Epochen der Medizin von ausschlaggebender Bedeutung – in der Rolle, die der Disziplingeschichte zugeschrieben wird, ähnelt die Revolution von Cabanis ebenso Fourcroy wie Lavoisier in der Erarbeitung einer Nomenklatur des Objektbereichs, die weniger auf die vollständige Erfassung der gegenwärtig bekannten Phänomene abzielt, als auf die Möglichkeit, künftige Entdeckungen dem Klassifikationssystem nicht einfach hinzufügen zu müssen, sondern sinnvoll darin integrieren zu können. Freilich hatte schon Pinel diese antizipierende Tendenz allen Teilen der Naturgeschichte zugesprochen, die den Na-

*Le cours* ... Der Ablauf der Jahrhunderte bringt beträchtliche Veränderungen der Krankheiten hervor.

*Elle seule* ... Sie [die Medizin] allein lehrt uns in der Tat die Gesetze der lebenden Maschine erkennen, das regelmäßige Funktionieren der Sensibilität im Gesundheitszustand sowie die Veränderungen, die sie im Krankheitsfall hervorrufen kann.

men einer Wissenschaft wirklich verdienten und betont, er selbst verfolge das gleiche Ziel in seiner Nosographie.

Die Analyse der Krankengeschichte (historia morbi) reicht in ihren Anfängen bis ins 17. Jahrhundert und früher zurück: daß dazu auch die Analyse der Sektionsprotokolle (historia cadaveris) gerechnet wird, zeigt, daß wir es auch in dieser ›Geschichte‹ mit der Historie des Raumes zu tun haben. »Schon unter Heurnius ist ein Tagebuch (diarium) geführt worden und von ihm sind uns auch Krankengeschichten erhalten ... Die Klinik des 18. Jahrhunderts ... vernachlässigt die Krankengeschichte nicht, sondern sie pflegt sie bewußt als Grundlage für die Erarbeitung der Krankheitsbilder« (Temkin 1929: 53). Die historische Analyse ist derart dem nosologischen Zweck untergeordnet, auch werden, wie etwa bei de Haen (*Ratio medendi*, 1774) Krankengeschichte und Krankheitsgeschichte noch nicht unterschieden. Erst mit der älteren Wiener medizinischen Schule, die die Anamnese wirklich historisch auffaßt, ist die Betonung der Krankengeschichte mit einer Ablehnung der nosologischen Systeme verbunden.

Für Cabanis ist in der Medizin vor allem bedeutsam, daß wir ihre entscheidenden Tatbestände nie gleichzeitig zu Gesicht bekommen. Es handelt sich um Erscheinungen, die einander folgen und die gelegentlich unabhängig voneinander auftreten, in anderen Fällen aber auch, wie es die Erfahrung lehrt, miteinander verbunden sein können. Wenn es uns gelingt, den natürlichen Ablauf einer Krankheit zu erkennen, so erscheint uns dieser in Form einer ›histoire raisonnée‹; die historische Analyse steht im Mittelpunkt der Medizin. Eben deswegen ist Hippokrates so zu bewundern: er hat aus den individuellen Krankengeschichten Schlüsse und Verallgemeinerungen gezogen, von denen wir heute noch profitieren können, beispielsweise wenn wir die Einflüsse der Jahreszeiten und des Wetters sowie die Ursachen der Epidemien erforschen wollen.

Eine solche Medizin ist im übrigen von der Botanik umso weniger getrennt, als diese sich mehr und mehr von den leblosen Klassifikationen lossagt und Prozesse der Keimung, der Entwicklung und der Befruchtung untersucht, Leben und Tod der Pflanzen analysiert. Eine Medizin, die von den einzelnen Krankengeschichten auf die Krankheiten schließt und nicht umgekehrt Einzelfälle bloß unter nosologische Kategorien subsumiert, kann wieder mit einer Botanik kooperieren, die zur Physiologie der Pflanzen wird: »Voilà, dis-je, une nouvelle et plus noble carrière ouverte aux botanistes observateurs. En joignant à l'étude des phénomènes que présente immédiatement la vie végétale, la recherche des différentes transformations, combinaisons ou décompositions, dont les végétaux sont les instrumens, ou peuvent devenir les sujets, ils parviendront peut-être un jour, à dévoiler le mystère de leur formation et de leur développement« (*Révolutions et réforme de la médecine;* Cabanis 1956:236).

Die Aussicht auf eine solche Medizin bringt Cabanis dazu, seine Gegenwart als eine jener großen Epochen der Medizin zu bezeichnen, auf die die Nachwelt noch oft ihre Blicke richten wird. Temporalisierungseffekte zeigen sich derart auf verschiedenen Ebenen: an den Krankheiten interessieren vor allem ihre Verlaufsformen; die genaue Beobachtung der Krankengeschichte ermöglicht dem Arzt, die richtigen therapeutischen Schlußfolgerungen aus einer ›histoire raisonnée‹ zu ziehen; für die Klassifikation der einzelnen Bereiche der Medizin und der Beziehung ihrer Teile zueinander wird die Medizingeschichte bedeutsam.

Die Medizingeschichte nimmt dabei eine Entwicklung, die mit dem Ablauf der Philosophiegeschichte verglichen werden und auch als Verzeitlichung beschrieben werden kann. Schon im frühen 18. Jahrhundert – ich folge hier der Übersicht, die Edith Heischkel gegeben hat (1931) – steht einer chronologischen Auffassung der Medizingeschichte, wie sie sich in Goelickes *Historia medicinae universalis* (1717–20) ausdrückt, eine Alternative in Barkhausens *Historia medicinae* (1710) gegenüber, der vom bloß chronologischen Standpunkt abkommen und eine Geschichte der medizinischen Theorien liefern will. Schulze will in seiner Medizingeschichte (1728) ebenfalls eine Periodisierung aus dem inneren Entwicklungsgang der Medizin vorlegen, bleibt aber letztlich auf dem chronologischen Standpunkt stehen. Von Winckelmann beeinflußt, kehrt Ackermann

*Voilà* ... So wird, meine ich, den Botanikern, die vor allem Beobachter sind, eine neue und ehrenvollere Karriere eröffnet. Indem sie zum Studium der Erscheinungen, die das pflanzliche Leben unmittelbar darbietet, die Untersuchung der verschiedenen Umwandlungen, Verbindungen oder Trennungen hinzufügen, deren Instrumente oder Subjekte die Pflanzen sind, werden sie eines Tages vielleicht dazu kommen, das Geheimnis ihrer Bildung und ihrer Entwicklung zu entschleiern.

(*Institutiones historiae medicinae*, 1792) sich von der Literärgeschichte ab und versucht eine Geschichte der medizinischen Wissenschaft zu schreiben. Bei Scuderi (*Introduzione alla storia della medicina antica e moderna*, 1794) wird die Einteilung des Stoffes bereits nach Umwälzungen in der Theoriegeschichte vorgenommen, zur chronologischen Präzisierung werden Ereignisse aus der politischen Geschichte herangezogen.

In Dietrich Georg Kiesers *System der Medicin* (1817–1819) ist die Temporalisierung des medizinischen Objektbereichs mit der Wertschätzung der Medizingeschichte verknüpft. Kieser unterscheidet räumliche und zeitliche Verhältnisse des Lebens, zu den letzteren zählen »die Verhältnisse der Entwickelung, der Dauer, des Verlaufs, der Abnahme der zu bestimmten Zeiten eintretenden Veränderungen« (Kieser 1817/19:IX). Die zeitlichen Verhältnisse der Krankheit seien aber bisher vernachlässigt, jedenfalls nicht physiologisch erörtert worden. Medizin und Medizingeschichte erhellten sich wechselseitig, die vollständige Kenntnis der Geschichte der Medizin sei auch die Kenntnis der Medizin selbst – dies erinnert an Goethes Ineinssetzen von Wissenschaft und Wissenschaftsgeschichte –; die Wissenschaftsgeschichte verlaufe dabei nach dem Muster der Ontogenese: »Selbst einzelne scheinbar rückgängige Bewegungen müssen als nothwendig zur Ausbildung, und, gleich dem Knoten im Internodium des Gewächses, als temporelle Ruhepuncte betrachtet werden« (Kieser 1817/19:4). Die nosologischen Systeme à la Sauvages gelten Kieser für ›gemeinste Empirie‹; um nicht in bloß chronologischer Manier die Geschichte als eine Aneinanderreihung von Tatsachen darzustellen, müsse die Notwendigkeit des historischen Ablaufs demonstriert und im übrigen die Ausbildung der Medizin als Wissenschaft in Parallele zur allgemeinen Ausbildung des Menschengeschlechts gesetzt werden. Damerow bringt diese zunehmende Schätzung der Medizingeschichte auf den Begriff, als er 1829 die wissenschaftliche Entwicklungsgeschichte der Medizin als ihre wahre Naturgeschichte bezeichnet (*Elemente der nächsten Zukunft der Medizin*). Damit ist auch in der Medizinhistorie die Temporalisierung der Naturgeschichte abgeschlossen.

1828 leitet Karl Ernst v. Baer seine Schrift *Über Entwickelungsgeschichte der Thiere* mit den Worten ein: »Beiträge zur Entwickelungsgeschichte wollen hier in die Welt treten. Bevor sie selbst reden, ist über ihre eigene Entwickelungsgeschichte zu berichten, damit man wisse, was sie erzeugt, gepflegt, und sonst auf sie gewirkt hat«. Hieran wird deutlich, in wie reflektierter Form zu Beginn des 19. Jahrhunderts die Wissenschaftsgeschichte zur Berücksichtigung kommt. Vor allem in Form der Naturphilosophie wird die Naturwissenschaft nunmehr genetisch betrachtet, Steffens geht bis zur Behauptung, daß die Naturwissenschaft eigentlich ein neues Organ der Geschichte geworden sei. Um die Krankheiten heilen zu können, so Casimir Broussais 1840, muß man ihre Geschichte kennen, man muß wissen, wie sie entstehen, wie sie sich entwickeln und schließlich enden. Jede Wissenschaft, die nicht auch Geschichte der Phänomene ist, die sie analysiert, ist falsch, zweideutig oder konfus *(De la statistique appliquée à la pathologie et à la thérapeutique)*.

Freilich ist eine genetische Betrachtungsweise nicht unbedingt eine Voraussetzung für die Schätzung der Disziplingeschichte: auch Cuvier betont beispielsweise in seinen Vorlesungen zur Geschichte der Naturwissenschaften den generellen Nutzen der Wissenschaftsgeschichte und meint, für die ›naturalistes‹ sei ihr Studium sogar unabdingbar.

# Renaturalisierung: Meteorologie und Medizin

Die Beziehungen zwischen Meteorologie und Medizin sind alt, sie gehen bis auf die hippokratischen Epidemienbücher zurück, in denen jahreszeitliche Katastasen (Höhepunkte) mit der Katastasis der vorherrschenden Krankheiten verglichen wurden. Thomas Sydenham hat an diese Versuche angeknüpft, als er nach Beobachtungen in London fünf Perioden von je zwei bis vier Jahren Länge zu identifizieren können glaubte, deren ›constitutio stationaria‹ einen wichtigen Teil der Krankheitsgeschichten darstellte (Probst 1972). Angeregt durch die bioklimatischen Beobachtungen des Modenenser Arztes Ramazzini *(De constitutione anni 1690 ac de rurali epidemia)* hat Leibniz im Februar 1694 an Germain Brice in Paris ›Über den Nutzen medizinisch-klimatischer Jahresberichte‹ eine Notiz verfaßt; diese ist im Juli des gleichen Jahres dann im *Journal des Savants* veröffentlicht worden.

Leibniz spricht sich darin für eine Ausweitung der schon seit einiger Zeit geführten Sterbetafeln (bills of mortality) aus, man sollte ›Annalen zu einer Geschichte der Medizin für Paris und die Ile-de-France wie auch für andere Provinzen‹ daraus entwickeln. Voraussetzung dafür ist, daß die ›Medicinalgeschichte‹, die bisher von einzelnen wie Ramazzini betrieben worden ist, auf eine breitere Basis von weit verstreuten Beobachtungen gestellt wird. Es läßt sich nämlich nicht bezweifeln, »daß häufig Jahre wiederkehren, die den voraufgehenden wenigstens in vielen Punkten ähneln, und wo die Vergangenheit von höchstem Nutzen wäre, um sich in der Zukunft danach zu richten, statt daß man in der Gegenwart gezwungen ist, gewissermaßen ständig von neuem auf Kosten der Kranken zu lernen« (Leibniz 1971:43/44). Das gleiche Programm hat Leibniz in der *Denkschrift für Prinz Eugen von Savoyen über die Gründung einer Akademie der Wissenschaften in Wien* vom 17. August 1714 wieder aufgenommen. Die Einzeluntersuchungen der physikalischen Klasse dieser projektierten Akademie sollen sich zu einer »jährlichen physikalisch-medizinischen Geschichte« vereinigen lassen, »damit man nach Ablauf eines jeden Jahres dessen Naturgeschichte herausgeben kann im Hinblick auf die Jahreszeiten und ihre Temperatur; die Pflanzen, die mehr oder weniger gediehen sind; die Tiere und ihre Fruchtbarkeit und ihre Krankheiten, aber vor allem auf all das, was die menschliche Gesundheit und die Krankheiten betrifft, die in diesem Jahr geherrscht haben, mit ihren Komplikationen und besonderen Erscheinungsformen; dieses könnte einen unbezahlbaren Schatz für die Nachwelt bilden, zumal dereinst ähnliche Jahre wiederkehren werden, wo dann die Berücksichtigung der früheren Beobachtungen Leid und Gefahr auf die Hälfte vermindern wird« (Leibniz 1971:63).

Gerard van Swieten, Anton de Haen und Maximilian Stoll haben neben anderen meteorologische Beobachtungen mit epidemiologischen Befunden verknüpft. Frühzeitig sind meteorologisch-medizinische Korrelationen dabei in politischer Absicht ausgewertet worden – so in den Vereinigten Staaten von Amerika von Thomas Bond, der am 21. Mai 1782 in einer Rede vor der American Philosophical Society auf meteorologische und medizinische Statistiken zurückgriff, um die klimatisch bedingte Gesundheit der jungen Republik zu demonstrieren und England damit von einer aussichtslosen Fortsetzung seiner Kolonialpolitik abzuhalten (Cassedy 1969).

Diese Medizinalgeschichten gehören zur räumlich orientierten Naturhistorie, nicht zuletzt, weil ihr Zeitbegriff zyklisch ist; nicht Entwicklungen sollen dargestellt werden, sondern Beziehungen zwischen Medizin und Meteorologie, die konstant bleiben, wenn man nur genügend langfristige Beobachtungen anstellt. Überdies ist die frühe Meteorologie von den Klassifikationen der Naturgeschichte bestimmt; Linnés *Systema naturae* ist beispielsweise von Einfluß auf die Frage nach einer Klassifikation der Wolken (›Makrophysik der Wolken‹) – bis hin zu Lamarcks *Notwendigkeit einer Klassifikation der Wolkenformen* und Luke Howards Schrift *Über die Veränderungen der Wolken* von 1803 (Schneider-Carius 1955).

Vorgänge der Ent- und Re-Naturalisierung der Zeitvorstellung sind um die Wende zur Moderne zugleich sichtbar: der Versuch zu einer Kalenderreform in der Französischen Revolution ist dafür ebenso bezeichnend wie der Rückgriff auf eine meteorologisch orientierte Medizinalgeschichte. Freilich kann diese sowohl ›rückschrittlich‹ als auch ›fortschrittlich‹ interpretiert werden, je nachdem, ob man das Gewicht eher auf die Re-Naturalisierung des Zeitaspektes oder auf die Vorwegnahme sozialhygienischer Fragestellungen richtet: »Bemühungen, wie sie F. A. May, der führende Heidelberger Sozialhygieniker, an der Wende des 18. zum 19. Jahrhundert unternahm, durch Fragebogenbeantwortungen von den Kollegen aus dem Lande selbst ein einwandfreies Bild der nosologischen und hygienischen Zustände der Pfalz zu erhalten, wurden brüsk abgelehnt ...« (Jusatz 1967:180). Das im 19. Jahrhundert feststellbare Anwachsen der medizinischen Topographien, Ortsbeschreibungen und Länderkunden, das mit der Entwicklung einer medizinischen Klimatologie eng zusammenhängt, kann vollends nicht mehr als naturgeschichtlicher Rückfall interpretiert werden. Anders steht es mit der Umfrage der Société Royale de Médecine zu Ende des 18. Jahrhunderts.

Veranlaßt unter anderem durch die große Epidemie im Midi von 1774, wird am 29. April 1776 in Paris – ich folge hier weitgehend der Darstellung J. Meyers – eine medizinische Kommission eingesetzt, die mit den französischen Provinzärzten in eine Korrespondenz über alle Fragen der epidemischen und epizootischen Krankheiten eintreten soll. Die im gleichen Jahr gegründete Société Royale de Médecine wird mit dieser Untersuchung – der bedeutendsten aller administrativen Enquêten des 18. Jahrhunderts – befaßt; Vicq d'Azyr, einst mit Buffon und Jussieu Mitglied der Société Académique de Bayeux, wird auf Vorschlag von Turgot ihr Leiter. Diese Untersuchung wird der Société Royale de Médecine auch deshalb übertragen, weil die Medizinische Fakultät der Sorbonne für deren Durchführung als zu rückständig und unbeweglich angesehen wurde. Die sogenannte ›Querelle des facultaires et des sociétaires‹ ist die Folge, die bis 1779 andauert – damit wird nur eine Tradition fortgesetzt, denn schon 1635 war die Einrichtung des ›Jardin des plantes médicinales‹ von den Medizinern des Hofes betrieben worden, die fortschrittlicher waren als ihre Kollegen von der medizinischen Fakultät. In seinen *Notices historiques sur les principales académies* hatte Vicq-d'Azyr daher auch die Akademien mit der Zukunft, die Universitäten mit der Vergangenheit der Wissenschaften identifiziert (*Œuvres* II:150). Für Mercier, einen der schärfsten Kritiker der Medizin seiner Epoche, wurde erst mit der Gründung der Société Royale de Médecine die

Medizin, »cette science très-obscure«, zu einer akzeptablen Disziplin (*Tableau de Paris*, 1782/83).

Die der Akademie gesetzten Ziele sind vor allem praktischer Natur: neben der Bekämpfung der Epidemien und Epizootien soll auch die Isolierung der Land- und Provinzärzte durchbrochen werden, indem man sie mit Diagnoseverfahren und Medikamenten zur Bekämpfung der Epidemien vertraut macht, die sie ansonsten nur sehr viel später, wenn überhaupt, kennengelernt haben würden. Zu diesem Zweck wird eine Korrespondenz eingerichtet; Korrespondenten der Provinzärzte sind unter anderem Vicq-d'Azyr selbst, de Jussieu, Jeannin und Thouret. Nach den Worten Vicq-d'Azyrs sollen in einer Epoche, da der Fortschritt der Medizin so rapide wie nie zuvor gewesen ist, die Beobachtungen der Provinzkollegen (›confrères de province‹) in einer Doktrin zusammengefaßt werden: man will sich mit Krankheiten (›des maladies générales‹), nicht mit Einzelfällen (›des cas extraordinaires‹) beschäftigen; überhaupt soll der ›amour de merveilleux‹ aus der Medizin verbannt werden *(Discours sur l'Anatomie)*. Ganz ähnlich hat Leibniz, dessen Wirkung auf die Enquête der Société Royale de Médecine mir wahrscheinlich zu sein scheint, auch wenn Desaive u. a. ihn nicht erwähnen, vorgeschlagen, »exactissimas historias medicas nicht allein von Raritäten der Krankheiten, da uns doch die kurrenten Beschwerungen mehr tribulieren, sondern auch gemeinen, aber nur zu wenig untersuchte Sachen zu annotieren« (Leibniz 1967 II:45). Vicq-d'Azyr war sich dabei darüber im klaren, daß ein solches Programm organisatorische Konsequenzen haben mußte: während die neugierbefriedigende Erzählung monströser Krankheitsfälle die Sache Einzelner war, konnte die Beobachtung weit voneinander entfernt auftretender Epidemien nur durch Gruppen erfolgen. »Toutes les sciences qui se perfectionnent par l'observation, ont besoin d'être cultivées en commun« – damit sind Prognosen Condorcets in der *Esquisse* über eine notwendige »Demokratisierung« bestimmter Disziplinen bereits vorweggenommen.

Hauptziel der Akademie-Enquête ist es, Verbindungen zwischen dem Auftreten von Epidemien und bestimmten Jahreszeiten herauszufinden, geographische Besonderheiten sollen ermittelt werden, die zur Erarbeitung einer pathologischen Kartographie führen können, schließlich möchte man herausfinden, ob bestimmte Epidemien bestimmte Klassen von Bürgern, ja vielleicht ganze Nationen bevorzugen: In seinem *Mémoire sur l'Etablissement de la Société Royale de Médecine* berichtet Vicq-d'Azyr beispielsweise von dem unerklärlichen Faktum, daß in Marseille die letzte Pest alle Bäcker »ohne Ausnahme« dahingerafft habe (*Œuvres* V:89). Sanitäre Regeln sollen von der Kommission erarbeitet werden, deren Befolgung in den Hospitälern und Gefängnissen, in den Militärlagern sowie in der Kriegs- und Handelsmarine angeordnet werden wird. Intendanten und Korrespondenten der Société Royale de Médecine arbeiten aufs engste zusammen.

So neu diese Verfahren auch erscheinen mögen, die theoretischen Voraussetzungen der Enquête sind es nicht. Die Ordre des Staatsrates von 1776 bezieht sich ausdrücklich auf das Werk Sydenhams und übernimmt dessen Klassifizierung der Frühjahrs- und Herbstepidemien; auch Vicq-d'Azyr spricht von den ›maladies printanières‹, zu denen Blattern und Masern, und den ›maladies automnales‹, zu denen Ruhr, Cholera und das Quartfieber gehören. Die Sonnenwenden dagegen gehören zu den Zeiten des Jahres, an denen sich die Europäer bester Gesundheit erfreuen. Die Verknüpfung von Meteorologie und Medizin erfolgt unter Rückgriff auf die Antike. Trotz einiger Vorbehalte beruft Vicq-d'Azyr sich auf Galen und Hippokrates. Dank der verbesserten Meßinstrumente soll es nun möglich sein, jene Zyklen von Epidemien, von denen die Medizin schon lange gesprochen hatte, einwandfrei zu ermitteln.

In der Umfrage wird ein Fragebogen des Sekretärs der Akademie von Dijon, Maret, benutzt und von Vicq-d'Azyr noch einmal überarbeitet. Die Fragen beziehen sich auf Tiere wie Menschen gleichermaßen: es gibt nur eine Medizin. Der Fragenkatalog umfaßt zwei Teile, der erste bezieht sich auf medizinische, der zweite auf meteorologische Daten. Die Umfrage erbringt eine Fülle von Material. Hunderte von Ärzten antworten Monat für Monat, füllen nicht nur die Fragebogen und Tabellen aus, die man ihnen schickt, sondern liefern noch zusätzliche Daten. Dennoch bleibt die Enquête ohne Folgen. Erst 1840 erscheint die erste regionale pathologische Geographie in Montpellier *(Maladies de la France)*. Ihr Verfasser, Joseph Jean Fuster, greift auf das von Vicq-d'Azyr angesammelte Material zurück. Dieser bleibt lediglich als Vorläufer der Anatomie im Gedächtnis.

Woran die Enquête letztlich scheiterte, ist schwer zu entscheiden.

Sicher trug dazu die Orientierung an der etablierten Nosologie bei, die eine angemessene Auswertung der angesammelten empirischen Daten gar nicht gestattete. Vicq-d'Azyr und seine Equipe berücksichtigen beispielsweise keine Beobachtungen, deren Eintragung auf dem vorgeschriebenen Formblatt nicht vorgesehen ist; es fehlt jede quantifizierende Perspektive, so daß man nie erfährt, wieviele Personen an einem Fieber erkrankt sind, wieviele Kinder von den Pocken betroffen wurden. Den Beobachtern scheint es eher darauf anzukommen, einen Fall richtig zu rubrizieren, als ihn genau zu beschreiben.

Die Enquête der Société Royale de Médecine spiegelt die vorrevolutionäre Medizin einer vorrevolutionären Epoche wider (Peter 1972:156). Sie wird charakterisiert durch die Widersprüche zwischen einer klassifizierenden Medizin der Gattungen und Arten und einer neuen Medizin, in deren Mittelpunkt der Begriff der Konstitution und damit die individuelle Krankengeschichte treten. Auf der einen Seite berichten die Korrespondenten der Enquête von nicht weniger als 128 Fiebern, die dazu noch in allen möglichen Kombinationen auftreten, auf der anderen Seite wird das Unbehagen der Ärzte selbst an einer Vorgehensweise deutlich, die dem konkreten Krankheitsfall weniger Aufmerksamkeit widmet als seiner passenden Einordnung in ein nosologisches Tableau.

In ihren theoretischen Voraussetzungen wie in ihren praktischen Auswirkungen spiegelt die Enquête eine Umbruchsperiode der Medizin wider. Man kann in ihr Vorahnungen jener veränderten medizinischen Auffassungen erblicken, die von 1840 an den Entwicklungsgedanken auch in der Medizin immer stärker hervortreten lassen. Vielleicht kann man sogar, wie Jean-Pierre Peter, von einem evolutiven Denken dieser Ärzte sprechen. Im Vergleich zu den ›Revolutionen‹ aber, die Cabanis etwa von dem Zeitpunkt an beschreibt da die Enquête abgeschlossen wird, erscheinen auch ihre temporalen Bezüge eher der naturgeschichtlichen Medizin zuzurechnen. Gegenüber dem Interesse an der individuellen Krankengeschichte bleibt doch das Interesse an einer Nosologie im Vordergrund, gegenüber der Klassifikation tritt die Konstitution zurück. Weniger das Prozeßhafte an einer Krankheit interessiert, als der Zyklus, in dem die Krankheiten, die Epidemien und Epizootien, sich wiederholen – wir haben hier keine ›Vorläufer‹ der Meteorobiologie oder der Bioklimatik vor uns, auch wenn diese Periodizitäten erhöhte Aufmerksamkeit widmen. Meteorologie und Medizin werden weniger miteinander verknüpft, um den Einfluß des Wetters auf Krankheit und Gesundheit zu untersuchen – das Hauptinteresse besteht darin, meteorologische und medizinische Periodizitäten zu synchronisieren. Das Zyklische wird dabei normativ positiv bewertet; Vicq-d'Azyr unterscheidet die ›épidémies régulières‹ von den ›épidémies anomales‹ und bezeichnet diese als ›von schlechtem Charakter‹ – so wie bereits Sydenham und Baglivi von ihnen als ›mali moris‹ gesprochen hatten.

Wie bei den ›évolutionnistes‹ des 18. Jahrhunderts wird auch hier die Zeit zu einem Faktor des Klassifikationssystems selbst, umso mehr, als der naturale Zeitbezug eindeutig im Vordergrund steht: klimatische und meteorologische Daten sollen es ermöglichen, dem natürlichen Rhythmus der Krankheitsfolgen auf die Spur zu kommen. Von 1792 an notiert Adanson, Verfechter des natürlichen Systems, in seinem kleinen Haus in der rue Chantereine in Paris an jedem Tage klimatische und meteorologische Daten neben Beobachtungen über seinen eigenen Gesundheitszustand, den er, wenn schon nicht zu verbessern, so dadurch wenigstens zu verstehen lernen hofft.* Von dieser Hoffnung ist auch die Enquête Vicq-d'Azyrs getragen. Den Zeitgenossen blieb der spekulative Charakter derartiger Unternehmungen nicht verborgen: im Grunde galt die Beschäftigung mit Geologie und Meteorologie als verfrüht. Als im Jahre 1809 nach der Bestätigung ihrer Nominierung die Mitglieder des Instituts in den Tuilerien dem Kaiser vorgestellt werden, befindet sich unter ihnen auch der fünfundsechzigjährige Lamarck. Er hat ein Buch bei sich und präsentiert Napoleon seinen *Annuaire météorologique pour l'an*

* Die längere Beschäftigung mit der Naturgeschichte macht es schwer, nicht selbst in ein naturgeschichtliches Denken zu verfallen, Chronologien aufzustellen, Systeme zu entwerfen, auch entfernten Ähnlichkeiten auf die Spur zu kommen, und die Bedeutung der Namen hochzuschätzen. Hat es nicht eine besondere Bewandtnis damit, daß Adanson gerade in der rue Chantereine mit Hilfe des Wetters seiner Krankheit auf die Spur zu kommen hofft? Prousts Professor Brichot, der keine Gelegenheit ausläßt, um »Etymologien aufs Tapet zu bringen«, klärt in *Sodom und Gomorra* Monsieur de Cambremer darüber auf, was es mit dem Namen ›Chantereine‹ auf sich hat: »Reine ist hier nicht die Gemahlin des Königs, sondern einfach der Frosch«. Adanson wohnte also in der Straße des Wetterfrosches. Heute heißt sie rue de la Victoire.

*XII:* »Was ist denn das? – fragte dieser. Es ist sicher Ihre absurde Meteorologie, die Arbeit, in der Sie Matthieu Laensbergh Konkurrenz machen, dieses Jahrbuch, das Ihre alten Tage entehrt; betreiben Sie Naturgeschichte, und ich werde Ihre Veröffentlichungen mit Freude zur Kenntnis nehmen. Dieses Buch aber nehme ich nur mit Rücksicht auf Ihre weißen Haare entgegen«. François Arago, der von dieser Episode in seiner *Histoire de ma jeunesse* berichtet, fügt hinzu, daß Lamarck daraufhin in Tränen ausbrach; selbst seine Versicherung jedoch, »C'est un ouvrage d'histoire naturelle que je vous présente«, konnte Napoleon nicht gnädiger stimmen (Arago 1854:152).*

Als zwischen 1817 und 1832 Europa das Kommen und Gehen der Cholera erlebt, die vorher nur Bengalen heimgesucht hatte, versucht man, wieder vergeblich, deren Rhythmen mit meteorologischen Erscheinungen in Verbindung zu bringen. Die medizinischen Orts- und Länderbeschreibungen, statischer Teil der Geomedizin (Rimpau), überleben bis weit ins 19. Jahrhundert hinein. 1841 nämlich wird von der Münchner Medizinischen Fakultät eine Veröffentlichung über Epidemien preisgekrönt, in welcher deren primäre Entstehung auf das Zusammenwirken kosmischer und athmosphärisch-tellurischer Einflüsse zurückgeführt wird, »ein Jahr nach Veröffentlichung der grundlegenden Schriften von Jakob Henle über Miasma und Kontagien (1840), zwei Jahre nach der Entdeckung der Zelle durch Theodor Schwann (1839) und am Vorabend der ersten großen Entdeckungen von Louis Pasteur und von Robert Koch, mit denen ein neues Kapitel der Medizin begann, die Mikrobiologie pathogener Organismen« (Jusatz 1967:189). Zu einem solchen ›Anachronismus‹

* Matthieu Laensbergh soll in der ersten Hälfte des 17. Jahrhunderts Kanonikus der Kirche von Saint-Barthélemy in Lüttich gewesen sein. Der von ihm geschaffene und bis ins 19. Jahrhundert hinein populäre Almanach enthielt meteorologische Beobachtungen und zum Teil absurde medizinische Verhaltensregeln, die freilich durch den treuherzigen Hinweis entschärft waren, »de ne jamais rien aventurer sans l'avis d'un bon médecin ou chirurgien«. Laensbergh verband meteorologische Prognosen mit medizinischen Ratschlägen und einer Art politischer Astrologie. Da – vermutlich im Rahmen der statistischen Wahrscheinlichkeit – einige seiner Wettervoraussagen eingetroffen waren, fürchteten betroffene Politiker, seine politischen Prognosen könnten ebenfalls zutreffen. Diese Tatsache erklärt wohl auch die heftige Reaktion Napoleons (*Nouvelle Biographie Générale*).

paßt auch das Überleben des klassifizierenden Denkens: von 1845 bis 1848 erscheint in Göttingen Conrad Heinrich Fuchs' *Lehrbuch der speciellen Nosologie und Therapie,* in dem die Krankheiten in 3 Klassen, 12 Ordnungen, 36 Familien, dazu in Sippschaften, Gruppen und Gattungen eingeteilt werden.

# Die Epoche Lavoisiers; Periodisches Schrifttum

In der Geschichte der Chemie bildet der Zeitraum von 1775 bis 1825 eine ähnlich entscheidende Epoche wie für die sich allmählich zur Biologie entwickelnde Naturgeschichte und für die Medizin. Der Übergangscharakter dieser Epoche kommt in der Person Guyton de Morveaus (1737–1816) am deutlichsten zur Geltung. Guyton de Morveau ist wie Buffon, den er 1762 zum ersten Male trifft, Mitglied der Akademie von Dijon, er arbeitet an Buffons *Histoire naturelle des minéraux* (1783–88) mit. Er ist aber auch Schüler von Torbern Bergman, der 1761 Professor für Mathematik und Naturphilosophie, 1765 Professor für Chemie in Uppsala wird und der von Linné aufs stärkste beeinflußt ist. Guyton de Morveau übersetzt Bergmans *Opuscula physica et chemica* (1779–90) ins Französische. Mit Lavoisier, Berthollet und Fourcroy Schöpfer der neuen chemischen Nomenklatur, vereinigt Guyton de Morveau in sich nicht nur die divergierenden Schulen der Naturgeschichte, sondern repräsentiert auch die Ablösung des naturgeschichtlichen Standpunktes in der Chemie.

Die Periodisierung der Entwicklung in der Chemie bietet der Wissenschaftsgeschichte zweifellos noch größere Schwierigkeiten als die anderer Disziplinen. Daß noch 1945 von Fierz-David als neuartiges Programm der Vorschlag vorgetragen werden kann, innerhalb der Chemiegeschichte die Darstellung spezifischer Epochen gegenüber der reinen Chronologie in den Vordergrund zu rücken, zeigt die Beständigkeit des Problems. Auf der anderen Seite wird trotz der Schwierigkeit, den Epochenbegriff in der Chemie überhaupt zu verwenden und den genauen Beginn der neuzeitlich-wissenschaftlichen Chemie festzulegen, in Lavoisier die »kopernikanische Wendung der chemischen Denkweise« gefeiert und für die Zeit nach 1774 »eine wahrhafte Revolution in der gesamten chemischen Denkart« bemerkt (Ströker 1967).

Ähnlich wie in der Naturgeschichte erweist sich auch für die Chemie zwischen 1760 und 1780 das Anwachsen der Zahl neuer ›corps‹ sowie die Namengebung dafür als ein entscheidendes Problem. Während etwa im 17. Jahrhundert wenig mehr als ein Dutzend neutraler Salze bekannt waren, kennt man um 1770/80 mehrere Hundert; Kobalt, Nickel, Platin und Mangan werden u. a. in der zweiten Hälfte des 18. Jahrhunderts entdeckt. Diese Entdeckungen können umso weniger angemessen verarbeitet werden, als keine einheitliche Nomenklatur zur Verfügung steht. Die bestehende Nomenklatur verfährt beliebig, so werden unter anderem von verschiedenen Autoren verschiedene Bezeichnungen für die gleiche Substanz verwendet. Die Substanzen werden beispielsweise nach dem Platz ihrer Entdeckung oder ihres Vorkommens benannt (Epsom-Salz), sie tragen den Namen ihres Entdeckers oder den ähnlicher Substanzen (Antimonbutter für Antimontrichlorid) oder erwecken alchemistische und mythologische Assoziationen (Venusvitriol; sucre de saturne für Bleiazetat; arbre de diane für Silberamalgam). Daß dieser Zustand zu einer Umwälzung der Chemie führen mußte, war frühzeitig deutlich: schon 1753 spricht Venel im Artikel ›chymie‹ der großen *Encyclopédie* von einer bevorstehenden Revolution in der Chemie und erwartet einen neuen Paracelsus. Die Chemie sei vor Lavoisier in einem ›état stationnaire‹ gewesen, stellen 1795 Bouillon-Lagrange, Darcet und Dizé in ihrem dem Konvent vorgelegten Rapport fest. Carl Gustav Carus verknüpft die Umorientierung der Chemie mit den Umwälzungen der französischen Revolution; zusammen mit deren Stürmen habe auch die Chemie nach anderen Ländern und namentlich nach Deutschland hinübergewirkt.

1782 beginnen Lavoisier, Berthollet, Fourcroy und Guyton de Morveau mit der Ausarbeitung einer neuen Nomenklatur. Am 17. April 1783 findet die erste Präsentation des neuen Systems in einer öffentlichen Sitzung der Akademie statt; Lavoisier verliest das Mémoire. Das zweite trägt Guyton de Morveau am 2. Mai 1787 vor. 1789 erscheint Lavoisiers *Traité élémentaire de chimie*, der nach seinem eigenen Urteil gleichsam naturwüchsig aus Überlegungen zur Reform und Verbesserung der chemischen Nomenklatur entstanden ist. Im gleichen Jahr gründen Fourcroy, Lavoisier und andere die *Annales de Chimie*. Die Popularisierung der neuen Methode leistet seit 1791 die Zeitschrift *La médecine éclairée par les sciences physiques;*

Fourcroy hatte seine *Principes de chimie* 1787 in der *Bibliothèque universelle des dames* publiziert. 1791 schreibt Lavoisier, alle jungen Chemiker würden sein System übernehmen, die Revolution in der Chemie habe gesiegt. Bereits die Wissenschaftsgeschichtsschreibung der Zeit spricht wie Gmelin vom dritten Zeitalter der Chemie oder von der Epoche Lavoisiers (*Geschichte der Chemie*, 1797–99).

Deutlicher noch als anderswo zeigt sich in der Chemie die Widersprüchlichkeit dieses Umbruchsprozesses, der an der Wende zum 19. Jahrhundert in den einzelnen Disziplinen zur Lösung vom Vorbild der Naturgeschichte führt. Zum einen setzt sich die chemische Revolution nicht kampflos durch; im *Journal de Physique* werfen ihre Gegner den ›chimistes néologues‹ u. a. vor, eine neue Nomenklatur entworfen zu haben, die barbarisch, unverständlich und ohne Etymologie sei. Zum anderen sind die Äußerungen derjenigen, die die neue Nomenklatur geschaffen haben, untereinander und in sich widerspruchsvoll – trotz der ›communauté d'opinions‹, die Lavoisier im *Traité* beschwört. Auch kann nicht davon die Rede sein, daß die neue Chemie sich schlagartig durchsetzt. Guyton de Morveaus 1782 im *Journal de Physique* erschienenes ›Mémoire sur les dénominations chimiques, la nécessité d'en perfectionner le système et les règles pour y parvenir‹ steht noch ganz auf dem Boden der phlogistischen Chemie. Schofield hat betont, daß Lavoisier die Chemie nicht von den Vorstellungen Stahls befreit, sondern lediglich die Zusammenfassung und Rationalisierung der Stahl'schen Chemie geliefert habe; sein Werk sei nicht mit der Revolutionierung der Mechanik durch Newton, sondern lediglich damit zu vergleichen, was Linné für die Botanik getan habe.

In der Tat ist auch für ihre Reformer die Chemie mit der Naturgeschichte noch eng verbunden. Guyton de Morveaus naturgeschichtliches Interesse ist dabei auf die Chemie nicht beschränkt. Als ›avocat général‹ drückt er es auch in seinen *Plaidoyers sur plusieurs questions importantes de droit canonique et civil* (1785) aus, in denen als Ersatz für die verblassende Autorität des römischen Rechts eine »jurisprudence simple, uniforme, universelle et constante« gefordert wird (Bouchard 1938:32). Guyton de Morveaus Nomenklatur wird von Buffon, wenn auch widerstrebend, in den zweiten Band der *Histoire naturelle des minéraux* übernommen; als Fourcroy den Vorschlag macht, die Salze nach Ordnungen, Gattungen und Arten aufzuteilen, spricht Buffon sich dagegen aus. Wie Condorcet meint auch Guyton, die Naturgeschichte dürfe von der Chemie nicht getrennt werden, ohne diese sei sie nur unsichere Wissenschaft. Umgekehrt ist aber auch die Naturgeschichte der Chemie von Nutzen: sie liefert ihr die Namen und die Ordnung der Dinge (*Elémens de Chymie*, 1777).

Fourcroy, 1784 Nachfolger Macquers im Jardin du Roi, Verfasser einer *Entomologia parisiensis* (1785), stand in enger Beziehung zu Vicq-d'Azyr; in dessen Abwesenheit von Paris war er Sekretär der Académie de Médecine vom Oktober 1792 bis zum Januar/Februar 1793. Die gleiche Ambivalenz, die die Enquête Vicq-d'Azyrs erkennen läßt, zeigt sich auch in den Auffassungen Fourcroys. 1787 gründet Broussonet die Société Linnéenne de Paris, zu deren Mitgliedern Fourcroy neben Lamarck, Daubenton und Lavoisier gehört. 1800 drückt Fourcroy im *Système des connaissances chimiques* seine Überzeugung aus, daß die Chemie mit der Klassifikation der Naturgeschichte brechen, sich gänzlich davon trennen müsse, während er in seiner Einleitung zum *Dictionnaire des sciences naturelles* (1804) der Überzeugung Ausdruck verleiht, die ›sciences physiques‹ sollten von der Naturgeschichte nicht getrennt werden. Bis zum Jahre 1801 existiert am Collège de France ein Lehrstuhl für Chemie und Naturgeschichte. Dessen letzter Inhaber war Jean Darcet. Seine Inauguralvorlesung von 1775 war naturgeschichtlich orientiert, er sprach unter anderem über den Nutzen einer ›histoire des volcans‹ für die Chemie. Darcet war von Montesquieu – der selbst naturhistorisch gearbeitet und über diese Arbeiten der Akademie von Bordeaux Rapports vorgelegt hatte * – nach Paris gebracht und mit der Erziehung seines Sohnes beauftragt worden. In seiner Freizeit studierte er Medizin und half Montesquieu bei der Ordnung (›classification‹) seiner um-

* Vom *Esprit des lois* wurde Charles Bonnet stark beeinflußt; Montesquieu und Buffon werden häufig zusammen erwähnt. In der Ankündigung der letzten Bände der Enzyklopädie durch Diderot heißt es: »Der ›Geist der Gesetze‹ und die ›Naturgeschichte‹ erscheinen noch immer, doch die Kritiken, die man über sie geschrieben hat, sind völlig unbekannt«. Auf der anderen Seite sagte Voltaire, der der Buffonschen Naturgeschichte zumindest reserviert gegenüberstand – »pas si naturelle« – von Montesquieus Werk zum Fürsten von Ligne, es sei Geschwätz über die Gesetze: »Ich habe nicht die Ehre, ihn zu verstehen« (Schalk 1940:109).

fangreichen Materialien für den *Esprit des lois* (Matignon 1932). Jean Darcets Vorgänger war Bellot gewesen; der Lehrstuhl wurde überhaupt nur zwei Mal besetzt, 1801 wird Nicolas Vauquelin erster Inhaber des neuen Lehrstuhls für Chemie.

Den Ort der neuen Chemie im Umwandlungsprozeß der Naturgeschichte hat Cuvier in seiner *Histoire des sciences naturelles* wohl angemessen beschrieben, als er davon sprach, die Chemie habe zunächst das nachholen müssen, was Linné für die Naturgeschichte geleistet habe, nämlich die Entwicklung einer neuen Nomenklatur. In einem Moment, da innerhalb der Naturgeschichte die Schwierigkeiten der traditionellen Klassifikationsverfahren zur Temporalisierung der Taxonomie führen, wird in der Chemie der Übergang zu einer einheitlichen Klassifikation allererst versucht. Deren wichtigste Funktion lag ebenfalls in der mnemotechnischen Entlastung, die sie mit sich brachte. Die neue Nomenklatur sollte aber nicht nur Bekanntes vernünftiger und übersichtlicher ordnen, sondern darüberhinaus auch künftige Entdeckungen voraussehen und ihre zwanglose Einordnung in die Nomenklatur gestatten* – ein Programm, dessen Verwirklichung schon Etienne François Geoffroy (1672–1731) mit seinen Verwandtschaftstafeln versucht hatte. Lavoisier und Guyton de Morveau sprachen deshalb auch davon, daß die neue Nomenklatur eher eine Methode des Benennens (›méthode de nommer‹) als eine Nomenklatur im traditionellen Sinne darstellte, die sich durch ihre Abgeschlossenheit ausgezeichnet hätte. Einen ähnlich genetischen Aspekt entwickelt Guyton de Morveau schon frühzeitig in der Benennung der Säuren: wenn er von ›acide nitreux‹ spricht, ist damit der Entstehungsprozeß dieser Säure, die Bildung der aus Stickstoff

* Duhem hat später diesen ›genetischen‹ Aspekt in seiner Auffassung von der Theorie als ›naturgemäßer Klassifikation‹ verallgemeinert: »Wenn wir ... in der Theorie eine naturgemäße Klassifikation erkennen, wenn wir wissen, daß ihre Prinzipien tiefe und wirkliche Beziehungen zwischen den Dingen ausdrücken, werden wir nicht erstaunt sein zu sehen, daß ihre Folgerungen der Erfahrung vorauseilen und die Entdeckung neuer Gesetze befördern ... Wenn wir von einer Klassifikation fordern, daß sie von vornherein Tatsachen, die erst in Zukunft entdeckt werden, ihren Platz anweist, zeigt das am deutlichsten, daß wir diese Klassifikation für naturgemäß halten« (*Ziel und Struktur der physikalischen Theorien*, 1908:33). Damit ist auch innerhalb der Wissenschaftstheorie die Taxonomie ›darwinisiert‹ worden.

und Sauerstoff entstehenden Salpetersäure, mitgedacht (Fierz-David 1952:180). Vom Verfahren Linnés ist Guyton dabei nicht allzuweit entfernt: der ›genetische‹ Aspekt der binären Nomenklatur ist schon früh bemerkt worden.

Seit Beginn des 19. Jahrhunderts wird die Rolle der Zeit in chemischen Reaktionen entdeckt und näher analysiert. Ein Chemiehistoriker hat diese Tatsache mit der allmählichen Ausbildung der Evolutionstheorie in Verbindung gebracht und hat die Entstehung der chemischen Kinetik auf eine neue Zeitbewußtheit der Chemiker zurückgeführt (Farber 1961; 1969). Dennoch kann von einer ›evolutionären‹ Wendung der Chemie im Übergang vom 18. zum 19. Jahrhundert keine Rede sein. Das Fortleben einer Theorie der Affinitäten etwa – Goethe hat den Titel für die *Wahlverwandtschaften* Bergman entlehnt –, wie sie Berthollet noch 1803 in seiner *Statique chimique* vertritt, ist eher der naturgeschichtlichen Phase der Chemie zuzurechnen. Die Bedeutung der Chemiegeschichte wird unterschiedlich eingeschätzt. Während Fourcroy in ihr einen wichtigen, unverzichtbaren Teil der Chemiker-Ausbildung sieht und nicht nur das traditionelle, aber wenig gelesene Vorwort der chemischen Lehrbücher (Smeaton 1962:76/77) und Trommsdorff in seinem *Versuch einer allgemeinen Geschichte der Chemie* (1806) betont, alle Männer, welchen die Chemie ihre glücklichen Epochen verdanke, seien tiefe Kenner der Geschichte der Wissenschaft und fleißige Praktiker zugleich gewesen, schließt Lavoisier die Behandlung der Wissenschafts- und Geistesgeschichte im *Traité* aus; deren Berücksichtigung könnte nur die Aufmerksamkeit von den wirklich wichtigen Dingen ablenken.

Der Beschleunigungsprozeß, der den gesamten Wissenserwerb in der zweiten Hälfte des 18. Jahrhunderts prägt, zeigt sich in der Chemie besonders deutlich. Das 1786 erscheinende *Dictionnaire de Chimie* enthält zwei ›avertissements‹; das zweite informiert den Leser nach 600 Seiten Lektüre darüber, daß alles, was er bis jetzt gelesen habe, falsch sei – nämlich die Darstellung der Phlogiston-Theorie; der zweite Teil ist dann Lavoisier gewidmet. 1837 schreibt Eble in seiner Fortsetzung des Sprengel'schen *Versuchs einer pragmatischen Geschichte der Arzneykunde*, die Chemie habe zur Zeit Lavoisiers eine ›gänzliche Revolution‹ durchgemacht, die Jahre von 1800 bis 1825 hätten sie weiter vorangebracht als die zweihundert Jahre zuvor. Der ungeheure Wissensfortschritt bringt es mit sich, daß die Ergebnisse der Chemie in anderer Weise publiziert werden müssen, als in ihrer vorrevolutionären Epoche. Trommsdorff erkennt, daß eine Geschichte der chemischen Wissenschaft in annalistischer Form nicht mehr geschrieben werden kann; Eble will im Unterschied zu Sprengel auch die ›hochwichtige Journalistik‹ berücksichtigen und der ›rein literärischen Tendenz‹ der Chemiegeschichte angemessenen Raum geben. Während die Berücksichtigung der ›Literärgeschichte‹ eher traditionell anmutet, zeigt sich ansonsten bei Eble eine neuzeitliche Tendenzen vorwegnehmende Schätzung der Zeitschriftenliteratur, denn »in keinem Fach sind die periodischen Schriften reichhaltiger und wichtiger, als in der Chemie; aus ihnen kann man recht eigentlich die fast täglichen Fortschritte dieser Wissenschaft erkennen.«

Der Übergang zu periodischen Publikationen bildet einen weiteren wichtigen Aspekt der Verzeitlichung in der Umbruchphase der Wissenschaften zwischen 1775 und 1825. Innerhalb der Medizin läßt sich dies ebenso wie in der Chemie nachweisen. Es erscheint dabei besonders bedeutsam, daß Reil und J. F. Meckel innerhalb der Physiologie wichtige Periodika gründeten, denn bei beiden sind Temporalisierungstendenzen auch im Objektbereich nachweisbar: Reil sieht in Krankheiten Veränderungen in Form und Mischung der organischen Materie, Meckels Lieblingsthema ist die »Geschichte der periodischen Verschiedenheiten oder ... die Entwicklungsgeschichte des menschlichen Körpers« (Eble 1837:262,406/7). Reil gründet 1796 das *Archiv für Physiologie*, das nach Reils Tod von dessen Mitherausgeber Autenrieth, dann von 1815 bis 1823 von Meckel unter dem Namen *Deutsches Archiv für die Physiologie* weitergeführt wird; Meckel gründet 1826 das *Archiv für Anatomie und Physiologie*, das er bis 1832 herausgab. Im *Archiv für die Physiologie* lieferte neben den Hauptaufsätzen das sogenannte Intelligenzblatt ein ›Repertorium der neuesten Tatsachen‹; zwischen 1778 und 1842 erscheinen allein neunzig deutsche medizinische Fachblätter, die mit dem Wort ›Archiv‹ beginnen; Hufelands *Bibliothek der practischen Heilkunde* (1799–1843) bildet das erste reine Referatenblatt. Dabei müssen Unterschiede der nationalen Wissenschaftstradition berücksichtigt werden. Funktionen, die etwa in Deutschland die Zeitschriften wahrnehmen, werden in Frankreich oft von Wörterbüchern erfüllt, wie dem von 1812 bis 1822 in 58 Bänden und einem Registerband erscheinenden *Dictionnaire des sciences médicales* (v. Brunn 1963).

Dabei ist ein gewisses Nachhinken des Organisationsbereichs gegenüber dem Problembereich festzustellen: vor allem aus den von Rothschuh erstellten Tabellen wird deutlich, daß der steile Anstieg der physiologischen Entdeckungen um 1800 beginnt, während das eigentliche Anwachsen der physiologischen Periodika zwischen 1860 und 1900, der rasche Zuwachs sogar erst von 1900 an erfolgt.

Zeitschriften werden gegründet, um mit dem Tempo der Entdeckungen Schritt zu halten. Ein Beispiel aus der Botanik zeigt, wie dieser Wettlauf seinerseits immer kürzere Publikationsfristen erzwingt. Schrader begründet 1799 das Erscheinen des *Journals für die Botanik* folgendermaßen: »In der Maaße, wie seit mehreren Jahren die Botanik erweitert, berichtiget und vervollkommnet wird, vermehrt sich nach Verhältniß die Schwierigkeit, das ganze Gebiet derselben zu übersehn. Es ist daher eine Zeitschrift, die von Zeit zu Zeit von den Entdeckungen der einheimischen und auswaertigen Botaniker Rechenschaft giebt, und selbst zur weitern Vervollkommnung der Wissenschaft mitwirkt, ein Bedürfniß ...« Die Herausgeber der 1802 zum ersten Male erscheinenden *Botanischen Zeitung* wollen »eine Art Complementär-Journal, wie die französische Mode es nennt, zu jedem guten Lehrbuche der Botanik, zugleich aber eine fortlaufende Entwickelungsgeschichte der Wissenschaft, eine lebendige Darstellung derselben in ihrer wandelbaren Gestaltung, ihrer Stärke und Schwäche, und in ihrem allmähligen Fortschreiten unter der Hülfe oder der Last der Zeitumstände liefern«. Der Wissenszuwachs soll aber nicht nur durch Periodisierung und Beschleunigung der Publikationen, sondern auch durch Spezialisierung und Regionalisierung bewältigt werden. Die Herausgeber verteidigen sich nämlich gegen den Einwand, eine botanische Publikation sei zu speziell und eine naturhistorische Zeitung ihr vorzuziehen und erklären darüberhinaus programmatisch, sich mit der Unterscheidung der Arten nur insoweit zu beschäftigen, »als sie auf die deutsche Flor Bezug hat«. Als 1843 aber Hugo Mohl und D. F. L. von Schlechtendal in Berlin die *Botanische Zeitung* herausbringen, ist im Prospekt die Rede von ›Stockung und Stehenbleiben‹ der bisherigen botanischen Publikationen; die neue botanische Zeitung ihrerseits wird aus einer wöchentlichen Lieferung von wenigstens einem Bogen bestehen.*

Im Rückblick erkennt man, welche Erleichterung für die Naturgeschichte das Anwachsen periodischer Publikationen bedeutet. Als Peter Collinson hört, daß Linné eine neue Ausgabe des *Systema naturae* vorbereitet, schreibt er ihm am 1. April 1757, er solle sich ja Zeit lassen und nichts überstürzen, würden doch täglich in der Botanik neue und seltene Gegenstände entdeckt. Die Aufgabe, mit den Entdeckungen Schritt zu halten, kann nunmehr von den Periodika übernommen werden.

* Einen Eindruck von dem Chaos, das den Gegenstandsbereich der Botanik immer noch charakterisierte, gewinnt man aus der, wie üblich anonym publizierten, 1802 in der Regensburger *Botanischen Zeitung* erschienenen Rezension der Willdenow'schen Ausgabe von Linnés *Species plantarum* (1800): »Ja Rec. der keines der größten Herbarien besitzt, wäre doch leicht im Stande, mehrere hundert Arten vorzuzeigen, die in dieser *Willdenowschen* Ausgabe völlig fehlen«.

# Wissenschaftliche und politische Revolutionen

An der Wende zur Neuzeit setzen historische Betrachtungsweisen in vielen Disziplinen sich durch. Innerhalb der Sprachwissenschaft erfolgt um 1800 der Übergang von der Tradition der allgemeinen Grammatik zur historischen Philologie; in der Ökonomie werden Kategorien wie Arbeit und Produktion immer bedeutsamer, wobei der Arbeitszeit als ›allgemeiner Ware‹ eine besondere Rolle zufällt und, wie Marx es formuliert, in der Ökonomie der Zeit sich schließlich alle Ökonomie auflöst. 1775 gilt als Geburtsjahr der ›dynamischen Psychiatrie‹ (Ellenberger 1973). In der Rechtsgeschichte geht die Positivierung des Rechts, d. h. die Legitimation durch Verfahren, auf die gewaltige Ausdehnung des Rechtsstoffes zurück, die es erforderlich machte, »auch stark fluktuierende Situationen und Verhaltensbedingungen zu juridifizieren« (Luhmann 1970:185). Damit gewinnt die Zeit- gegenüber der Raumdimension größere Bedeutung. In der Zeit entsteht mehr Raum für Möglichkeiten, gewonnen wird durch die Positivierung des Rechts vor allem die Chance zur Legalisierung von Rechtsänderungen, d. h. die Möglichkeit von zeitlich verschiedenem Recht; das Recht gerät so auf legitime und zugleich kontrollierbare Weise in Fluß (Luhmann 1972). In der ›Querelle des anciens et des modernes‹ mit der Unterscheidung von ›beau absolu‹ und ›beau relatif‹ und damit der Geschichtlichkeit des Schönen vorbereitet, läßt sich die Verzeitlichung der Kunstgeschichte auf Winckelmanns *Geschichte der Kunst des Altertums* (1764) rückdatieren (Jauss 1973). In der Musikgeschichte ist das 18. Jahrhundert durch die endgültige Ausformung der »temporal strukturierten Dur-Moll-Tonalität« und die irreversible Anlage der Werke charakterisierbar (v. Fischer 1964). Selbst die Utopie wird temporalisiert: Mercier projiziert sie zum ersten Male in die Zeit. An der Wende zum 19. Jahrhundert lag es daher besonders nahe, die

Geschichte der Wissenschaften mit der Zeitgeschichte in Verbindung zu bringen – das unvergeßliche Ereignis der französischen Revolution erschien als ein Modell politischer und zugleich wissenschaftlicher Umwälzungen. Später kehren sich mit der Durchsetzung des Darwinismus die Beziehungen zwischen wissenschaftlichen und politischen Revolutionen um; am 22. Dezember 1865 schreibt von Martius an Carl Gustav Carus, die ›Darwiniana‹ griffen das *summum bonum in naturalibus et spiritualibus* an, nämlich das Individuelle; sie trieben eine ganze Generation zum Nihilismus, die über keinen philosophischen Unterbau verfüge: »Gegen solche Defecte im Zeitgeist der Gegenwart giebt es vielleicht kein Mittel als eine große politische Katastrophe, u. diese bereitet sich.«

Wandlungen in den Grundannahmen der Wissenschaften wurden von Condorcet als Revolutionen bezeichnet, und Biot hat in seinem 1803 veröffentlichten *Essai sur l'histoire générale des sciences pendant la révolution française* hervorgehoben, daß die Wissenschaften ihre Politik haben, und daß diese Wissenschaftspolitik von der allgemeinen politischen Entwicklung nicht getrennt werden kann. Sprengel hat 1821 betont, daß die Veränderungen der Wissenschaften entweder aus der allgemeinen Kulturentwicklung oder gar nicht erklärt werden können. In einer Zeit, da die Affinitätenlehre innerhalb der Chemie noch eine beträchtliche Rolle spielte, lag es besonders nahe, Wahlverwandtschaften zwischen der Chemiegeschichte und der politischen Entwicklung aufzudecken; Condorcet galt die Umwälzung der Chemie als eine der glücklichsten Revolutionen der Wissenschaftsgeschichte. Den Zweck einer allgemeinen Geschichte der Wissenschaften sah Trommsdorff darin, den Standpunkt der Wissenschaft aus dem jeweiligen Zeitgeist zu erklären – gerade die Abhängigkeit der Entwicklung der Chemie von der Kulturgeschichte sollte es gestatten, die »eigene, innere Problematik der Chemiegeschichte« zu berücksichtigen. Eble führte die Entwicklung und den schnellen Fortgang der Physiologie in Frankreich darauf zurück, daß die französische Revolution mehr das Reale als das Ideale begünstigte und einer ganzen Nation den Sinn für eine materialistische Anschauung aufprägte – ähnlich, wie Friedrich Schlegel von einem chemischen Zeitalter und von den Franzosen als einer chemischen Nation sprach, deren große Revolution gleichsam ein »Versuch in der moralischen Chemie« gewesen sei (*Athenäums-*

*Fragmente*, Nr. 426). Die Metaphorik geht dabei gelegentlich bis ins Detail: Louis Peisse datiert auf die 1816 erfolgte Veröffentlichung von Broussais' *Examen de la doctrine médicale* das Jahr 1789 der Medizin und vergleicht es mit der Schrift des Abbé Sieyès über den dritten Stand, während Pinels *Nosographie philosophique* gleichsam das Ancien Régime repräsentiert.

Versuche dieser Art, wissenschaftliche und politische Entwicklungen – wenn auch meist nur metaphorisch – aufeinander zu beziehen, lösen die traditionell naturale Begrifflichkeit, mit welcher der Gang der Wissenschaften beschrieben wird, nicht einfach ab. Naturale und politisch-soziale Metaphorik existieren vielmehr, oft in ein und demselben Werk, nebeneinander. Ritter nimmt beispielsweise an, daß die Geschichte einer chemischen Theorie dieselben Perioden nach denselben Gesetzen durchlaufe »als irgend ein andres äußerliches organisches Gewächs«, doch zeigt schon der Titel seines Essays – *Versuch einer Geschichte der Schicksale der chemischen Theorie in den letzten Jahrhunderten* (1808) –, daß für die Beschreibung einer wissenschaftlichen Entwicklung hier auch typische Begriffe der Humangeschichte verwendet werden, die, wie der Terminus ›Schicksal‹, in erster Linie nicht natural deutbar sind.

Einen Höhepunkt der naturalen Deutung wissenschaftsgeschichtlicher Prozesse bildet dabei zweifellos Johannes Spix' *Geschichte und Beurtheilung aller Systeme in der Zoologie nach ihrer Entwiklungsfolge von Aristoteles bis auf die gegenwärtige Zeit* (1811). Voraussetzung einer solchen Deutung ist dabei die Analogisierung von Gegenstands- und Theoriebereich: Spix geht davon aus, daß die Gesetzmäßigkeiten des Naturreichs sich in der Geschichte der Zoologie wiederholen und daß diese wiederum mit der allgemeinen Weltgeschichte aufs engste zusammenhängt. Die Geschichte der Zoologie ähnelt so dem Wachstum eines Baumes, Perioden des Keimens und des Grünens können voneinander unterschieden werden. Spix schöpft alle metaphorischen Möglichkeiten aus: so bildet beispielsweise Aristoteles, zusammen mit Plinius und Galen, die Wurzeln des zoologischen Baumes, doch ist gleichzeitig dessen *Historia animalium* die Ilias und Odyssee der Zoologie zugleich. Albert und Gesner sind die »Morgenbothen in der Naturgeschichte ... mit dem Italiener Aldrovand verbreitete sie auf alle Seiten ihre erleuchtenden Strahlen, mit den Engländern Wotton und Ray stand sie schon in ihrer vollen

Morgengluth da«, mit Linné endlich »ward Tag über die gesammte Natur« (Spix 1811:87/88).

Dort, wo die naturale Metaphorik aufgegeben ist, wird deswegen der Versuch einer Erklärung des Parallelismus wissenschaftlicher und politischer Revolutionen noch nicht unternommen; meist bleiben die Autoren bei der Feststellung einer eher verwirrenden als erhellenden Gleichzeitigkeit stehen: »So fällt das brownsche System mit der französischen Revolution zusammen, und ist mit ihr aus einem tieferen Grunde entsprungen; und eben so hat jedes große weltgeschichtliche Ereigniß sich auch in der Medicin und in deren Bildung reflectirt« (Kieser 1817/19:5). In der ›Lettre aux physiologistes‹ seines *Mémoire sur la science de l'homme* hat Saint-Simon die Weltgeschichte als einen Wechsel von wissenschaftlichen und politischen Revolutionen beschrieben: auf die kopernikanische Wende folgt die Tat Luthers; auf Bacon und Galilei die englische Revolution und die Herrschaft Ludwigs XIV.; auf Newton, Locke und die Enzyklopädie die französische Revolution. Da die letzte Revolution aber eine politische gewesen ist, muß die nächste naturgemäß eine wissenschaftliche sein. Diese wissenschaftliche Revolution will Saint-Simon befördern: die neuzuschaffende Wissenschaft vom Menschen wird dabei, wie Napoleon es gefordert hat, sowohl den Fortschritt der Wissenschaften beschleunigen wie durch die Reorganisierung der Gesellschaft zur Wiederherstellung der Ruhe in Europa beitragen.

Um die Mitte des 19. Jahrhunderts hat Carl Vogt in seinen *Zoologischen Briefen* die Beziehungen zwischen wissenschaftlichen und politischen Revolutionen schildern wollen. Er versuchte dabei eine materialistisch orientierte Deutung der Wissenschaftsentwicklung, die zwar ebenfalls weitgehend auf Analogien zurückgriff – so wurde von ihm die Durchsetzung der binären Nomenklatur mit der sich ausbreitenden Gewohnheit, Vor- und Zunamen zu benutzen, verglichen –, darüberhinaus aber wissenschaftliche auf politische Revolutionen zurückführte. Die Veränderungen der Zoologie durch Cuvier um die Jahrhundertwende schienen ihm eine direkte Folge der französischen Revolution zu sein, und die Revolution von 1848 ließ die »Entwickelungsgeschichte der thierischen Wesen« jenen Platz einnehmen, der allzulange von einer Richtung besetzt war, die zunächst die äußeren Charaktere, später die innere Organisation der erwachsenen Tiere in den Vordergrund stellte.*

Die Naturgeschichte und die sie verkörpernde Institution – der Jardin des plantes – profitierten letzten Endes von einer Revolution, die ›im Namen der Natur‹ erfolgte. Der Jardin des plantes war, abgesehen von Ausnahmen wie dem Collège de France, eine der wenigen Institutionen, die die französische Revolution unbeschadet überstanden, obwohl zeitweise die Kommune von Paris mit dem Gedanken spielte, daraus einen Kartoffelacker zu machen. Seine Rettung war nicht zuletzt auf das politische Geschick der am Jardin des plantes beschäftigten Wissenschaftler zurückzuführen. Noch bevor die Konstituante selbst ihre Forderungen gestellt hatte – ich folge von hier ab der Darstellung Joseph Fayets – legten sie am 20. August 1790 eine *Adresse des officiers du Jardin des plantes et du Cabinet d'histoire naturelle* vor, das sie, ihren eigenen Worten zufolge, von dem Wunsch angetrieben zeigte, allen Bürgern der Republik von größerem Nutzen zu sein. Unter dem Vorsitz Daubentons wurde dann eine zweite

* Wissenschaft und Politik konkurrieren um den Revolutionsbegriff. Häufiger trifft man auf die Meinung, die Umwälzungen in den Wissenschaften erzeugten grundlegendere Veränderungen als die im Vergleich dazu doch an der Oberfläche bleibenden politischen Revolutionen. Eckermann notiert am 2. August 1830:

»Die Nachrichten von der begonnenen Julirevolution gelangten heute nach Weimar und setzten alles in Aufregung. Ich ging im Laufe des Nachmittags zu Goethe. ›Nun‹, rief er mir entgegen, ›was denken Sie von dieser großen Begebenheit? Der Vulkan ist zum Ausbruch gekommen; alles steht in Flammen und es ist nicht ferner eine Verhandlung bei geschlossenen Türen!‹

Eine furchtbare Geschichte! erwiderte ich. Aber was ließ sich bei den bekannten Zuständen und bei einem solchen Ministerium anders erwarten, als daß man mit der Vertreibung der bisherigen königlichen Familie endigen würde.

›Wir scheinen uns nicht zu verstehen, mein Allerbester‹, erwiderte Goethe. ›Ich rede gar nicht von jenen Leuten; es handelt sich bei mir um ganz andere Dinge! Ich rede von dem in der Akademie zum öffentlichen Ausbruch gekommenen für die Wissenschaft höchst bedeutenden Streit zwischen Cuvier und Geoffroy de Saint-Hilaire!‹ Diese Äußerung Goethes war mir so unerwartet, daß ich nicht wußte, was ich sagen sollte, und daß ich während einiger Minuten einen völligen Stillstand in meinen Gedanken verspürte.«

In den Annalen der neuzeitlichen Wissenschaftsgeschichte ist der ›Sieg‹ Cuviers und Geoffroy Saint-Hilaires über die Juli-Revolution nicht der einzige, den die Wissenschaft über die Politik davongetragen hat.

Adresse erarbeitet und dem Konvent vorgelegt. Hierin wurde die Umbenennung des Jardin in Muséum d'Histoire naturelle vorgeschlagen; im Museum sollten alle Professoren an Rechten und Pflichten gleich sein und aus ihrer Mitte einen Direktor wählen. In der Öffentlichkeit fand die Initiative der Naturalisten eine freundliche Aufnahme; vermutlich von Condorcet lanciert, veröffentlichte die *Chronique de Paris* am 1. Oktober 1790 einen Artikel, in dem die Hoffnung auf eine Zustimmung der Nationalversammlung zu den Adressen geäußert wurde; die so angenehme wie nützliche Naturgeschichte werde dann endlich mit Methode gelehrt und mit Erfolg studiert werden können. Freilich schienen den Konvent andere Fragen zunächst mehr zu interessieren als die Reorganisation der Naturgeschichte: zweiundeinhalbes Jahr dauerte es, bis erneut über die Adressen der Naturalisten beraten wurde. Lakanal machte sich deren Sache zu eigen. Ohnehin der allgemeinen Unterdrückung der Akademien, die von vielen Konventsmitgliedern propagiert wurde, entgegengesetzt, verwies er auf die Liebe zur ›sainte égalité‹, die so offenkundig aus den Äußerungen der Naturalisten sprach. 1793 wurde sein Vorschlag zur Reorganisation des Jardin, der den zwei *Adresses* bis ins Detail folgte, akzeptiert; es entstand das Muséum d'Histoire naturelle, Bernardin de Saint-Pierre verlor den Posten des Intendanten, der abgeschafft wurde. Aus dem Jardin du Roi wurde das Muséum d'Histoire naturelle, aus ›officiers‹ wurden Professoren, aus dem vom König bestellten Intendanten ein kollegial auf Lebenszeit gewählter Direktor. Die politische Taktik der ›naturalistes‹ hatte sich bewährt – dennoch lassen sich auch sachliche Gründe anführen, die das Überleben der Naturgeschichte während der Revolution begünstigten. In diesem Zusammenhang ist ein Vergleich mit der Geschichte des Observatoire Royal von Nutzen.

Das königliche Observatorium in Paris war eine Domäne der Familie Cassini. Sein erster Direktor wurde 1771 – in der dritten Generation – Cassini de Thury. Unter seiner Leitung verkam das Observatorium, man beschäftigte sich dort mehr mit Geodäsie als mit Astronomie; als 1772 Joseph II. Paris besuchte, mußte der geplante Rundgang im Observatorium dessen Baufälligkeit wegen abgesagt werden. Der Sohn Cassini de Thurys, Jean-Dominique Cassini, entwikkelte dann große wissenschaftliche und organisatorische Fähigkeiten, die zur erfolgreichen Restaurierung und Reorganisation des Observatoriums führten. Der Aufforderung des Konvents, insbesondere Garats und Lakanals, die Reorganisation im Sinne des Gleichheitsprinzips und nach dem Muster der gleichzeitig am Jardin des plantes erfolgenden Veränderungen vorzunehmen, setzte Cassini heftigen Widerstand entgegen. 1793 unterbreitete er einen Budgetvorschlag, der auf der Basis der Observatoriums-Statuten von 1784 abgefaßt war und eine ungleiche Bezahlung der ›élèves-astronomes‹ vorsah. Garat, Justiz- und amtierender Innenminister wies das Budget zurück: er forderte gleiche Bezahlung für alle am Observatorium beschäftigten Astronomen. Cassini weigerte sich und erklärte, eine solche Regelung sei ebenso ungerecht wie unzweckmäßig: ungerecht, weil der ›premier élève‹ Fähigkeiten besitzen müsse, die eine Vertretung des Direktors durch ihn im Falle von dessen Abwesenheit oder Krankheit erlaubten und die ihn über seine Kollegen stellten; unzweckmäßig, weil mit der Einführung gleicher Bezahlung ein Anreiz zum Aufstieg nicht mehr vorhanden wäre. In einem Reorganisationsplan schlug Cassini zwar vor, den Namen des Observatoire Royal in Observatoire National zu ändern und aus den ›élèves-astronomes‹ Assistenten zu machen – ansonsten aber blieb alles beim alten, nichts konnte ihn dazu bewegen, den egalitären Prinzipien Rechnung zu tragen und von einer hierarchischen Ordnung des Observatoriums Abstand zu nehmen, die er im Interesse seiner Funktionsfähigkeit für erforderlich hielt. Als Cassini ein entsprechendes Mémoire einem Abgesandten des Konvents vorlegte, wagte dieser nicht, es weiterzuleiten: zu groß schien ihm die Gefahr für Cassini zu sein, der das Mémoire daraufhin zurückzog. Wiederum aufgefordert, das Observatorium nach ähnlichen Prinzipien zu reorganisieren, wie das im Jardin des plantes bereits geschehen war, antwortete Cassini, die Astronomie könne mit der Naturgeschichte nicht verglichen werden: im Jardin des plantes hätte jeder Professor sein spezifisches Arbeitsgebiet, sein eigenes Kabinett, seine besonderen Instrumente; im Observatorium dagegen betriebe jeder das Gleiche, nur in unterschiedlichen Funktionen und mit verschiedenen dafür notwendigen Fähigkeiten; eine hierarchische Gliederung sei hier unerläßlich, die ›communauté perpétuelle‹ des Observatoriums bedürfe ebenso einer Führung wie ein Schiff einen Kapitän nötig habe.

Wiederum ging der Konvent auf diese Argumentation nicht ein. Die Lage für Cassini wurde bedrohlicher; am 6. September 1793 reichte er seinen Rücktritt ein. Eine Zeitlang wohnte er noch im Observatorium, schikaniert von seinen ehemaligen Untergebenen, die ihm als ›assemblée des astronomes‹ nunmehr Verhaltensvorschriften erteilten. Sehr schnell aber wurde deutlich, welche negativen Folgen die ›Demokratisierung‹ des Observatoriums mit sich gebracht hatte. Die ehemaligen ›élèves-astronomes‹ erwiesen sich als unfähig, den Betrieb des Observatoriums aufrechtzuerhalten. Seit 1794 trug sich Lakanal mit dem Gedanken, Cassini wieder die Leitung des Observatoriums zu übertragen und die ›Intriganten und Usurpatoren‹ daraus zu entfernen.

1798 hat Cuvier in seinem *Tableau élémentaire de l'histoire naturelle des animaux* – einem Lehrbuch, das auf seine Vorlesungen von 1797 an der Ecole du Panthéon zurückging – den republikanischen Charakter der Naturgeschichte betont: sein *Tableau* sollte demgemäß allen Klassen der Gesellschaft von Nutzen sein. Die Beschwörung dieses Republikanismus spricht jedoch eher für die politische Beweglichkeit des späteren Pairs von Frankreich, als daß damit der wahre Charakter der Naturgeschichte bezeichnet würde. Diese war, bei Linné wie bei Buffon, keinesfalls ›republikanisch‹ orientiert, sondern spiegelte in ihren Beschreibungen und Klassifikationstechniken vor allem den Geist der absoluten Monarchie wider; die Botaniker galten als ›dictatores‹; Linné spricht von den Offizieren in der Armee Floras. Zwar ist auch von der ›botanischen Republik‹ die Rede, doch beinhaltet diese Wendung keine Gleichstellung der Botaniker – Albrecht von Haller hat Linné erst zum wahren Republikanismus in der Kräuterkunde ermahnen müssen.

Die Distanzierung von ihrer monarchischen Vergangenheit steht während der Revolution für die Anhänger der Naturgeschichte im Vordergrund. Am 28. Oktober 1794 beschloß der Konvent die Errichtung der Ecole Normale. Wie deren *Journal* berichtet, hatte in der Anfangsphase der Eliteschule der achtzigjährige Daubenton als Professor den größten Erfolg. Schüler und Mitarbeiter Buffons, kritisierte er diesen wegen der Behauptung, der Löwe sei der König der Tiere. »Der Löwe«, so Daubenton, »ist kein König, weil alle Tiere ihn fliehn und keines ihm schmeichelt; in der Natur gibt es keinen König.« Das *Journal* berichtet vom frenetischen Beifall, den diese Bemerkungen bei den Studenten fanden und kommentiert: »Hier sprach, in ihrer ganzen Reinheit und Kraft, die öffentliche Meinung an der Stätte der Wissenschaft. Nie zuvor hat sich der Haß auf das Königtum energischer und die Liebe zur Republik deutlicher gezeigt!«

Interessant war die Naturgeschichte für die Revolution wegen ihrer praktischen Bedeutung für die Landwirtschaft; mit monarchischer oder republikanischer Orientierung hat dies wenig zu tun. Hinzu kam eine gewisse bukolische Neigung der Revolution, die eine Wertschätzung der Naturgeschichte zur Folge hatte. Wie weit diese ging, zeigt wiederum eine Episode aus dem Leben Daubentons. Dieser hatte 1778 eine *Instruction pour les bergers et les propriétaires de troupeaux* geschrieben und darüberhinaus das Merino-Schaf in Frankreich eingeführt. In der Sektion der Sansculotten seines Bezirks gilt Daubenton daher als ›der Schäfer Daubenton‹ – als solcher erhält er sein ›certificat de civisme‹, nicht als Mitglied der Akademie (Fayet 1960: 85/86).

Am wichtigsten aber war es, daß die Naturalisten des Jardin des plantes sich mit dem Konvent arrangieren und eine Reorganisation zum Muséum d'Histoire naturelle auf der Grundlage des Gleichheitsprinzips vornehmen konnten. Dies war nicht nur eine Frage politischer Anpassung; Cassinis Einschätzung der Unterschiede von Naturgeschichte und Astronomie trifft den Kern der Sache. Die Naturgeschichte war während der Revolution bereits so spezialisiert, daß eine Gleichstellung der Professoren problemlos blieb: jeder konnte ungestört in seinem Fachgebiet weiterarbeiten. Diese Ausdifferenzierung hat während der Revolution das Überleben der Naturgeschichte ermöglicht, sie hat freilich nach der Revolution innerhalb des Wissenschaftssystems den Identitätsverlust der Naturgeschichte zur Folge gehabt.

# Das Überleben der Naturgeschichte

Bevor sich ihre empirische Orientierung durchsetzt, ist die Naturgeschichte von Fabeln durchwoben – deren Vertreibung ist in den Augen des 18. Jahrhunderts die wichtigste Vorbedingung ihres weiteren Fortschritts. Linné nennt die ältere Zoologie »einen mit Fabeln und dazu Torheiten angefüllten Augiasstall«, zu dessen Reinigung er antritt. Um die Mitte des 18. Jahrhunderts – so Harald Weinrich – tritt mit der Temporalisierung der naturgeschichtlichen Klassifikationen die Fabel aus dem Bewußtsein der literarischen Öffentlichkeit zurück; das Prinzip der Moralisierung wird vom Prinzip der Verzeitlichung abgelöst.* Die aus dem Kontext der Naturgeschichte vertriebene Fabel kehrt aber durch die Ethologie wieder in die Zoologie zurück. Weinrichs am Beispiel der Fabel erläuterte These läßt sich verallgemeinern: auch im Zeitalter von Darwin und Marx findet die Naturgeschichte ihre Nischen, mehr noch, im Rückblick erscheint die um die Wende zum 19. Jahrhundert sich durchsetzende Verzeit-

* Der Begriff ›Moralisierung‹ kann in diesem Zusammenhang ganz zwanglos verwendet werden, wenn man sich an die Geschichte des Terminus ›Ethologie‹ erinnert, der ja Moral und Verhaltenslehre ursprünglich in sich vereinigte.

Im übrigen darf nicht überall da, wo von der Vertreibung der Fabel geredet wird, eine Etappe in der Fortschrittsgeschichte der Wissenschaften vermutet werden. Die Regenerationsforschung des 18. Jahrhunderts wurde in ihrer Entwicklung dadurch gehemmt, daß viele Wissenschaftler Regenerationsphänomene, von denen Laien und Kollegen berichteten, für Fabeln oder Märchen ansahen, deren experimentelle Überprüfung nicht lohnte (Moeschlin-Krieg 1953). War das Erfahrungsnetz der Naturgeschichte ursprünglich zu weit und ließ zuviele Phänomene als wissenschaftlich bedeutsam zu, so wird es hier zu eng und schließt empirisch bedeutsame Erscheinungen aus.

lichung lediglich als eine Episode, die schon bald von einer neuen Etappe der Verräumlichung abgelöst wird.

In der Psychopathologie wird die Beziehung zur Geschichte, die die Einschätzung des Wahnsinns bestimmt hatte, rasch wieder vergessen. Wurde die vor der Moderne scharfe Trennung von Normalität und Anormalität auch am Beginn des 19. Jahrhunderts durch eine Tendenz zur quantifizierenden Betrachtung aufgehoben, die moralische und pathologische Zustände nur mehr als Momente ein und desselben Entwicklungsprozesses auffaßte, so wird doch schon bei Broussais selbst das Anormale mit dem Pathologischen und Morbiden, das Normale mit dem Harmonischen und ästhetisch Akzeptablem gleichgesetzt und damit – wie später noch deutlicher bei Claude Bernard und insbesondere in Comtes Begriff der sozialen Statik – schließlich eine qualitative Differenz von Anormalität und Normalität wiederhergestellt. Parallelentwicklungen hierzu lassen sich in der Ethnologie aufzeigen.

Die ›Erkundung eines neuen Raumes‹ kennzeichnet innerhalb der Medizin die Entstehung der pathologischen Anatomie Bichats: »Die Komplexität der funktionellen Systeme klärt sich durch die Einfachheit der anatomischen Kombinatorik« (Jacob 1972:126). War die Klinik zumindest eine Zeitlang Geschichte gewesen, so wird sie nun Geographie. Eine Wiederbelebung des klassifizierenden Denkens, wie in Aliberts *Nosologie naturelle* (1817) ist die Folge: »Da sie immer nur das Sichtbare zeigt und dieses nur in der einfachen, endgültigen und abstrakten Form seiner räumlichen Koexistenz, kann die Anatomie nichts über die Verkettung des Prozesses, der ein in der Ordnung der Zeit zu lesender Text ist, sagen« (Foucault 1973:147). Schließlich führt so die Bemühung um eine Definition der Physiologie der Krankheitsphänomene zur Verräumlichung der medizinischen Erfahrung. Die ›Chronologie der Symptome‹ wird sekundär gegenüber einer ›Topologie der Läsionen‹, und die anatomisch-klinische Wahrnehmung modifiziert die »wesentlich zeitliche Lektüre der Klinik«. In der Gewebeanalyse vollzieht sich der Übergang von einer Bestimmung der Gattungen zur Lokalisierungsregel (Foucault 1973); im *Règne animal* (1817) knüpft Cuvier an Platon an, taxonomische Ähnlichkeiten sollen keinesfalls auf genetische Beziehungen verweisen.

Claude Bernard erblickte eine der wichtigsten Aufgaben der experimentellen Methode in der Zerstörung der Nosographien; er betonte, daß der Experimentator die Krankheiten nicht wie Gattungen und Arten klassifizieren könne und sprach sich gegen Lokalisierungsregeln für eine dynamische Auffassung der Krankheit aus, in der er eher eine Entwicklung als einen Zustand sah (Grmek 1964). Gegenüber Bichat hob Bernard hervor, daß der wahre Vitalismus eine Entwicklungstheorie sein müsse, unterscheide doch der temporäre Charakter der vitalen Phänomene sie in erster Linie vom Bereich des Physischen (Canguilhem 1965). Und doch wird gerade bei Claude Bernard, vor allem in seiner Auffassung der Medizingeschichte, ein enthistorisierender Zug sichtbar. Claude Bernard, der die Entwicklung der Wissenschaften wie Geoffroy Saint-Hilaire mit der Evolution der Lebewesen in Parallele gesetzt hatte (*Rapport sur les progrès et la marche de la physiologie générale en France*, 1867), sah in seiner eigenen Epoche diese Entwicklung zu einem Stillstand gekommen: »Il n'y aura plus de révolutions en médecine« (Canguilhem 1965: 139). Den schnellebigen Theorien, die »wie die Fliegen sterben«, will Claude Bernard »des faits éternels, qui vivront toujours« entgegensetzen – eine Absicht, die von der Klage darüber begleitet wird, daß die großen Fragen der Naturgeschichte mehr und mehr vernachlässigt werden.

Die Wissenschaften vom Leben entstehen in einem Moment, da die Welt den Charakter des ›Überraschungsfeldes‹ (Gehlen) mehr und mehr verliert – das Entwicklungsdenken setzt sich durch, als die letzten unbekannten Räume auf dieser Erde entdeckt worden sind. Dieses Phänomen kann man als ›mondialité‹, oder mit dem Begriff der ›Weltgesellschaft‹ kennzeichnen – die Konvergenz der Worte verweist auf den gleichen Sachzusammenhang. In der Weltgesellschaft garantiert die Variabilität der Programme die Stabilität der Werte, die freilich – wie vor allem im Bereich des Rechts – von inhaltlichen Bestimmungen weitgehend freigehalten werden. Die Zeit wird zwar nicht als kreisläufig in sich zurückkehrend gedacht, doch besteht ihre herausragende Reduktionsleistung gleichwohl in der »Übernahme von Geschichte zur Bindung der Zukunft« (Luhmann). Diese Tendenz ist in der Aufklärung selbst mit ihrer prinzipiellen Verdächtigung des Vergangenen bereits angelegt. Die Verwissenschaftlichung der Geschichte hat die Neutralisierung des Zeitbegriffs zur Folge (Heuß 1959), deren Konsequenz wiederum eine Renaissance der Chronologien ist: Heinrich Laehrs *Gedenktage der Psychiatrie und ihrer Hülfsdisziplinen in allen Ländern*, die von 1885 bis 1893 vier Auflagen erleben, bilden in der Wissenschaftsgeschichte ein herausragendes Beispiel dafür. Die Weltgesellschaft nimmt so Züge eines posthistoire an, einer Epoche, in der die entscheidenden Handlungsalternativen sich auskristallisiert haben (Pareto) und das Rechnen mit den Beständen (Benn) zur beherrschenden Maxime geworden ist. Schon früh äußert man die Vermutung, die Entwicklung der Weltgeschichte führe ins posthistoire. Georg Forster weist auf die merkwürdige Geschichte des europäischen Handels hin, »in welchen sich allmälig die ganze Weltgeschichte aufzulösen scheint« *(Die Nordwestküste von Amerika und der dortige Pelzhandel)*; nach den Vorstellungen Raynals löst der Handel engültig die Politik ab, und Mendelssohn bemerkt zu Abbt, daß »die Geschichte der bürgerlichen Verfassung mit der Geschichte der Menschheit ineinanderfließt« (22. Juli 1766).

Tendenzen zur Enthistorisierung werden durch die Veralltäglichung und damit Neutralisierung des Revolutionsbegriffs befördert. Chateaubriand kann in den *Mémoires d'outre-tombe* von der Revolution sprechen, die 1818 ausgerechnet durch den *Conservateur* bewirkt wurde. Die Historiographie versucht ihre Identität auf der einen Seite dadurch zu wahren, daß der Natur jede Entwicklung abgesprochen wird. Für Hegel sind die Veränderungen der Natur nur Wiederholungen, »ihre Bewegung nur ein Kreislauf« *(Vorlesungen über die Geschichte der Philosophie)*; Droysen reserviert in der *Historik* das ›Werden und Fortschreiten‹ für die Geschichte, was zur Folge hat, daß er – ganz in der Tradition der Naturhistorie – Termini wie Geschichte der Erde, Entwicklungsgeschichte der Raupe, Geschichte der Erdbeben und Naturgeschichte undifferenziert verwenden kann.

Auf der anderen Seite kommen Naturgeschichte und Geschichte einander wieder näher. Michelet hat die Schriften zur Naturgeschichte als einen integralen Teil seines historischen Werkes angesehen (*Nos fils*, 1869) und hat in *L'Oiseau* (1856) geschildert, wie er als Historiker den Weg zur Naturgeschichte gefunden hat. Die Rückkehr zur Natur bedeutet dabei keine Aufgabe der ursprünglichen revolutionären Vorstellungen; Michelet begreift die Naturgeschichte vielmehr als einen Teil der Politik, beider Ziel ist eine umfassende

Demokratisierung, die nicht nur den Armen und Entrechteten unter den Menschen, sondern auch den Tieren zu ihrem Recht verhelfen soll. Michelet träumt davon, freigelassenen Löwen und Tigern die Naturgeschichte vorzutragen (*Journal*, 23. Aug. 1860). Frühzeitig stellt er die Raumbezüge der Geschichte in den Vordergrund.

Schon im *Journal des idées* spricht Michelet von der Faszination, die die Geographie seit langem auf ihn ausübt und entwickelt den Plan zu einer physischen und politischen Geographie, die den Teil eines historischen Handbuchs auf geographischer Grundlage bilden und physiologische, botanische, zoologische, geologische und mineralogische Materialien enthalten soll, die die Geschichte erklären können (12. März 1826). Im *Tableau de la France* (1833) wird als Ausgangspunkt der französischen Geschichte die Geographie Frankreichs gesehen: »L'histoire est d'abord toute géographie«. Das Programm Turgots ist damit wiederaufgenommen, der um die Mitte des 18. Jahrhunderts die ›géographie politique positive‹ als ›Querschnitt der Geschichte‹ (Misch) begriffen hatte; später bezeichnet Proudhon in seinen Entwürfen für ein ›Tableau psychologique de la France‹ dieses Vorhaben als Naturgeschichte Frankreichs auf psychologischer und intellektueller Grundlage (*Carnets* I, 1843).

Burckhardt hat sich dagegen ausgesprochen, in der Analyse historischer Ereignisse prinzipiell anders zu verfahren als beim Studium der Natur: »Die Naturgeschichte zeigt uns einen angstvollen Kampf ums Dasein, und dieser nämliche Kampf erstreckt sich bis weit in Völkerleben und Geschichte hinein« (Burckhardt 1929:199). Umgekehrt werden moralische Urteile von der Geschichte in die Naturgeschichte übertragen: »Der Stärkere ist als solcher noch lange nicht der Bessere. Auch in der Pflanzenwelt ist ein Vordringen des Gemeineren und Frecheren hie und da erweisbar«. Nietzsches Kampf gegen das ›historische Fieber‹ und die historische Bildung, in der er »Schaden, Gebreste und Mangel der Zeit« zu sehen glaubt, ist mit der Verwendung der Kreismetapher, Ausdruck seiner Opposition gegen die Moderne, verbunden (Blumenberg 1960:141).

Spenglers ›Morphologie der Weltgeschichte‹ bildet das deutlichste Beispiel einer historischen Konstruktion nach organischer Logik. Die Weltgeschichte ist ›Werden und Vergehen organischer Formen‹, ›Menschenschicksal‹ und ›Pflanzenschicksal‹ werden ebenso miteinander verglichen wie Pflanzenhabitus und Stilbegriff; die Tafel

›gleichzeitiger‹ Geistesepochen teilt sich in Frühling, Sommer, Herbst und Winter. Der ›enthistorisierende‹ Zug liegt bei Spengler und anderen nicht etwa darin, daß die Geschichte hier einfach zur Anschauung der Naturhistorie zurückkehrte; enthistorisierend ist die Verwendung der Biologie zur Konstruktion historischer Bewegungsgesetze. Im 19. Jahrhundert entspricht die Assoziation von Geschichte und Biologie der Einheit von Historie und Naturgeschichte, die das 18. Jahrhundert prägte. Hieran zeigt sich, daß der Versuch der Historie, sich von der Naturgeschichte zu emanzipieren, mißlungen ist. Wie schon bei Bodin ist die historia humana ›incerta et confusa‹ – Gewißheit kann man, da die Bindung an die historia divina entfällt, nur erlangen, indem man historia naturalis zum Vorbild wählt.

Es gibt aber auch Tendenzen zur Enthistorisierung, die den direkten Vergleich mit der Naturgeschichte nahelegen. Bei Toynbee ermöglicht es die Schrumpfung der Zeit, »daß Aussagen nicht mehr nur über Quer- oder Längsschnitte in der Zeit, die jeweils nur Fragmente der Menschheit betreffen, sondern über die Summe der Menschen gemacht werden können« (Henningsen 1967:74). Mit der Schrumpfung der Zeit geht ihre Renaturalisierung einher, werden doch von Toynbee Zivilisationen nach Species unterschieden und in eine Generationenordnung gebracht. Da liegt im Hinweis auf die Arbeitstechnik Linnés oder in Kestings Bezeichnung Toynbees als »eine Art historischer Linné« mehr als eine Metapher: Historia naturalis hat die Humangeschichte wieder eingeholt.*

Eine präzise Chronologie von Temporalisierungs- und Verräum-

* Henningsen wendet sich zwar gegen den Vergleich Toynbees mit Linné, doch spricht mehr dafür als dagegen, weil der Bezug auf Linné in der Tradition der Kulturgeschichte häufig ist. Die Berufung auf oder die Distanzierung von Linné erfolgt dabei eher beliebig. Lamprecht hat die von ihm überwunden geglaubte Methode der politischen Geschichte mit dem Linnéschen System verglichen und sich dadurch von ihr absetzen wollen (Lenz 1896); ebenso hat Breysig 1899 der politischen Geschichte vorgehalten, sie befinde sich noch im Linné-Stadium (Breysig 1964:57). Als Breysig im Jahre 1908 jedoch Diels sein Programm einer Morphologie der Staats-, Familien- und Glaubensformen entwickelte und dieser ihn fragte, ob er also »eine Art Linné« sein wolle, bejahte Breysig und freute sich über die Feststellung Diels', er halte eine solche Absicht »nicht allein für wissenschaftlich, sondern für dringend« (Breysig 1962:108). Wie bekannt, hat Toynbee zu Brey-

lichungstendenzen in der Wissenschaftsgeschichte des 18. und 19. Jahrhunderts ist kaum zu erstellen. Einem solchen Versuch steht zunächst die Ungleichzeitigkeit der Entwicklung in den verschiedenen Disziplinen entgegen. Noch schwerer wiegt, daß zur gleichen Zeit in ein- und derselben Disziplin Verzeitlichungs- und Denaturalisierungsprozesse ebenso zu beobachten sind wie Tendenzen zur Enthistorisierung und zu einer Renaturalisierung der Zeitvorstellungen. Daher kommt es, daß die gleiche Theorie je nach chronologischer Perspektive anders eingeordnet werden kann: Die Auffassungen Pinels und Bichats beispielsweise, die der Verzeitlichungstendenz entgegenstehen, können in der Abfolge der wissenschaftlichen Revolutionen sowohl dem ›Ancien Régime‹ wie der ›Restauration‹ zugerechnet werden.

Dennoch bleibt im Querschnitt durch die Disziplinen für die Kernperiode zwischen 1775 und 1825 die Verzeitlichungstendenz im Vordergrund. Die Moderne ließe sich damit in eigentümlicher Weise eingrenzen: Ist ihr Beginn nicht zuletzt dadurch charakterisierbar, daß um die Wende vom 18. zum 19. Jahrhundert ein Erfahrungszuwachs vorher ungekannten Ausmaßes nur mehr durch Techniken der Temporalisierung verarbeitet werden kann, so steht an ihrem vorläufigen Ende die Vermutung, die Weltgesellschaft sei durch Enthistorisierung geprägt und ende im posthistoire. Für die Wissenschaftsentwicklung des 19. Jahrhunderts sind Aussagen dieser Art freilich kaum mehr möglich. Die semantische Revolution der Naturwissenschaften, die Wissenschaften vom Leben darin eingeschlossen, macht eine geschichtstheoretische Einordnung der Wissenschaftsentwicklung immer schwieriger. Wenn die Naturalisten des 18. Jahrhunderts vom Gedächtnis sprachen, zu dessen Unterstützung die Taxonomien unter anderem dienten, so konnte dieser Begriff des Gedächtnisses mit dem der Geschichtsphilosophie unmittelbar verknüpft werden. Eine solche Verknüpfung läßt beispielsweise der Gedächtnisbegriff der entwickelten Biologie nicht mehr zu (Jacob). Wenn das Periodensystem der Elemente, wie es im 19. Jahrhundert entwickelt wurde, mit der beherrschenden Stellung verglichen wird,

sigs 1955 publizierter *Geschichte der Menschheit* ein Vorwort beigesteuert, das er im April 1954 schrieb – am gleichen Tag, als er die Korrektur der Druckbogen seiner *Study of History* beendet hatte.

die die Vorstellung von der Kette der Lebewesen im 18. Jahrhundert einnahm (Lovejoy 1960), so liegt es nahe, auf eine ›Enthistorisierung‹ der Chemie zu schließen. Eine solche Metapher würde jedoch nichts mehr erklären und im übrigen falsche Assoziationen wecken; das Periodensystem der Elemente setzt sich gegen die traditionellen Klassifikationsversuche deutlich ab und ist hochgradig reduktiv angelegt (Ströker 1967).* Zwar gibt es in vielen Disziplinen des 19. Jahrhunderts noch naturhistorische Reminiszenzen: ihr Überleben aber sichert sich die Naturgeschichte nicht in den Wissenschaften, sondern in der Literatur.

Hippolyte Taine, der eine moderne Ästhetik geben wollte, die sich von der antiken dadurch unterscheidet, daß sie »historisch und nicht dogmatisch« ist, vergleicht deren Verfahrensweise mit der Botanik: »Sie ist sogar selbst eine Art Botanik, nur daß sie sich, statt mit Pflanzen, mit menschlichen Werken beschäftigt«. Hatte einst – sichtbar in den Linnéschen Kalligrammen – die Botanik sich selbst eine ästhetische Richtschnur gegeben, so begreift Taine die Ästhetik als historische und an der Botanik orientierte zugleich: der hier verwendete Geschichtsbegriff entstammt der Naturgeschichte. In seiner *Histoire de la littérature anglaise* skizziert Taine, eifriger Besucher der Kurse von Geoffroy Saint-Hilaire, Milne-Edwards, Robin und Claude Bernard, eine Zivilisationstypologie nach mineralogischem Vorbild; ebenso wie die Kristalle lassen sich auch die Zivilisationen auf einige wenige Grundmuster und deren vielfältige Kombinationen zurückführen. 1865 heißt es in den *Nouveaux essais de critique et d'histoire*, die Geschichte der Gesellschaft sei nichts anderes als eine Fortsetzung der Naturgeschichte. Damit aber wiederholt Taine nur die Programmatik Balzacs.

Als seinen Ausgangspunkt beschreibt Balzac im ›Avant-Propos‹ (1842) der *Comédie humaine* den Vergleich von Tierreich und Gesellschaft; diese bringt je nach Milieu genau so viele Varietäten hervor, wie wir sie aus der Zoologie kennen: »Les différences entre un

* Das zeigt sich gerade in Auseinandersetzungen um das Periodensystem der Elemente. Als man Newlands etwas voreiliger Systematik entgegenhielt, er könne gleich die chemischen Elemente alphabetisch ordnen (Ströker 1967: 194), war dies ungewollt ein Hinweis auf die ursprünglichen Klassifikationsverfahren der Naturgeschichte.

soldat, un ouvrier, un administrateur, un avocat, un oisif, un savant, un homme d'Etat, un commerçant, un marin, un poète, un pauvre, un prêtre, sont, quoique plus difficiles à saisir, aussi considérables que celles qui distinguent le loup, le lion, l'âne, le corbeau, le requin, le veau marin, la brebis, etc.« Es wird daher zu aller Zeit soziale ebenso wie zoologische Arten geben und Balzac wird für die Gesellschaft das leisten, was Buffon für die Zoologie geleistet hat. Dennoch ist die *Comédie humaine* kein bloßes Abbild der *Histoire naturelle;* Balzac ahmt die Methode der Naturgeschichte nicht sklavisch nach, sondern paßt sie den Besonderheiten an, die die Sittengeschichte von der Naturgeschichte trennen: »Quand Buffon peignait le lion, il achevait la lionne en quelques phrases; tandis que dans la Société la femme ne se trouve pas toujours être la femelle du mâle. Il peut y avoir deux êtres parfaitement dissemblables dans un ménage. La femme d'un marchand est quelquefois digne d'être celle d'un prince, et souvent celle d'un prince ne vaut pas celle d'un artiste«. Der Gesellschaftszustand wird vom Zufall geprägt, den die Natur nicht kennt: er ist Natur und Gesellschaft gleichermaßen. Da man in der Sittengeschichte also auf die Differenzen der Geschlechter achten muß, ist die Beschreibung der gesellschaftlichen Arten schon doppelt so umfänglich wie die der zoologischen. Hinzu kommt, daß die Mobilität innerhalb der Gesellschaft unvergleichlich höher ist als die des Tierreichs: der Krämer kann Pair von Frankreich werden, der Adlige zum niedrigsten Rang hinabsteigen. Obwohl die Naturforscher zur

*Les différences* ... Die Unterschiede zwischen einem Soldaten, einem Arbeiter, einem Verwalter, einem Advokaten, einem Müßiggänger, einem Gelehrten, einem Staatsmann, einem Händler, einem Seemann, einem Dichter, einem Armen und einem Priester sind, obwohl schwieriger zu erkennen, ebenso erheblich wie jene, die den Wolf, den Löwen, den Esel, den Raben, den Hai, den Seehund und das Schaf voneinander trennen.

*Quand Buffon* ... Hatte Buffon den Löwen beschrieben, blieben für die Löwin nur ein paar Sätze übrig; während in der Gesellschaft die Frau durchaus nicht immer bloß das Weibchen des männlichen Teils ist. In einem Haushalt kann es zwei völlig verschiedene Wesen geben. Die Frau eines Händlers ist es oftmals wert, die eines Prinzen zu sein, und oft ist die eines Prinzen nicht der Frau eines Künstlers gleichwertig.

Genüge gezeigt haben, wie interessant die Verhaltensweisen der Tiere sind, ist ein Vergleich mit den menschlichen Sitten kaum möglich: diese sind für jeden Stand und dazu noch für jede Zivilisation anders, während die der Tiere, zumindest in unseren Augen, einander ähneln und zu allen Zeiten die gleichen bleiben. Aber nicht nur Menschen, auch Ereignisse lassen sich klassifizieren, nicht nur in Besançon wird »alles nach Art und Klassen bestimmt« *(Albert Savarus).* Die Demokratisierung wird dabei die naturgeschichtliche Analyse nicht veralten lassen – da die Gleichheit in Frankreich unendliche Nuancen hervorbringt (*Une fille d'Eve,* Vorrede), steht die Gesellschaftsanalyse vor dem gleichen Problem wie ursprünglich die Naturgeschichte.

Balzac ergreift im Streit der naturhistorischen Schulen erst spät Partei. Der *Père Goriot* ist Geoffroy Saint-Hilaire gewidmet, aber in *La Maison du Chat-qui-pelote* rekonstruiert Balzac aus einem stehengebliebenen Haus der rue Saint-Denis ebenso das alte Paris wie Cuvier, »der größte Dichter des Jahrhunderts«, aus »ein paar Zähnen, wie Kadmos, feste Städte errichtet, tausend Wälder mit allen Geheimnissen des Tierlebens aus ein paar Schalen-Überresten neu bevölkert und die Geschlechter der Riesen im Fußknochen eines Mammuts wiedergefunden hat« *(La Peau de Chagrin).* Die *Comédie Humaine* repräsentiert die Naturgeschichte als ganze; ihre einzelnen Romane gehören zur »Naturgeschichte der Literatur« (Balzac an Alphonse Levavasseur, Nov. 1829), in welcher auch die Zwischenarten nicht fehlen. So verknüpft *La Peau de Chagrin* die *Etudes de mœurs* mit den *Etudes philosophiques* ebenso wie im Bereich der politischen Zoologie, um nur ein Beispiel zu nennen, der Rentier (›Anthropomorphe selon Linné, Mammifère selon Cuvier, Genre de l'Ordre des Parisiens, Famille des Actionnaires‹) einen wundersamen Übergang zwischen der so gefährlichen Familie der Proletarier und der eigentümlichen Familie der Industriellen und Besitzenden darstellt *(Monographie du Rentier).* In der Nähe der Place Royale lebend, machen die Rentiers die bürgerliche Sensibilität am deutlichsten sichtbar; tagtäglich begeben sie sich in den Jardin des plantes, »voir l'ourse et ses petits, parce qu'ils sympathisent avec tous les sentiments honnêtes et naturels, parce que, pour eux, la vue d'une famille unie, le spectacle du bonheur domestique est toujours rempli de charme« *(Etudes de philosophie morale. Sur les habitants du Jardin des*

*Plantes).* Balzac hatte zeitlebens Schwierigkeiten, eine realistische Chronologie der *Comédie humaine* aufrechtzuerhalten; es gibt genügend Studien, die den ›revenants‹ im Werke Balzacs gewidmet sind – Personen, die in frühen Romanen sterben, von ihrem Autor ›vergessen‹ werden und dann in späteren Werken wiederauftauchen, sowie anderen, deren Lebensgeschichte allen Gesetzen der Chronologie zu spotten scheint. Balzac aber trifft den Kern der Naturgeschichte, wenn er in seiner Vorrede zu *Une fille d'Eve* beinahe entschuldigend sagt: »Die Mitte eines Lebens werden Sie vor seinem Beginn kennenlernen, den Beginn nach dem Ende, den Tod vor der Geburt.«

Hyacinthe de Latouche hatte bereits im Juni 1829 in Balzac den Schöpfer des künftigen ›physiologischen Romans‹ sehen wollen. In der Tat steckt Balzacs Werk voller Physiologie: er hängt einem Reduktionismus an, der auch geistige auf chemische und physikalische Prozesse zurückführen möchte. Diese ›physiologische‹ Orientierung aber nimmt nicht den gleichen Rang ein wie Balzacs naturhistorische Programmtik. Sainte-Beuves »O physiologistes, je vous retrouve partout!«, meint keine Physiologen, sondern Literaten, die eine physiologische Metaphorik pflegen, ohne über eine Imitation der Physiologie hinauszukommen. Auch bei Balzac ist das Physiologische eher Nachahmung und Spekulation, während die *Comédie humaine* eine angemessene Fortführung der *Histoire naturelle* darstellt. Léon Gozlan hat geschildert, wie lange Balzac benötigte, um nach stundenlangem Suchen in den Straßen von Paris den noch fehlenden Namen für eine Person seines Romanwerkes zu finden – er ähnelt jenen Flaneuren des 19. Jahrhunderts, die auf dem Asphalt botanisieren gehen (Benjamin). Balzac wird daher ganz selbstverständlich mit Buffon in Verbindung gebracht: wenn in Prousts *Recherche* der erklärte Balzac-Feind Brichot im Streit mit dem Baron Charlus, der seinerseits an der ›Balzacomanie‹ leidet, von »der ›Comédie humaine‹ – die übrigens wenig menschlich ist –« spricht, ist die Anspielung auf Voltaires bissiges »pas si naturelle«, womit er die Buffonsche *Histoire naturelle* kennzeichnet, nicht zu übersehen.

1852 schrieb Taine von seinem Ehrgeiz, »aus der Geschichte eine

*Voir l'ourse ...* Um die Bärin und ihre Kleinen zu sehen, weil sie sich allen ehrenhaften und natürlichen Gefühlen verbunden wissen, und weil für sie der Anblick einer vereinten Familie und das Schauspiel eines häuslichen Glücks immer voller Charme sind.

Wissenschaft zu machen, indem man für sie wie für die organische Welt eine Anatomie und Physiologie entwickelt«. Was von diesem Programm blieb, war die Rückführung der Geschichte auf Naturgeschichte; im 19. Jahrhundert spielen die unzähligen ›physiologies‹ die gleiche Rolle, die ein Jahrhundert zuvor die ›histoires‹ einnahmen. Im Grunde hat erst Zola mit dem Anspruch ernst gemacht, Romane nach physiologischen Prinzipien zu verfassen – von Hippolyte Taine, den er so sehr achtete, dabei zweifellos beeinflußt. Die Programmatik des ›roman expérimental‹ ist Claude Bernards *Introduction à l'étude de la médecine expérimentale* nachgebildet; Zola ging soweit zu behaupten, man brauche bei Claude Bernard nur ›Romancier‹ statt ›Arzt‹ zu setzen, um die experimentelle Methode zur Verfügung zu haben. Von Balzac beeinflußt und gleichzeitig bemüht, sich von ihm zu unterscheiden – »Ne pas faire comme Balzac!« –, sah er in der *Comédie humaine* Vorbilder des experimentellen Romans, so in *Cousine Bette*. Schon Balzac hatte Familien, nicht Individuen in den Vordergrund stellen wollen, doch war für ihn ›Familie‹ ein Klassifikationsbegriff. Daß Zola dagegen in den *Rougon-Macquart* die Natur- und Sozialgeschichte einer Familie schreibt, hängt mit seiner Absicht zusammen, Themen der Vererbung, der Selektion, der Entwicklung zu behandeln. 1864 war Darwin ins Französische übersetzt worden – Zola war ebenso an Darwin orientiert, wie Balzac sich Buffon zum Vorbild nahm.

Zolas Theorie des experimentellen Romans war ein Fiasko; man sah darin zu Recht eine bloße Imitation physiologischen Gedankenguts, das sich zur Übertragung auf die Literatur ganz und gar nicht eignete und zu Parodien herausforderte.* Wenn Zola als Romancier erfolgreich war, war er es trotz, nicht wegen seiner ›physiologischen‹ Theorie des Romans. Die naturgeschichtlichen Romane Balzacs finden daher im Werk Zolas eigentlich keine Fortsetzung; der *Comédie*

* Wenn die Vokabel ›physiologisch‹ irgendwo am Platze ist, dann für das Werk der Brüder Goncourt – vor allem für ihr *Journal*, dessen Beobachtungen sich buchstäblich bis ins Physiologische erstrecken. Im übrigen hat zumindest Edmond de Goncourt die Trennung von Metropole und Provinz mit der von Physiologie und Naturgeschichte in Verbindung gebracht: »Moi, il n'y a que les êtres parisiens qui m'intéressent ... Les Paysans, tout le reste de l'humanité enfin, c'est pour moi de l'histoire naturelle« (*Journal*, 8. Nov. 1881).

*humaine* stehen die *Rougon-Macquart* weit ferner als die *Recherche du temps perdu.* Von Balzac zu Proust vollzieht sich dabei eine enthistorisierende Bewegung, die die Leitmotive der Naturgeschichte umkehrt: während der Sittenarchäologe Balzac die Zoologie, den ›beweglichen‹ Teil der Naturgeschichte, zum Vorbild wählt, betrachtet Proust die immobile ›menschliche Flora‹ und versteht sich als einen ›Botaniker der psychischen Welt‹ (*Sodom und Gomorra* 1).

Erst am Ende der *Recherche* wird Proust zum Zoologen der Gesellschaft – eine Wandlung, die mit der Entdeckung der Zeit zusammenhängt: »Da bemerkte ich, der ich seit meiner Kindheit immer nur von einem Tag zum andern lebte und mir im übrigen von mir selbst und den anderen ein definitives Bild gemacht hatte, an den Metamorphosen, die sich an allen diesen Leuten vollzogen hatten, zum ersten Mal die Zeit, die für sie vergangen war; das aber trug mir die bestürzende Offenbarung ein, daß sie ebenso für mich vergangen war« (*Die wiedergefundene Zeit* 2:351). Doch ist Proust in einem anderen Sinne Zoologe als Balzac es gewesen war: die *Comédie humaine* ist die Zoologie der höheren Säuger, die *Recherche* die Zoologie der niederen Tiere, insbesondere die der Fische und Insekten: Die Herzogin von Guermantes schritt durch das Spalier der Neugierigen, »die, ohne sich über die wunderbaren Kunstgriffe der Toilette und Ästhetik Rechenschaft zu geben, die ihre Wirkung auf sie ausübten, tiefbewegt beim Anblick dieses rotleuchtenden Hauptes den Körper, der in zarter Lachsfarbe sich kaum aus seinen Flossen von zarter schwarzer Spitze, von Geschmeiden umschnürt heraushob, in der ererbten Schwingung seiner Linien in der Weise betrachteten, wie sie irgendeinen mit Edelsteinen besetzten heiligen Fisch angestaunt hätten, in dem sich etwa der Schutzgeist der Familie Guermantes verkörperte«. Aus dem Fürsten von Agrigent, »diesem langen Dürren mit trübem Blick und mit Haaren, die ewig rötlich bleiben zu sollen schienen, war durch eine analoge Metamorphose, wie sie sich bei den Insekten vollzieht, ein Greis geworden, bei dem die roten, schon allzu lange an ihm feststellbaren Haare wie ein ausgedientes Tischtuch durch weiße ersetzt worden waren. Seine Brust hatte eine vorher bei ihm nie gesehene robuste, fast kriegerisch wirkende Fülle angenommen, als sei die dürftige Falterpuppe, die mir vorher bekannt war, inzwischen aufgeplatzt« (*Die wiedergefundene Zeit* 2: 361–362).

Balzac interessieren Evolutionen im vor-darwinschen Sinn und Übergänge zwischen den Arten, Proust wendet seine Aufmerksamkeit Prozessen des Alterns und Metamorphosen zu, ohne dabei die Artgrenzen zu überschreiten. Ist Balzac Zoologe, so bildet die *Comédie humaine* eine Menagerie; die *Recherche* hat demgegenüber eher Ähnlichkeit mit einem Aquarium oder Terrarium.* Und wie ein Terrarium immer schon auch ein Herbarium ist, interessiert sich Proust besonders für jene Tiere, die an der Grenze zwischen Fauna und Flora sich befinden. Letztlich wird auch am Ende der *Recherche* aus der Zoologie wieder Botanik. Der ›Protest gegen die Gesetze der Chronologie‹ nämlich ist in der Pflanzenwelt besonders aussichtsreich: »Bei manchen hatte sich das Haar nicht einmal weiß gefärbt. So erkannte ich sehr wohl, als er seinem Herrn eine Mitteilung machen kam, den alten Kammerdiener des Prinzen von Guermantes. Die struppigen Haare auf seinen Backen und auf seinem Schädel hatten ihre rote, ins Rosige spielende Tönung beibehalten, und man konnte ja bei ihm nicht wie bei der Herzogin von Guermantes annehmen, daß er sie sich färbe. Doch wirkte er deswegen nicht weniger alt. Man hatte nur das Gefühl, daß es wie im Pflanzenreich Moose, Flechten und dergleichen auch unter den Menschen Arten gibt, die sich beim Nahen des Winters nicht verändern« (*Die wiedergefundene Zeit* 2:362) – in Linnés Ständeordnung der Pflanzenwelt ähneln die ärmsten Schichten der Gesellschaft den Moosen. Vorgänge des Alterns beschreibt Proust als Veränderungen der Vegeta-

* Natürlich ist die *Recherche* auch Menagerie – ebenso, wie die *Comédie humaine* auch Herbarium ist *(Le lys dans la vallée)*. So vergleicht Proust Bloch mit einer Hyäne und den Herzog von Guermantes mit einem alten Löwen, der sich zu Hause glaubte, »wie gefangene Raubtiere sich manchmal einen Augenblick noch frei in den Wüsten Afrikas wähnen« – während er sich doch in Wirklichkeit »bei Madame de Forcheville im Käfig des Jardin des Plantes« befand (*Die wiedergefundene Zeit* 2:479).

Auch schildert Proust durchaus Entwicklungsprozesse, doch sind es Bewegungen des Rückschritts: was die Gesellschaft des Faubourg Saint-Germain charakterisiert, ist »ihre erstaunliche Geneigtheit, sich zu deklassieren« – und nur mit Mühe gelingt es, die Identität so manchen Gesichtes zu ermitteln, »da es so weit alle menschlichen Attribute, die ich daran gekannt, verloren hatte wie ein Mensch, der wieder zum Affen geworden ist.«

tion*; am ehesten widerstehen noch die Pflanzen den Angriffen der Zeit: »Was Madame de Forcheville hingegen betraf, so lag ein so großes Wunder vor, daß man nicht einmal sagen konnte, sie sei verjüngt, sondern vielmehr, daß sie mit all ihrem künstlichen Wangenrot und ihrem gefärbten Haar eine zweite Blüte erlebte. Mehr noch als die Verkörperung der Weltausstellung von 1878 wäre sie auf einer Botanikausstellung von heute die allermerkwürdigste der Sensationen gewesen« (*Die wiedergefundene Zeit* 2:382).

Die Soziologie Combrays und des Faubourg Saint-Germain, die in der *Recherche* verborgen ist, wird nach dem Muster der Naturgeschichte entworfen; die Botanik bildet die Leitdisziplin. Balzac knüpft an eine naturgeschichtlich verstandene Zoologie an; er wird zum Historiker und Gesellschaftskritiker, der – Marx und Engels haben es gesehen – an analytischer Kraft die Historiker von Fach übertraf. Zola versuchte die Physiologie zu einer Zeit nachzuahmen, da die Naturwissenschaften und immer stärker auch die Medizin sich dem Alltagsverständnis schon weitgehend entzogen; er mußte mit diesem Versuch scheitern. Balzac schrieb eine Sittengeschichte nach dem Vorbild der *Histoire naturelle* zu einer Zeit, da die Soziologie noch kaum etwas anderes sein konnte als eine Naturgeschichte des Sozialen – Karl Adler, der deutsche Übersetzer von Quételets *Du Système social* (1848), verfährt daher ganz angemessen, wenn er dessen systematischen Anspruch zurückstuft und es mit *Zur Naturgeschichte der Gesellschaft* (1856) übersetzt.** Balzac rettet die Natur-

* »Merkwürdigerweise schien das Phänomen des Alterns bei seinen Variationen auf gewisse sozialbedingte Gewohnheiten Rücksicht zu nehmen. Grandseigneurs, die immer in ganz schlichten Alpakaröcken und mit alten Strohhüten auf dem Kopf auftraten, welche Kleinbürger nicht hätten tragen wollen, waren auf die gleiche Weise gealtert wie die Gärtner und Bauern, unter denen sie sich zeitlebens bewegt hatten. Braune Flecken hatten ihre Wangen übersät, und ihr Gesicht sah gelb und nachgedunkelt aus wie ein altes Buch« (*Die wiedergefundene Zeit* 2:372). In der *Recherche* steckt die ganze Naturgeschichte – denn hier muß man an Lamarck und seine Theorie des Milieus denken. Die Unterschiede zwischen der Naturgeschichte und dem Proustschen Romanwerk kann man in der Gegenüberstellung von Gedächtnis (Gedächtnis*kunst*) und Erinnerung (mémoire *involontaire)* andeuten.

** Louis Peisse hat mit gleichem Recht die entstehende Anthropologie gänzlich der Tradition der Naturgeschichte zugeordnet und darunter die

geschichte, weil er sie in Literatur verwandelt. Es gehört zu den Eigentümlichkeiten ihrer Wirkungsgeschichte, daß die Naturgeschichte das 19. Jahrhundert in Romanform überlebt, während man den Autor der *Histoire naturelle* als Literaten abtut und die sogenannten Romane Buffons nicht länger mehr zur Wissenschaft rechnen will.

»histoire naturelle de l'homme« verstanden, wobei die speziellere Ethnographie von ihm als »histoire naturelle civile et morale du genre humain« charakterisiert wurde (Peisse 1857:365,367).

# Der Wissenschaftler als Autor
# Buffons prekärer Nachruhm

In the Evening Mr. le Roy carried me to M. de Buffon,
who came home soon after our arrival, and after talking
to a Marquise and a Comte, spent near an hour
in very affable converse with me. He is old,
and wrinkled, and a thin man,
but has vivacity and sprightliness, and
is fond of making puns in his own language.
Georg Forster, PART OF A JOURNAL
FROM LONDON TO PARIS, 7. Oktober 1777

Buffon zog sich weiß und reinlich zu seinem Schreiben an.
Jean Paul, KONJEKTURAL-BIOGRAPHIE

BUFFON. Mettait des manchettes pour écrire.
Flaubert, LE DICTIONNAIRE DES IDEES REÇUES

Quand je veux écrire un morceau de style,
j'ai besoin de me laver les mains avant,
je ne peux pas écrire les mains sales.
Edmond de Goncourt, JOURNAL,
9. Dezember 1892

# Naturgeschichte und Literatur

In Balzacs 1831 zum ersten Male in Buchform erschienenem Roman *La Peau de chagrin* wird mit großer Ausführlichkeit ein Besuch des Professors Porriquet bei seinem alten Schüler Raphaël geschildert. Porriquet glaubt diesen mit einer Dichtung beschäftigt und ermahnt ihn, die Arbeit in einem sauberen Stil zu schreiben, vor allem aber, nicht einfach Ronsard nachzuahmen. Als Raphaël ihm erwidert, es handele sich um ein rein physiologisches Werk, scheint Porriquet befriedigt: »Oh, damit ist alles gesagt, erwiderte der Professor, in der Wissenschaft muß sich die Grammatik den Anforderungen der Entdeckungen unterordnen. Nichtsdestoweniger, mein Kind, kann ein klarer harmonischer Stil, die Sprache Massillons, Buffons und des großen Racine, kurz, ein klassischer Stil nie etwas verderben . . .«

In den dreißiger Jahren des 19. Jahrhunderts war die Wandlung Buffons vom Wissenschaftler zum Literaten schon beinahe vollendet: ein Gegensatz, der im 18. Jahrhundert keinen Sinn gehabt hätte, machte sich nun immer stärker bemerkbar, und wenn Heine in der *Romantischen Schule* (1832/33) Literatur- und Naturgeschichte miteinander verglich, war der Reputationsverlust der letzteren unübersehbar. Buffon, der im Ancien Régime nicht zuletzt als Wissenschaftler akzeptiert wurde, weil man ihn als Autor bewunderte, gilt jetzt bestenfalls noch als Stilist. Daß er gut schrieb, kommt seinen Ansichten nicht mehr zugute; es erweckt eher Mißtrauen und Zweifel an der Wissenschaftlichkeit seiner Werke. In der Vorrede zu *Back to Methuselah* sagte Shaw, in den frühen sechziger Jahren habe jedes Kind Buffons Naturgeschichte ebenso gekannt wie Aesops Fabeln, zehn Jahre später aber sei Buffon vergessen gewesen. Dieser Prozeß des Vergessens beginnt weit früher, schon Johannes von Müller liest Buffon nur noch zur Erbauung.

In seiner Rede über *Naturwissenschaft und bildende Kunst* (1890) hatte Emil Du Bois-Reymond davon gesprochen, daß sich »an der Grenze der literarischen und naturwissenschaftlichen Kulturperiode einer Nation« das Bestreben »zu schöner Darstellung der Naturerscheinungen« zeige, das zu einer nicht unbedenklichen Mischung der Stile führe. Beispiele dafür fand er in Buffon, Bernardin de Saint-Pierre und in Alexander von Humboldt. Humboldt war der einzige Naturwissenschaftler, den Schiller zur Mitarbeit an den *Horen* eingeladen hatte. Der Brief, mit dem Humboldt am 6. August 1794 Schiller seiner Mitarbeit versichert, zeigt jene Stilmischung, die Du Bois-Reymond so bedenklich fand. Nachdem Humboldt den Zustand der rein klassifikatorisch verfahrenden Wissenschaften beklagt hatte, entwickelte er ein Gegenprogramm, das er mit seinen Beiträgen für die *Horen* repräsentieren wollte: »Die allgemeine Harmonie in der Form, das Problem, ob es eine ursprüngliche Pflanzenform gibt, die sich in tausenderlei Abstufungen darstellt, die Vertheilung dieser Formen über den Erdboden; die verschiedenen Eindrücke der Fröhlichkeit und der Melancholie, welche die Pflanzenwelt im sinnlichen Menschen hervorbringt; der Contrast zwischen der toten unbewegten Felsmasse, selbst der unorganisch scheinenden Baumstämme und der belebten Pflanzendecke, die gleichsam das Gerippe mit milderndem Fleische sanft bekleidet; Geschichte und Geographie der Pflanzen oder historische Darstellung der allgemeinen Ausbreitung der Kräuter über den Erdboden, ein unbearbeiteter Teil der allgemeinen Weltgeschichte; Aufsuchung der ältesten Vegetation in ihren Grabmälern (Versteinerungen, Steinkohlen, Torf, u.s.w.); allmähliche Bewohnbarkeit des Erdbodens; Wanderungen und Züge der Pflanzen, der geselligen und isolierten; Karten darüber, welche Pflanzen gewissen Völkern gefolgt sind; allgemeine Geschichte des Ackerbaus; Vergleichung der cultivierten Pflanzen mit den Haustieren, Ursprung beider; Ausartungen: welche Pflanzen fester, welche loser an das Gesetz gleichmäßiger Form gebunden sind; Verwilderung gezähmter Pflanzen (so amerikanische, persische Pflanzen, wild von Tajo bis Obej); allgemeine Verwirrungen in der Pflanzengeographie durch Colonisationen – das scheinen mir Objecte, die des Nachdenkens wert und fast ganz unberührt sind.«

Daß »das Streben nach künstlerischer Naturanschauung auf der Bahn des zur Naturerkenntnis fortschreitenden Menschengeistes liegt« (Du Bois-Reymond; *Die Humboldt-Denkmäler vor der Ber-*

*liner Universität,* 1893), zeigt sich denn auch besonders deutlich in Humboldts ›Erzählung‹, die unter dem Titel *Die Lebenskraft oder der rhodische Genius* 1795 in den *Horen* erschien, die »Entwickelung einer physiologischen Idee in einem halb mythischen Gewande«, deren Annahme sogenannter ›Lebenskräfte‹ sich schon 1793 in Humboldts *Aphorismen aus der Lehre der chemischen Pflanzenphysiologie* findet. Humboldt hat sich bald von solchen »Verbindungen eines litterarischen und eines rein scientifischen Zweckes« distanziert, weil er die Hindernisse, »welche der ästhetischen Behandlung großer Naturscenen entgegenstehn«, für unübersteigbar hielt. In der Vorrede zur ersten Ausgabe der *Ansichten der Natur* (1807) schreibt er: »Diese ästhetische Behandlung naturhistorischer Gegenstände hat, trotz der herrlichen Kraft und Biegsamkeit unserer vaterländischen Sprache, große Schwierigkeiten der Composition. Reichthum der Natur veranlaßt Anhäufung einzelner Bilder, und Anhäufung stört die Ruhe und den Totaleindruck des Gemäldes. Das Gefühl und die Phantasie ansprechend, artet der Styl leicht in eine dichterische Prosa aus«. Ähnlich distanziert äußerte sich Wilhelm v. Humboldt zum *Rhodischen Genius;* er erblickte darin eine jener »halbdichterischen Einkleidungen ernsthafter Wahrheiten«, die frühere Zeiten schätzten, die im 19. Jahrhundert aber unwiederbringlich vergangen waren; auch der jüngere Geoffroy Saint-Hilaire nennt die Erzählung Alexander von Humboldts »un curieux écrit de sa jeunesse.«

Die Einheit von Wissenschaft und Literatur, die noch weit bis in das 18. Jahrhundert hinein als selbstverständlich gilt, zerbricht nicht in allen Ländern Europas mit gleicher Schnelligkeit. Zwar wird Erasmus Darwin im Titel der *Zoonomia* als »Verfasser des Gedichts Botanic Garden« aufgeführt, doch stoßen bereits seine Versuche, Naturgeschichte und Poesie zu vereinen, auf Widerspruch. Sein Enkel, der nach der Lektüre Buffons feststellte, daß ganze Seiten wie seine eigenen klangen, betont in seiner Autobiographie, daß er sich um seinen Stil gar nicht bekümmert habe, und an Lyell schreibt Charles Darwin, das Leben eines Naturforschers würde glücklich sein, wenn er nur zu beobachten hätte, ohne schreiben zu müssen.

Albrecht von Haller, der klug genug war, seine poetische von seiner wissenschaftlichen Produktion zu trennen, der seine Gedichte als ›mühsame Kleinigkeiten‹ bezeichnete und von seiner ›poetischen

Krankheit‹ sprach, machte ausgerechnet in seiner Vorrede zur ersten deutschen Ausgabe der *Histoire naturelle* einen natürlichen Vorzug der deutschen Sprache geltend, die wegen ihrer Gemäßigtheit Worte wie beispielsweise ›excès‹ und ›caprice‹ gar nicht kenne und daher zu einer empirienahen Betrachtung der Natur geradezu herausfordere. Goethe, von dem Geoffroy Saint-Hilaire doch zu Recht sagen konnte, sein wissenschaftlicher sei durch seinen literarischen Ruhm verdeckt worden, hat in der Darstellung der Auseinandersetzung zwischen Cuvier und Geoffroy Saint-Hilaire die Gefahr, in die Buffon sich begab, klar gesehen: »Dieser vorzügliche Mann hatte eine heitere freie Uebersicht, Lust am Leben und Freude am Lebendigen des Daseins; froh interessierte er sich für Alles, was da ist. Lebemann, Weltmann, hat er durchaus den Wunsch, im Belehren zu gefallen, im Unterrichten sich einzuschmeicheln. Seine Darstellungen sind mehr Schilderungen als Beschreibungen ...«, wobei »er sich aber von dem eigentlichen Element, woraus die Wissenschaft gebildet werden soll, einigermaßen entfernte und diese Angelegenheiten in das Feld der Rhetorik und Dialektik hinüberzuführen schien«. Seit dieser Zeit erkennen die deutschen Wissenschaftler den stilistischen Rang ihrer französischen Kollegen nur zu gerne an; solange die Franzosen in erster Linie Wert auf ihre Darstellungsweise legten, konnten sie als ernsthafte wissenschaftliche Konkurrenten kaum infrage kommen. Wenn Du Bois-Reymond in seiner *Gedächtnisrede auf Johannes Müller* (1858) schreibt, »Hätte Müller in Frankreich gelebt, wo er, um auf die für ästhetische Eindrücke empfänglichere gallorömische Volksart zu wirken, gezwungen gewesen wäre, auch dem Äußeren seiner Arbeiten einige Sorgfalt zu widmen, er wäre gewiß gleich Cuvier, ein Meister des wissenschaftlichen Stiles geworden«, so ist klar: die deutschen Wissenschaftler, wenn sie es nur wollten, könnten auch gut schreiben – ob die Franzosen, hervorragende Stilisten, ebenso hervorragende wissenschaftliche Leistungen vollbringen können, bleibt noch dahingestellt.

In Frankreich setzt die Abspaltung der Wissenschaft von der Literatur sich erst viel später durch. Verantwortlich für diese Verspätung ist nicht zuletzt die Allianz von Literatur und Naturgeschichte: »Die Herrschaft der Mathematik ist vorbei. Jetzt dominiert der Geschmack an Naturgeschichte und Literatur«, schreibt Diderot am 19. Februar 1758 an Voltaire. Doch ist dies bestenfalls eine Momentaufnahme.

Am Vorabend der Revolution stellt Mercier seinerseits lakonisch fest: »Le règne des lettres est passé; les physiciens remplacent les poètes et les romanciers; la machine éléctrique tient lieu d'une pièce de théâtre« (*Tableau de Paris* II,300). Im ganzen 19. Jahrhundert scheint es einmal, als habe Diderot, ein anderes Mal, als habe Mercier mit seiner Einschätzung Recht behalten. Comte setzt sich mit dem Vorwurf, ein schlechter Stilist zu sein, auseinander. An Valat schreibt er, er glaube den richtigen Stil, nämlich den ›style scientifique‹ zu haben; auf den Stil der Rhetoren könne er verzichten. Berthollet, Bichat und – anders als für Du Bois-Reymond – auch Cuvier gelten den Rhetoren als schlechte Schriftsteller, doch möchte Comte sich gerne mit ihnen verglichen sehen. Er schreibt unter dem Eindruck augenblicklicher Inspirationen; würde er an seinem Stil feilen, geriete ihm die Wissenschaftlichkeit seiner Überlegungen in Gefahr. Comte benutzt schließlich Buffons »Le style est l'homme même«, um seine Vernachlässigung stilistischer Probleme zu rechtfertigen – und verkehrt dadurch Buffons Argumente im *Discours* in ihr genaues Gegenteil (*Correspondance*, 8. Sept. 1824).

Gegen Ende des 19. Jahrhunderts setzt sich in Frankreich die Vorstellung durch, daß ihre literarische Orientierung und stilistische Aufmerksamkeit der französischen Wissenschaft eher geschadet als genutzt haben. Der Rückstand Frankreichs gegenüber Deutschland wird darauf zurückgeführt, daß die französischen Professoren weniger auf den Wert ihrer Experimente und auf die Tragweite ihrer Forschungen achteten als auf die Wendungen, mit denen sie zum Teil auch Unerhebliches darzustellen hatten. 1879 fordert Ernest Renan in seinem *Discours de réception* in der Akademie die französischen Wissenschaftler auf, sich zu spezialisieren und dem, »was die Deutschen ein ›Fach‹ nennen«, mehr Aufmerksamkeit zu widmen als der Literatur und dem Rede- und Schreibtalent. Renan wollte damit freilich nicht die Wissenschaft auf Kosten der Literatur stärken, sondern lediglich eine Neuverteilung von Kompetenzen vornehmen; die Psychologie beispielsweise schien ihm im Gedicht, im Roman und auf der Bühne besser aufgehoben als bei den schottischen Moralphi-

*Le règne* ... Das Zeitalter der schönen Wissenschaften und der Literatur ist vorüber; die Naturwissenschaftler treten an die Stelle der Poeten und Romanschriftsteller; die Elektrisiermaschine ersetzt ein Theaterstück.

losophen. Es bedarf des gewaltigen Aufschwungs der Naturwissenschaften, um auch in Frankreich Wissenschaft und Literatur endgültig voneinander zu trennen und den Wissenschaftler als Autor zu diskreditieren. Angriffe dieser Art sind gegen Buffon schon zu seinen Lebzeiten erfolgt; ihren Höhepunkt erreichten sie während der Französischen Revolution. Sie kamen zu früh, um sofort erfolgreich zu sein; gegenüber der stilistischen Unbekümmertheit Darwins aber erschien später der Verfasser des *Discours sur le style* als Literat, gegenüber der sich ausbreitenden Evolutionstheorie die *Histoire naturelle* als eine Sammlung meist unterhaltender, doch wenig wirklichkeitsgetreuer Romane.

# Stilkritik

Der Erfolg der *Histoire naturelle* sucht im 18. Jahrhundert seinesgleichen. 1749 erscheinen die ersten drei Bände; in sechs Wochen ist die Auflage vergriffen, zwei weitere folgen innerhalb eines Jahres. Nach den Untersuchungen Daniel Mornets, der die Kataloge von 500 Privatbibliotheken des Ancien Régime ausgewertet hat, finden sich darin Bayles *Dictionnaire* 288 Mal, Marots Werke 252 Mal und 220 Mal die *Histoire naturelle* – noch vor dem *Spectacle de la nature* des Abbé Pluche, das 206 Mal vertreten ist. Bourdier zählt nicht weniger als 250 gekürzte Ausgaben, die vor allem für Kinder bestimmt sind – es gibt die *Beautés de Buffon*, einen *Buffon de la jeunesse*, den *Petit Buffon des enfants*, *Buffon des écoles*, *Buffon des familles* bis hin zum *Petit Buffon moral et religieux*. Vom Nachruhm des großen Naturalisten künden die vielfältigen *Suites à Buffon*, die mit Lacépède beginnen; selbst die *Histoire naturelle générale et particulière des plantes* (1802) von Brisseau-Mirbel, ›aide-naturaliste‹ am Muséum d'Histoire naturelle, gibt sich als Fortsetzung des Buffonschen Werkes aus, obwohl von dessen Überzeugungen darin wenig zu verspüren ist, Linnés ›ingénieux système‹ dagegen in den höchsten Tönen gelobt wird. Bis 1860 steigen die Auflagen der *Histoire naturelle*, um dann plötzlich – Darwin hat gerade den *Origin of species* veröffentlicht – zu sinken.

Der Erfolg dieses Werkes, das nach den Worten Condorcets alle Menschen gelesen und fast alle bewundert hatten, hängt mit der Einschätzung Buffons als eines ebenso großen Naturalisten wie Schriftstellers zusammen; »der große dichterische Buffon«, wie Forster in den *Ansichten vom Niederrhein* ihn nennt, hat im 18. Jahrhundert den Ruhm des Wissenschaftlers noch verstärkt, ihn vielleicht erst ermöglicht. Buffon war kein Kosmopolit; nach Reisen durch England und Italien hielt er sich vorwiegend in Montbard und Paris auf. »J'ai passé cinquante ans dans mon bureau«, sagte er von sich selbst. Daß Buffon während der Abfassung der *Histoire naturelle* kaum in fremden Sprachen las, war im 18. Jahrhundert kein Nachteil; der Universalitätsanspruch der französischen Sprache wurde dadurch unterstützt und nicht umsonst hebt Rivarol, der den Buffonschen Stil ansonsten nicht übermäßig schätzte, gerade im *Discours sur l'universalité de la langue française* (1784) die darstellerische Leistung Buffons in den *Epoques de la nature* hervor. Adanson scheiterte nicht zuletzt, weil er die Reform der Botanik durch eine Revision der Orthographie herbeiführen wollte: alle Worte sollten geschrieben werden, wie man sie spricht. Die Einführung einer universellen Wissenschaftssprache hätte das Französische zum unbekannten Jargon gemacht.

Daß Buffon daher in seinem *Discours de réception* vor der Académie Française den Stil zu seinem Thema machte, war nicht überraschend. 1753 wählte die Akademie nach dem Tode des Erzbischofs von Sens, Languet de Gergy, zunächst Piron zu seinem Nachfolger. Als der König sich weigerte, ihn zu ernennen, wurde eilends Buffon gewählt. Die traditionellen Visiten wurden ihm erlassen, doch mußte er seine Antrittsrede halten, den *Discours sur le style*. Am 25. August 1753 wurde Buffon in die Akademie aufgenommen. Fréron sprach von einem der besten ›discours‹, die seit Gründung der Akademie gehalten worden seien; er wurde noch im 19. Jahrhundert in mindestens 60 Ausgaben verlegt, Flaubert und Baudelaire haben ihn lobend zitiert, Barbey d'Aurevilly ging soweit zu behaupten, dies sei der einzige Antrittsvortrag, den die Nachwelt nicht vergessen hätte.

Die Verknüpfung von Naturgeschichte und Literatur war die Regel; 1712 erhielt der Abbé Pluche den Lehrstuhl für Rhetorik am Collège de Reims. Buffon nahm den 7. Fauteuil der Akademie ein, ›dit de Boileau‹. Sein Nachfolger war Vicq-d'Azyr, ebenfalls wegen seines Stils gerühmt – es fällt schwer, in der zufälligen Reihenfolge derer, die den 7. Fauteuil besetzten, nicht eine deutlich sichtbare Entwicklungslinie zu entdecken: Buffon – Vicq-d'Azyr – Cabanis – Destutt de Tracy – Guizot. Ähnliches gilt für den 24. Fauteuil, in dem Claude Bernard von Flourens und Renan eingerahmt wird. Claude Bernards am 27. Mai 1869 gehaltener *Discours de réception* steht ganz in der Tradition Buffons; von Patin wurde er mit den Worte »Vous avez créé un style« in die Académie Française eingeführt. Literatur und Wissenschaft sind schon längst auseinandergetreten – dennoch nennt auch Claude Bernard, der ursprünglich hatte Dramatiker werden wollen *(Arthur de Bretagne)*, die Literatur die ältere Schwester der Wissenschaft, er formuliert eine Art Drei-Stadien-Gesetz, nach welchem der Fortschritt der Menschheit die Stufen der Poesie, der Philosophie und der Wissenschaft durchläuft, wobei die Physiologie, die im übrigen des esprit de finesse bedarf, eine Art Mittelstellung zwischen den ›sciences de l'esprit‹ und den ›sciences de la nature‹ einnimmt. In seinen Notizen hat Claude Bernard den Wissenschaftler, der auf Stil noch Wert legt, gegenüber dem bloßen ›littérateur‹, der angenehm spricht, ohne etwas zu sagen, in Schutz genommen.

Stil heißt im 18. Jahrhundert nichts weniger als die Art zu schreiben, ›manière de composer, d'écrire‹. Nur in aufgeklärten Zeiten, so Buffon, wird gut geschrieben und gut gedacht, die gut geschriebenen Werke sind die einzigen, die überleben. Stil zu haben ist keine Frage des Talents, sondern der Anstrengung; der Stil ist die Ordnung und Bewegung, die man seinen Gedanken verleiht. »Il faut des choses, des pensées, des raisons«, um gut zu schreiben; es gibt keinen guten Stil, der nicht abhängig wäre von den Einsichten und Meinungen, die er zum Ausdruck bringt. Letztlich besteht ein schöner Stil in nichts anderem als der Zahl der Wahrheiten, die er vorträgt. »Le style est l'homme même« bezieht sich auf die organisierende Leistung, die der Mensch vollbringen muß, um seine Gedanken zu ordnen und sie vernünftig darzustellen. Stil ist für Buffon Darstellungsweise und mit den dargestellten Gegenständen aufs engste verbunden. Beinahe alle Einwände, die später gegen den Stil Buffons erhoben wurden, hat dieser selbst im *Discours sur le style* vorausgeahnt und eben das kritisiert, was ihm später vorgehalten wurde. Ob Buffon in der *Histoire naturelle* seine eigenen Vorschriften auch befolgt hat, ist eine andere Frage.

Wenn Benn daher verallgemeinernd vom »›le style c'est l'homme‹ des achtzehnten Jahrhunderts« spricht, trifft er die Intentionen des *Discours* ebensowenig wie Treitschkes maliziöse Bemerkung, dieses Wort sei ausgesprochen worden »in einer Nation, die es nicht versteht«, weil das Ancien Régime einen individuellen Stil gar nicht gekannt habe. In Buffons *Discours* werden die organisatorischen Fähigkeiten, die er als Großunternehmer und Wissenschaftspolitiker bereits unter Beweis gestellt hatte, auch als Voraussetzungen seiner schriftstellerischen Tätigkeiten sichtbar. Buffons Stilisierungstendenz übersteigt gelegentlich die Fassungskraft seines Zeitalters: »So müßte zum Beispiel gegenwärtiger Verfasser – steckte man ihn in dieser Minute zur Probe in Königsmäntel, in Krönungsstrümpfe, in Sporenstiefel, unter Kurhüte –, auf solche Weise verziert, die Feder weglegen und verstopft aufstehen, ohne den Nachmittag zu Ende gemalt zu haben; denn es geht gar nicht im herrlichsten Anzug; – ausgenommen allein bei dem verstorbenen Büffon, von welchem Madame Necker berichtet, daß er zuerst sich wie zur Gala und darauf erst seine Bemerkungen eingekleidet, um welche er als ein geputzter und putzender Kammerdiener herum ging, indem er ihnen vormittags die Nennwörter anzog, und nachmittags die Beiwörter« – so Jean Paul in den *Flegeljahren.* Andererseits hat diese Stilisierung auch zum Eindruck des Robusten, Unpreziösen, Gesunden beigetragen, den Buffon zweifellos vermittelte und der Voltaire am 27. Okt. 1740 nicht ohne Neid an Helvétius über Buffon schreiben ließ: »Il va au bonheur, il se porte à merveilleux. Le corps d'un athlète et l'âme d'un sage, voilà ce qu'il faut pour être heureux«. Daß ausgerechnet Buffon in der folgenden Anekdote Diderots auftaucht, kann daher kaum überraschen: »Herr von Buffon sieht Flammen mit Rauch durch die Ritzen einer Wandverkleidung schlagen, er reißt die Wandverkleidung herunter, nimmt die halbverbrannten Bretter auf seine Arme, trägt sie in den Hof, und dann stellt sich heraus, daß zwei Pferde die Last, die er getragen hat, nicht von der Stelle bewegen könnten« (*Elemente der Physiologie*, Von der animalischen Kraft).

Als Flourens gebeten wurde, eine Auswahl der literarischen Werke Buffons zu treffen, wählte er zunächst den *Discours*, um schließlich einen Querschnitt durch die gesamte *Histoire naturelle* zu bieten; Literatur und Wissenschaft ließen sich bei Buffon nicht trennen, alles war hier Literatur. Dieser literarische Charakter seiner Werke trägt zur Schätzung Buffons bei; die Spuren sind von Winckelmann bis André Chénier, Musset und Delacroix sichtbar. Unumstritten war der von Etienne Geoffroy Saint-Hilaire so genannte ›style-Buffon‹

*Il va . . .* Er findet sein Glück, es geht ihm wunderbar. Der Körper eines Athleten und die Seele eines Weisen – was braucht es mehr, um glücklich zu sein?

aber auch zu seinen Lebzeiten keineswegs. Diderot läßt die Behauptung von Rameaus Neffen, »daß Buffon, immer hoch auf Stelzen herschreitend, aufgeblasen deklamiere«, noch als Gaunerei erscheinen, doch d'Alembert spricht ganz ungeniert vom emphatischen Phrasenmacher, »le grand phrasier, le roi des phrasiers«. Daß Buffon Vorlagen des Abbé Bexon für die *Histoire des oiseaux* korrigiert, wird von einigen als ›Verschlimmerung‹ angesehen, da Bexons ursprünglicher Stil bereits Chateaubriand ahnen läßt; andere wiederum, so Barbey d'Aurevilly, sehen gerade in Buffon selbst den unmittelbaren Vorläufer Chateaubriands.*

Daß Buffon von Poesie wenig wissen wollte, hat das 18. Jahrhundert mit Erstaunen registriert. Als Buffon Verse auf ein Porträt von Madame Necker machen wollte, merkte diese, daß er keine Reime und kein Versmaß kannte; selbst die Regel, daß männliche und weibliche Verse zu wechseln hatten, war ihm fremd. Die größte Bewunderin Buffons sprach daher von der »köstlichen und unglaublichen Ignoranz eines so großen und so kenntnisreichen Mannes« – während Buffon selbst es ablehnte, sich nach Regeln zu verhalten, die lediglich den Kaprizen der Menschen entstammten und auf diese Ablehnung seine ›connoissances réelles‹ zurückführte. Daß Buffon

* Chateaubriand hat zu Buffon ein zwiespältiges Verhältnis; im *Génie du Christianisme* beeilt er sich zu versichern, Systeme wie die Buffons bewiesen nichts gegen die Heilige Schrift. Gegen Jouberts Stilkritik en détail hat Chateaubriand Buffon in Schutz genommen, und in den *Mémoires d'outre-tombe* an entscheidenden Stellen auf Metaphern Buffons zurückgegriffen wie in der folgenden Schilderung von Bonapartes Ende: »Die Einsamkeit des Exils und der Grabstätte Napoleons hat einer glanzvollen Erinnerung einen neuen Zauber hinzugefügt. Alexander starb nicht unter den Augen Griechenlands, er verschwand in den prächtigen Gefilden Babylons; Bonaparte ist nicht unter den Augen Frankreichs gestorben; er hat sich unter den majestätischen Horizonten der glühenden Zonen verloren. Er schlummert wie ein Eremit oder wie ein Paria in einem Tal am Ende eines verödeten Pfades. Die Größe des auf ihm lastenden Schweigens gleicht der Ungeheuerlichkeit des Lärmes, der ihn umgab. Die Nationen sind abwesend, ihre Menge hat sich zurückgezogen. ›Der Vogel der Tropen stürzt sich‹, sagt Buffon, ›an den Sonnenwagen geschirrt, vom Gestirn des Lichtes herab‹; wo aber ruht er heute? Er ruht auf der Asche, deren Gewicht den Erdball ins Schwanken gebracht hat« (Chateaubriand 1968:429).

von Poesie wenig verstanden habe, gilt im 18. Jahrhundert als einzige Gemeinsamkeit mit seinem Widerpart Pascal. Buffon galt auch nicht als großer Redner; seine Konversation wurde eher abfällig beurteilt und erschütterte wegen ihrer Trivialität und Volkstümlichkeit Mlle. Lespinasse, wie der Abbé Morellet in seinen Memoiren berichtet. Madame du Deffand erschien die Lektüre Buffons ohnehin von einer unerträglichen Monotonie (an Horace Walpole; 9. März 1777); Rouelle, von dem die *Correspondance littéraire* lakonisch sagt, er habe nichts geschrieben und schlecht gesprochen, hatte, wenn auf Buffon die Rede kam, die Angewohnheit, von sich selbst zu sagen, er gehöre nicht zur ›Académie du beau parlage‹.

Geschadet haben diese Kritiken Buffon wenig; ernster zu nehmen waren jene, die den Stilisten auf Kosten des Wissenschaftlers lobten. Diderot zog Buffons Stil dem Rousseaus vor und Rousseau selbst sprach in einem Brief an M. d'Ivernois von der »schönsten Feder des Zeitalters« – doch erst, nachdem er betont hatte, der größte Wissenschaftler der Epoche sei Buffon vermutlich nicht. Als die ersten drei Bände der *Histoire naturelle* veröffentlicht waren, ließ Montesquieu, der vor einem endgültigen Urteil die Stellungnahmen ausländischer Gelehrter abwarten wollte, sich zu der Bemerkung herab, er habe darin »de belles choses« gefunden. Ein großes Lob war das nicht, und Buffon revanchierte sich unter anderem mit der auf Montesquieu gemünzten Frage: »A-t-il un style?« und beklagte, daß dem *Esprit des lois* der lange Atem fehle, einen Mangel, den er vor allem in den kurzen Sätzen und Kapiteln des *Esprit* ausgedrückt sah. Er führte diese Darstellungsweise auf die Sehschwäche Montesquieus zurück – ähnlich wie viele seiner Kritiker die Kurzsichtigkeit Buffons für seinen Stil verantwortlich machten: »Le Président ... était presque aveugle, et il était si vif, que la plupart de temps il oubliait ce qu'il voulait dicter, en sorte qu'il était obligé, de se resserrer dans le moindre espace possible« ...

*Le Président* ... Der Präsident war fast blind, und er war so lebhaft, daß er die meiste Zeit vergaß, was er diktieren wollte und sich daher auf den engstmöglichen Raum beschränken mußte.

Der ›style oratoire‹ galt aber auch für Buffon als charakteristisch. Der Marquis de Chastellux nannte Buffon einen Demosthenes, der die Beobachtungen des Aristoteles niederschreibt und führte den Rednerstil auf die Tatsache zurück, daß Buffon seiner Kurzsichtigkeit wegen meist diktieren

Condorcets *Eloge* auf Buffon kommt vollends einer Kritik nahe. Zwar betont er, daß die Weitschweifigkeit Buffons, die auf Kosten seiner Präzision gehe, eher in den Dingen selbst als in den Worten stecke, mit denen Buffon sie beschreibe, doch weist er auch daraufhin, daß Buffon die Größe seiner Ideen und den Glanz seines Stils eingesetzt habe, um die Autorität der Wissenschaftler, ja Tatsachen und Berechnungen nicht zu beachten. Auch wenn Condorcet von der Revolution spricht, die, begünstigt durch die französische Sprache, die *Histoire naturelle* in Europa auslösen könne, sieht er die Gefahren einer solchen Breitenwirkung deutlich: wie Corneille, Bossuet, Montesquieu und Rousseau schreibt Buffon einen Stil, den man nicht nachahmen kann, ohne die Gedanken seines Autors zu teilen. Man wird sich also bemühen, so zu schreiben wie Buffon – und eben damit für lange Zeit über seine Vorstellungen in der Naturgeschichte nicht hinausgelangen.

Wie oft hat Jean Paul, dieses Mal in der *Vorschule der Ästhetik*, einer in Deutschland besonders starken ›öffentlichen Meinung‹ präzisen Ausdruck verliehen, die meinte, Buffon käme es eher auf den Wohlklang seiner Sätze als auf deren Richtigkeit an: »So hören die Franzosen, an denen wir weniger ihre Sprache als ihre Liebe für ihre Sprache zu lieben haben, ihre Schriftsteller so sehr mit zarten strengen Richter-Ohren, daß Mad. Necker sogar behauptet, Rousseau habe den römischen Senat unrichtig bloß ›cette assemblée de *deux* cents rois‹ genannt, anstatt des richtigen *trois*, um den Reimklang zu meiden; und so habe auch Buffon in seiner Lobrede auf Condamine, den Akademiker, diesen einen confrère de trente ans, anstatt vingtsept ans, was weniger geklungen hätte, genannt. Daß aber Rousseau *hundert* wegnimmt und Buffon *drei* herschenkt, nur um wohlzulauten, will mir und der Wahrheit nicht gefallen; aussprechen wäre besser als ausklingeln« (§ 86, Wohlklang der Prose).

Ausgesprochen boshaft fiel der Vergleich Buffons mit dem Odendichter Rousseau in einer Anekdote von Rivarol aus, die ich hier nach der Übersetzung Ernst Jüngers wiedergebe: »Eines Tages unterhielt sich Rivarol mit d'Alembert über Buffon. D'Alembert sagte: ›Lassen

mußte. Adam Müller hat in seinen *Zwölf Reden über die Beredsamkeit* Buffon den deutschen Gelehrten als Vorbild dargestellt: er spreche nie, ohne auch jemanden dabei anzureden.

Sie mich zufrieden mit diesem Schwätzer, der mit Sätzen anhebt wie ›Die edelste Eroberung, die je der Mensch gemacht hat, ist jene dieses stolzen und flüchtigen Tieres‹ etc. Warum schreibt er nicht einfach: das Pferd?‹ ›Ja‹, sagte Rivarol, ›er wetteifert mit Jean Baptiste Rousseau, der sich unterfängt zu dichten: ›Von den Gestaden, wo Aurora aufwacht, Bis zu den Flammenufern, wo die Nacht beginnt‹, anstatt einfach zu schreiben: ›Von Ost nach West.‹«

Polemiken dieser Art häufen sich seit der Französischen Revolution; doch bleibt es deutschen Kritikern vorbehalten, Buffon als Repräsentanten einer aristokratischen und zugleich typisch französischen Wissenschaftsauffassung anzuprangern. Bei kleinbürgerlichen Materialisten wie Carl Vogt wird diese Kampagne ihren Höhepunkt erreichen.

# Der französische Plinius

Im April des Jahres 1752 wurde in Dijon die Société Richard de Ruffey, eine Vorläuferin der Académie de Dijon, gegründet; Buffon, ein Freund Richard de Ruffeys, war assoziiertes Mitglied, Daubenton und Guéneau de Montbéliard gehörten zu den Korrespondenten. Auf Vorschlag des Gründers, nach dem die Gesellschaft auch benannt wurde, bestand ihre Hauptaufgabe im Verlesen von ›mémoires‹, die die Wissenschaften, verschiedene literarische Gegenstände und vor allem naturgeschichtliche Themen umfaßten. Auf die Naturgeschichte wurde dabei das Schwergewicht gelegt; in ihr glaubte man die Strenge der Geometrie und Algebra mit der Weichheit der Poesie und der Rhetorik vereinen zu können. In der Person Buffons wurde deutlich, wie glücklich diese Verbindung sein konnte (Tisserand), ja es schien, als sei die Gesellschaft gegründet worden, um den Interessen Buffons einen konfliktlosen und der Sache angemessenen Ausdruck zu verleihen. Nirgends sonst wurde deutlich, wie weit im 18. Jahrhundert die Begeisterung für Buffon gehen konnte:

O jour le plus beau de ma vie!
J'ai satisfait ma noble envie,
J'ai vu Buffon ... je suis content

hieß es 1773 in den Stanzen Pierre Baillots, und als im August 1784 der Prinz Heinrich von Preußen an einer Sitzung der Akademie teilnahm, ließ es sich Richard de Ruffey selbst nicht nehmen, den hohen Gast folgendermaßen zu begrüßen:

Grand prince, poursuis ton voyage:
Aux vertus de Louis cours offrir ton hommage,
Mais avant d'admirer Bourbon,
Tu vas jouir d'avantage
De philosopher chez Buffon.

An Gelegenheitsgedichten dieser Art wird verständlich, warum in Charles Fouriers *Theorie der vier Bewegungen* (1808) das vierte Vergnügen der Glücksstrecke, die in wenigen Stunden eine Versiebenfachung des Glücks mit sich bringt, darin bestehen kann, einem berühmten Mann, nämlich »Buffon oder Corneille«, zu begegnen.

Für die Mitglieder der Akademie – so der Präsident de Brosses – ist Buffon der Plinius und Aristoteles Frankreichs zugleich. Es sind dies die häufigsten Beinamen, mit denen Buffon im 18. und 19. Jahrhundert versehen wird, wobei der Verweis auf Plinius die Beredsamkeit, der auf Aristoteles die scharfsinnige Beobachtungsgabe herausstellt. Weiter wird Buffon mit Lukrez und Platon verglichen, Edme Béguillet, Advokat am Parlament de Bourgogne, nennt Montesquieu den Platon, Buffon den Plinius seiner Epoche. Die Zuschreibung dieser Beinamen ist verwirrend, keine Darstellung der Naturgeschichte kommt ohne sie aus. Gesner ist der ›Plinius Germanicus‹; Haller, den Vicq-d'Azyr den ›Buffon suisse‹ nennt, ist für andere der Schweizer Plinius. Linné ist der Dioskurides des Nordens, aber auch der schwedische Plinius (Bonnet), und Lamarck der französische Linné – wenigstens für Etienne Geoffroy Saint-Hilaire –; als Descartes der Botanik gilt Bernard de Jussieu. Noch Virchow nennt Rokitansky den Linné der pathologischen Anatomie.

Der sachliche Gehalt solcher Zuschreibungen ist gering; es handelt sich um fast beliebig verwendbare Floskeln, Qualifikationskürzel. Die Tradition der ›cognomina‹ – 1652 unter anderem von der Kaiserlichen Leopoldino-Carolinischen deutschen Akademie der Naturforscher eingeführt – muß davon unterschieden werden: die ›cognomina‹ sollten die Gleichstellung der Bürgerlichen und der Adligen erleichtern, ihre Benutzung war auch in Publikationen verbindlich, gewählt wurden meist die Namen noch lebender berühmter Wissenschaftler (Brednow 1966).

Daß Buffon freilich so oft mit dem cognomen Plinius versehen wird, zeigt, wie schwankend seine Einschätzung gewesen ist. Blain-

*O jour* ... O schönster Tag meines Lebens / Den größten Wunsch habe ich mir erfüllt / Ich habe Buffon gesehen ... Ich bin zufrieden.

*Grand Prince* ... Hoher Prinz, setz Deine Reise fort / Erweise den Tugenden Ludwigs die Ehre / Doch bevor Du den Bourbonen bewunderst / Wirst Du es noch mehr genießen / Mit Buffon zu philosophieren.

villes Bemerkung, Buffon werde der Plinius Frankreichs genannt, obwohl er ihm tausendfach überlegen sei, Ludwigs XVI. emphatischer Ausruf, zwar nenne man Buffon den französischen Plinius, doch solle eher dieser der römische Buffon genannt werden, machen deutlich, daß hiermit nicht nur eine Wertschätzung verbunden wurde. Daß Buffon am Fuße des Vesuv, wo Plinius umgekommen war, die Berufung verspürt haben soll, der Geschichtsschreiber der Erde zu werden, kann man dabei auf sich beruhen lassen – die Beinamen dienen in den seltensten Fällen dazu, sachliche Verknüpfungen oder biographische Beziehungen zu verdeutlichen. Interessant an ihnen ist das Urteil, das sich hinter der Zuschreibung eines Beinamens verbirgt: im Falle des ›Pline français‹ ist es durchaus nicht nur positiv.

Das Urteil eines deutschen Naturforschers ist dabei wiederum besonders aufschlußreich. Spix spricht von Buffon nur als dem »von seinen Landsleuten sogenannten französischen Plinius« und macht sogleich deutlich, welche Abqualifizierung Buffons damit verbunden werden kann: in der Naturgeschichte hat er versucht, Rednertalent an die Stelle einer wirklichen Methode, Beredsamkeit an die Stelle einer wirksamen Systematik zu setzen, »ein pittoresker Lobredner der Natur«, geriet durch ihn die Naturgeschichte in Gefahr, zu einer Modelektüre herabgewürdigt zu werden. Der einzige Trost liegt für Spix darin, daß »diese Rednerperiode auf französischem Boden nur kurze Zeit« dauerte (Spix 1811:118 f.) Sainte-Beuve hat in seinem Artikel über Plinius dessen Affinitäten zu Buffon hervorgehoben – und die Gefahren, in die Buffon dadurch geriet. Die Antike, so Sainte-Beuve, hatte ihr 18. Jahrhundert, und Plinius gehörte dazu. Buffon war der wohlwollendste seiner Richter, alles, was er an Plinius lobte, hat man ihm selbst später vorgeworfen (*Causeries du lundi*, 22. April 1850). Wenn Cuvier Plinius kritisiert, ist deutlich, daß damit auch Buffon gemeint ist: »Den Kompilatoren Plinius möchte ich kaum zu den Naturforschern rechnen. Sein schöner Styl allein kann ihm seine Reputation verschafft haben, aber zum Naturforscher gehört mehr als Styl; es gehört eine gründliche Philosophie dazu und mit diesem Namen wird man die faden, moralischen Anmerkungen nicht belegen, die Plinius hie und da ausstreut« (nach Burckhardt 1908:72).*

* Goethe aber charakterisiert gegenüber Eckermann Cuvier ebenso wie die-

Für den Nachruhm Buffons erweist sich der Vergleich mit Plinius als ebenso nachteilig wie sein stilistisches Geschick. Mit dem ›Pline français‹ wird eine Frühphase der Naturgeschichte beschworen, die eigentlich längst vergangen sein sollte und in der die Rhetorik noch über die Beobachtung triumphierte. Wenn Schlegel in seinem Lessing-Aufsatz behauptet, die Franzosen hätten mit Ausnahme von Buffon und Rousseau keine Dichter gehabt, spricht er ungewollt dem Naturforscher Buffon das Urteil – ebenso wie Thomas S. Eliot, der Buffon zu jenen Autoren rechnet, die man mit Vergnügen lesen kann, selbst wenn man nichts mit jenen Dingen zu tun hat, mit denen der Autor sich beschäftigt. Diese Charakteristik ist derjenigen, die Condorcet in seiner *Eloge* Buffons gegeben hat, entgegengesetzt; sie widerspricht darüberhinaus dem, was Buffon über seinen eigenen Stil gesagt hat. Doch ist unter den Bewunderern Buffons ein Urteil wie jenes von Eliot weit verbreitet; es schadet Buffon zu seinen Lebzeiten wenig, doch vermindert es nach seinem Tode seine Wirkung stärker als die Polemik manch eines hartnäckigen Gegners. Das Gleiche gilt von dem Preisgedicht Alfred de Mussets:

> Si ma muse n'a le pouvoir
> Elle peut être au moins l'écho de la science,
> En disant qu'Aristote avait moins de savoir,
> Pline surtout moins d'éloquence.

Wen die Muse des Dichters derart lobt, hat es im 19. Jahrhundert schwer, seinen Platz in den Wissenschaften zu behaupten. Der französische Plinius ist dafür das beste Beispiel.

ser Plinius: »Cuvier, der große Naturkenner, ist bewundernswürdig durch seine Darstellung und seinen Stil. Niemand exponiert ein Faktum besser als er. Allein er besitzt fast gar keine Philosophie. Er wird sehr unterrichtete Schüler erziehen, aber wenig tiefe« (3. Febr. 1830).

*Si ma muse* . . . Wenn meine Muse auch nicht das Gleiche vermag / Kann sie doch wenigstens ein Echo der Wissenschaft sein / Indem sie sagt, daß Aristoteles weniger wußte / Plinius gewiß über weniger Beredsamkeit verfügte.

# Buffon und Linné

Johann Georg Hamann, der Buffon als ebenso großen Schriftsteller wie Beobachter schätzte, hat im dichterischen Charakter der Werke Buffons die Konsequenz einer mißlungenen Säkularisierung gesehen: »Wer Mose und den Propheten nicht glaubt, wird daher immer ein Dichter, wider sein Wissen und Wollen, wie Büffon über die Geschichte der Schöpfung und Montesquieu über die Geschichte des Römischen Reichs« (*Sokratische Denkwürdigkeiten*, 1759). Für Hamann ließ die Natur ihr Erkannt-Werden nur als Offenbarung oder als Nachahmung, als Poesie, zu. Wer die Natur gegen oder doch ohne die Gnade der Offenbarung erkennen wollte, wurde notgedrungen zum Dichter, der noch im Scheitern seines Vorhabens die Allmacht des Schöpfers demonstrierte; Hamann kann daher ohne sich zu widersprechen, von »Newtons und Büffons Offenbarungen« sprechen.

Buffon selbst hat den Begriff ›roman‹ pejorativ verwendet; so bezeichnete er Thomas Burnets *Telluris sacra theoria* (1680) als »schönen historischen Roman«. Umgekehrt haben Kritiker Buffons seine Werke als Romane bezeichnet. Die *Correspondance Littéraire* warnt schon 1756 vor dem ›instrument dangereux‹ des Buffonschen Stils, der eher verführt als zu belehren; über die *Epoques de la nature* schreibt Grimm, wenn auch das darin aufgestellte System nicht allen Lesern gleichermaßen solide erschiene, handele es sich doch um einen der sublimsten Romane, eines der schönsten Gedichte, das die Philosophie sich bis jetzt ausgedacht habe.* Wenn Aubin-Louis Mil-

* Daß Grimm ausgerechnet gegen die *Epoques* den Romanverdacht äußerte, zeigt, daß zu dieser Zeit eine wirkliche Abwägung des empirischen Gehalts der einzelnen Teile der *Histoire naturelle* noch nicht erfolgen konnte; Jacques Roger hat gerade für diesen Part der Buffonschen Naturgeschichte

lin 1792 von den ›romans cosmogoniques‹ Buffons spricht, wenn für andere »das Widersprechende und sogar Lächerliche der naturhistorischen Romane« Buffons offenkundig ist (von Schrank 1827:4), wird damit der Naturgeschichte das Urteil gesprochen: als Wissenschaft kann sie nicht mehr ernst genommen werden *(Discours sur l'origine et les progrès de l'Histoire naturelle en France).*

Im Sprachgebrauch der Zeit werden ›histoire‹ und ›roman‹ einander gegenübergestellt, wie in La Bruyères Vergleich von Malherbe und Théophile: »Sie haben beide die Natur gekannt; nur mit dem Unterschied, daß der erstere in seinem vollen, gleichmäßigen Stil das Schönste und Edelste, das Unbefangenste und Einfachste in ihr zumal sichtbar macht; er gibt uns ein Gemälde von ihr, er schreibt ihre Geschichte. Der andere schildert wahllos und ungenau in ungebundener, wechselnder Weise; bald überlädt er seine Darstellung, verliert sich in Einzelheiten und macht eine anatomische Studie daraus; bald erfindet er, übertreibt, hält sich nicht an das Wahre in der Natur: er erzählt uns ihren Roman« (La Bruyère 1947:19). Es ist kein Zweifel, daß Buffon auf die Seite von Malherbe gehört, doch ist er nach seinem Tode mehr und mehr wie Théophile behandelt worden.*

dessen Präzision und zum Teil verblüffende Übereinstimmung mit den Ergebnissen der modernen Wissenschaft hervorgehoben (Buffon 1962).

Die Einstellung gegenüber dem ›Roman-Vorwurf‹ ist natürlich ganz unterschiedlich: Ein Mediziner, der von nichts als Zoologie und Anatomie Ahnung hat, bestellt sich aus dem Meßkatalog ein seltenes Produkt der Naturgeschichte und ist sehr betroffen, als man ihm einen Roman bringt, von dem er nichts versteht (Merck an Herzog Carl August, 20. Okt. 1781) – Goethe dagegen bezeichnet Äußerungen, Buffon habe einen Roman geschrieben, als durchaus passend, »weil das ehrsame Publicum alles außerordentliche nur durch den Roman kennt« (An Merck, 11. Okt. 1781). Goethes Bemerkung zeigt, daß der Roman-Begriff mehr und mehr pejorativ verwendet wurde – Leibniz konnte in seiner Theodizee noch ganz unbefangen vom ›roman de la vie humaine‹ sprechen (Koselleck 1975b). Marat aber, der im Angriff auf die Wissenschaften seiner Zeit Naturgeschichte mit Chemie und Physik gleichsetzte, sprach mit Verachtung auch von den wissenschaftlichen Romanen eines Scheele, Volta und Lavoisier.

* Die Unterscheidung von ›histoire‹ und ›fable‹, die Montesquieu in den *Cahiers* trifft, liegt dazu quer: »Les observations sont l'histoire de la physi-

Der Verdacht, den Mme. d'Epinay dem Abbé Galiani gegenüber im Hinblick auf die *Histoire des oiseaux* äußerte – »Ich fürchte, es gibt mehr Poesie als Wahrheit darin« – wird schon zu Buffons Lebzeiten übermächtig. Daß Buffon in einem Genre, das einen natürlichen und einfachen Stil nahelegte, pompös schrieb, führte nach Marmontel dazu, daß die Naturforscher ihm höchstens einen Ehrenplatz unter den ›poètes du genre descriptif‹ zuwiesen. Die Gründung der Société Linnéenne im Todesjahr Buffons zeigt, daß auch in Frankreich Linné gegen Buffon sich durchgesetzt hat. Freilich kann die Gesellschaft ihre Gründung im Jahre 1788 nicht lange überleben: »Peu de tems après son institution, les dégouts de toute espèce qui assiégeoient, sous l'ancien régime, les associations non-privilégiées, environnèrent la société Linnéenne. Quelques-uns de ses membres, ménacés de n'être pas admis dans les corps littéraires protégés par le Gouvernement, se retirèrent: la désertion devint presque totale, et la société fut abandonnée« (Millin 1792:30) – doch nur, um zwei Jahre später in Form der Société d'Histoire naturelle eine triumphale Neugründung zu feiern. Fourcroy, Daubenton und Lacépède gehörten zu den Gründern; ebenso wie im *Journal d'Histoire naturelle*, an dem auch Lamarck mitarbeitete, war ihr Ziel die Verbreitung und Durchsetzung der Linnéschen Methode. Zweifellos war dies eine Absage an Buffon, doch blieben die Loyalitäten bei einigen Naturforschern zumindest geteilt – bei Lacépède kann man dies ebenso vermuten wie bei Broussonet, dem Gründungsmitglied der Société Linnéenne und Verfasser einer *Eloge de Buffon*.

Aubin-Louis Millins *Discours sur l'origine et les progrès de l'Histoire naturelle en France* (1792) leitet die Mémoires der Société d'Histoire naturelle ein; in ihm wird sichtbar, wie stark die Abwen-

que, et les systèmes en sont la fable« (Montesquieu 1941:199). Mit ›Fabel‹ kann sowohl die wenig naturgetreue Beobachtung wie eine voreilige Systematisierung gemeint sein.

*Peu de tems ...* Nur kurze Zeit nach ihrer Gründung umgab auch die Société Linnéenne jene Mißachtung, die alle nicht-privilegierten Gesellschaften des Ancien Régime traf. Einige ihrer Mitglieder zogen sich zurück, als ihnen angedroht wurde, sie könnten zu den literarischen Körperschaften, die von der Regierung unterstützt wurden, nicht zugelassen werden. Der Mitgliederschwund war beträchtlich, die Gesellschaft wurde aufgegeben.

dung von Buffon unterdessen geworden war. Die gesamte Naturgeschichte wurde an Linné gemessen; nach Millin entsprachen seine Klassifikationen der Wirklichkeit so genau, als wenn er bei der Schöpfung dabeigewesen wäre – eine Bemerkung, durch die Linnés Werk, was er selbst nie in Anspruch genommen hatte, die ganze Legitimationskraft des natürlichen Systems zugeschrieben wurde. Nicht nur der Naturgeschichte wurde Linné als Vorbild hingestellt, für jeden einzelnen Bereich, für Ornithologie, Entomologie, Mineralogie und Kristallographie wurden seine besonderen Verdienste noch einmal im Detail geschildert. Buffon wurde nur am Rande erwähnt – fast ausschließlich um ihn zu kritisieren. Ihm wurde die große Verzögerung angelastet, mit der Frankreich, lange nach den anderen Ländern Europas, das System Linnés übernahm. Dem soliden Fortschritt der Naturgeschichte hatte Buffon geschadet, zu loben war er einzig für die Beförderung der Popularität, die die Naturgeschichte im 18. Jahrhundert erreichte. Selbst dieses Lob aber war zur Zeit der Französischen Revolution zweideutig: mit der Popularisierung der Naturgeschichte war in erster Linie ihre Unterstützung durch die Herrscher des Ancien Régime gemeint, während die Revolution die Volkstümlichkeit der Naturgeschichte durch den Aufweis ihres praktischen Nutzens sichern wollte. Es klingt daher auch nach einer Schutzbehauptung der Naturalisten selbst, wenn Millin feststellt, in den letzten Lebensjahren Buffons und vor allem nach seinem Tode hätte eine neue Generation die alte ihren Irrtümern und Vorurteilen überlassen, um die wahren Prinzipien der Schule Linnés zu übernehmen. Als Cuvier 1795 Etienne Geoffroy Saint-Hilaire zu bewegen versucht, nach Paris zu kommen, schreibt er ihm: »Kommen Sie schnell nach Paris, spielen Sie unter uns die Rolle eines zweiten Linné, eines neuen Gründers der Naturgeschichte«. Von Buffon ist keine Rede.

Buffon war der ›nomenclateur du nord‹ immer als Antipode seiner eigenen Vorstellungen erschienen; im Jardin des plantes durften die Benennungen der Linnéschen Nomenklatur zuerst gar nicht, dann nur *unter* den Namensschildern der Pflanzen angebracht werden. Die Einstellung Linnés gegenüber Buffon läßt sich auf jene Formel bringen, mit der J.-B. Aymen in einem Brief an Linné vom 10. Februar 1754 den vierten Band der *Histoire naturelle* charakterisierte: »stilo primus, doctrina ultimus«. Den Naturalisten der vorrevolutionären und revolutionären Epoche mußte der Pfarrerssohn bäuerlicher Herkunft aus Stenbrohult in Småland willkommener erscheinen als der gerade zu Anfang des 18. Jahrhunderts nobilitierte Comte de Buffon; dessen durchstilisiertem Leben und Werk trat die »überzeugungsfeste Schlichtheit Linnés« (Voegelin) und der Bibelrhythmus seiner Werke zunehmend sympathischer entgegen. Den ziselierten und gelegentlich pompösen Wendungen Buffons wird die naive Spontaneität Linnés entgegengesetzt; im Unterschied beider Stile soll sich zeigen, daß Linné von der Natur geformt, Buffon lediglich ›par ordre du roi‹ zum Naturforscher gemacht wurde. Schlugen Buffon die Lobpreisungen seines Stils zum Nachteil aus und ruinierten sein wissenschaftliches Renommee, so verhält es sich bei Linné genau umgekehrt; die Vorhaltungen, die seiner Schreibweise gemacht werden, lassen die künftige Schätzung einer auch bescheidenen Empirie, die für das 19. Jahrhundert so charakteristisch ist, vorausahnen. Condorcets *Eloge de M. de Linné* ist dafür wiederum bezeichnend. Condorcet spricht vom Lakonismus Linnés, vom vielleicht zu häufigen Gebrauch der termini technici, der ›Manie‹, alles auf Tabellen zurückzuführen: man muß seine Werke eher studieren, als daß man sie wirklich lesen könnte. Condorcet denkt zweifellos an Buffon, wenn er hervorhebt, die Eloquenz Linnés sei die seltenste von allen und die einzige, die den philosophischen Werken wirklich angemessen sei: viele Ideen werden in wenigen Worten, neue und bedeutende Wahrheiten in einem zugleich noblen und einfachen Stil ausgedrückt. Das große Publikum kann so nicht begeistert werden – ein Grund mehr für die Annahme, daß es sich hier um die Darstellung wissenschaftlich wirklich bedeutungsvoller Einsichten handelt.

Schon während der Französischen Revolution kehrt sich das Verhältnis zwischen Buffon und Linné in einer Weise um, die der Einschätzung Buffons selbst genau entgegengesetzt ist und die Sainte-Beuve in seiner Rezension der von Flourens herausgegebenen Werke Buffons beschrieben hat: Linné erscheint als ausdrucksvoller und präziser Schriftsteller zugleich, sein bilderreiches und durch Aphorismen rhythmisiertes Latein macht ihn sogar zum Dichter; dabei ist Linné Empiriker, rastloser Naturalist, der jeden Mittwoch und Samstag in Uppsala von frühmorgens bis spät in die Nacht mit seinen Schülern auf Pflanzensuche geht. Buffon aber, »la tête pleine de conceptions«, entwirft in der Einsamkeit Montbards seine naturgeschichtlichen Gemälde, an denen eher jener hymmnische Stil, der ihn Bernardin de Saint-Pierre ähnlich macht, als die Genauigkeit der mitgeteilten Tatsachen beeindrucken (*Causeries du lundi*, 10. April 1854). Sainte-Beuve teilt diese Einschätzung nicht, er hält insbesondere den Vergleich mit dem wissenschaftlich bedeutungslosen Verfasser von *Paul et Virginie* für nicht gerechtfertigt, doch gibt er zweifellos eine Buffon nicht eben förderliche Stimmung präzise wieder.

Von dieser Stimmung profitiert auch Daubenton. Für Buffon war er ein wertvoller Mitarbeiter, doch nie mehr als ›Handwerker‹; die anatomischen Kenntnisse des ›docteur‹, wie Buffon ihn nannte, bereicherten zwar die *Histoire naturelle*, doch hätte diese ohne sie nichts an Wert verloren. Schon beim Erscheinen der *Histoire naturelle* wird dieser Einschätzung Buffons jedoch widersprochen: Wenn Haller in seiner Vorrede zur deutschen Ausgabe Buffons »Schutzrede für die Hypothesen« akzeptiert, so tut er dies nicht ohne Zögern; wenn er beiläufig erwähnt, daß Buffons »Gefährte, der Herr Daubenton« sich mehr an die Natur selber zu halten scheine, wird eine Sympathie sichtbar, die tiefer ist, als Haller sie bei dieser Gelegenheit ausdrücken könnte. Die *Correspondance littéraire* Grimms mokiert sich schon 1756 darüber, daß jeder von Buffon, niemand aber von Daubenton spreche – nur weil er sich mit einer Arbeit beschäftige, die eher nützlich als voll Brillanz sei. Wenn Grimm dann fortfährt, den Glanz des Buffonschen Stils zu beschreiben, wagt er die Voraussage, daß Daubentons Nachruhm den Buffons übertreffen wird: »Ich glaube, daß Herrn von Buffons Verdienst bei der Nachwelt wie im Ausland an Glanz verlieren wird ... Für die Provinz und für die Fremden ist dieses Verdienst schon jetzt kaum noch vorhanden; es wird gänzlich für eine Nachwelt verschwinden, die die Form vernachlässigen und nur noch die Ideen und ihre Verankerung beurteilen wird. Im Gegensatz dazu kann die Reputation von Herrn Daubenton nur gewinnen. Sein Verdienst ist solide und dauerhaft; nur die Pariser Müßiggänger wissen es nicht zu schätzen.«

Zumindest die Epoche der Revolution hat diese Prognose bestätigt. 1792 schreibt Millin, die Reputation Buffons und der Glanz seines Stils hätten die Aufmerksamkeit seiner Mitbürger und ganz Europas auf sich gezogen; die Verbreitung der einzig wahren Methode Linnés sei dadurch verzögert worden. Zwar müsse dem literarischen Talent dieses großen Mannes Achtung gezollt werden, doch mache seine Verachtung für die Methoden und die Systeme die Naturgeschichte zu einem Labyrinth und seine Werke konfus. Immerhin habe er interessante und wenig bekannte Tatsachen über die Vierfüßler und die Vögel zusammengetragen – die anatomischen Beschreibungen Daubentons aber seien der nützlichste Teil dieser Sammlung (recueil), die kosmogonischen Romane Buffons hingegen würden durch andere zerstört werden, die nur dazu bestimmt seien, das gleiche Schicksal zu erleiden. Daubenton weigerte sich später, weiter an der *Histoire naturelle* mitzuarbeiten, weil Buffon seinem Verleger Panckoucke eine Ausgabe ohne die beschreibenden und anatomischen Partien, die von Daubenton stammten, gestattet hatte. Sein Verhältnis zu Buffon blieb zwiespältig; gelegentlich erschien er so undankbar, daß man ihn daran zu erinnern versuchte, ohne Buffon wohl zeitlebens ein unbekannter Mediziner in Montbard geblieben zu sein.

Vicq-d'Azyr, Nachfolger Buffons in der Académie Française, und die beiden Geoffroy Saint-Hilaire gehörten zu den wenigen, die Linné nicht gegen Buffon auszuspielen, sondern beiden gerecht zu werden versuchten. Immerhin wird auch im 1788 gehaltenen *Discours de réception* Vicq-d'Azyrs deutlich, daß Buffons Reputation nicht mehr *gegen* Linné, nur noch *mit* ihm aufrechtzuerhalten war. Wenn Vicq-d'Azyr davon sprach, Linné habe den Erfolg eines großen Professors, Buffon den eines großen Philosophen gehabt, sprach diese Unterscheidung ebensowenig für Buffon wie die beziehungsreiche Anspielung auf Plinius, der in seinen naturgeschichtlichen Werken eher den Sitten der Römer als den Verhaltensweisen der Tiere Ausdruck verliehen habe. Daher bemühte sich Vicq-d'Azyr umso mehr, die Nähe Buffons und Linnés zu zeigen, um das Ansehen des ›historien, orateur, peintre et poète‹ nicht zu schmälern.

Etienne Geoffroy Saint-Hilaires Einschätzung der Wirkungen Buffons kann man nur verstehen, wenn man sie als Antwort auf den Artikel ›Buffon‹ liest, den Cuvier für die *Biographie universelle* geschreiben hatte. Das Bild Buffons, das Millin und andere Autoren der ›école linnéenne‹ während der Revolutionszeit zeichnen, wird hier wieder umgekehrt. Das 18. Jahrhundert, so Geoffroy Saint-Hilaire, hat mit dem für es so charakteristischen »sublime accord de la science et de la littérature« in Buffon vor allem den Stilisten geschätzt, erst das 19. Jahrhundert kann den Naturalisten ernst nehmen: »Buffon wird für uns der Mann der Wissenschaft sein; der Literat kommt erst an zweiter Stelle«. Aber auch Geoffroy Saint-Hilaire muß Buffons Nachruhm retten, indem er ihn die Nähe Linnés rückt: beide haben zwar unterschiedliche, doch keineswegs einander entgegengesetzte Richtungen der Naturgeschichte begründet. Das Werk Buffons, gegen welches der revolutionäre Geist der Naturalisten im Namen Linnés sich kehrt, ist in Wahrheit dem Werk Linnés ebenbürtig, ja verwandt: in der *Histoire des singes* hat Buffon Linnés Methode nicht nur übernommen, sondern vervollkommnet (*Fragments biographiques*, 1838).

Ähnlich betont auch Isidore Geoffroy Saint-Hilaire in der *Histoire naturelle générale* (1854–62) die Ähnlichkeiten zwischen Buffon und Linné. Für letzteren spielt der Stil nämlich eine ähnlich große Rolle wie für Buffon, der ›style linnéen‹ wird durch die Binärklassifikation geprägt; er ist gedrängt, konzis und erhebt sich bis zur Höhe jener Poesie, für die die Genesis das Vorbild darstellt. Zweifellos gilt Linné zurecht als Gesetzgeber der Natur, doch wird am Ende des 18. Jahrhunderts die fanatische Bewunderung Linnés zu Unrecht mit einer Abwertung Buffons verbunden. Buffon genießt zwar als Stilist Ansehen, doch wird es Zeit, auch dem Wissenschaftler Gerechtigkeit widerfahren zu lassen und ihm die gleiche Wertschätzung entgegenzubringen wie der größte Naturalist der Moderne – Goethe. Isidore Geoffroy Saint-Hilaire nimmt den *Discours sur le style* ernst, wenn er der Gegenüberstellung des Stilisten und des Wissenschaftlers Buffon jede Berechtigung abstreitet: war Buffon ein großer Schriftsteller, so steht auch sein Rang als Naturalist außer Zweifel. »Le style c'est l'homme« – ist Buffons Stil bewundernswert, so nur wegen der Wahrheiten, die er ausspricht. Umgekehrt gilt, daß auch Linné als Dichter angesehen und damit sein wissenschaftlicher Rang gemindert werden kann: »Im 18. Jahrhundert wurde ein großer Poet geboren, der sich den Naturwissenschaften widmete. Mit Poet meine ich einen Herrn, der Phantasie hat, das heißt, die Fähigkeit, Erscheinungen zu kombinieren, Zusammenhänge zu sehen, zu ordnen und zu lichten ... So konnte Linné in seine vierundzwanzig Klassen alle Pflanzen der Welt einordnen, und er konnte zu Hause in Upsala sitzen und darauf schwören: wo auch eine neue Pflanze gefunden werde, sie sei genötigt, in irgendeine von seinen Klassen unterzukriechen ... Das war großartig, und wie er es anfing, diese Klassen zu dichten, das wissen wir nicht, und vielleicht wußte er es auch nicht, ebensowenig wie der Mathematiker von Natur weiß, wie sein Kopf Probleme löst, die Gleichungen zweiten Grades erfordern ... Linnés System war indessen nicht schön und nicht korrekt ...« (Strindberg 1921 I:75). Auf der anderen Seite wurde, vor allem von den Anhängern der Goetheschen Naturphilosophie, die Systematik Linnés dichterisch bekämpft, und von Martius konnte zu Recht behaupten, die Nachfolger Jussieus seien alle mehr oder weniger Naturpoeten.

Die Publikationsdaten der *Histoire naturelle* umfassen die zweite Hälfte des 18. Jahrhunderts bis zum Ausbruch der Revolution; sie erscheint in einer derart turbulenten Umbruchphase der Wissenschaften, daß ihre Kritiken, hält man sie nebeneinander, den Eindruck der puren Beliebigkeit erwecken. 1756 erscheinen die zweifellos von Réaumur beeinflußten *Lettres à un amériquain sur l'histoire naturelle* des Abbé Lignac. Nur die Schätzung des Stils verbindet ihn mit späteren Kritikern Buffons wie Millin, auch wird das Lob für den Stil mit einer Abqualifizierung des Inhalts verbunden, doch sind es 1756 andere Dinge, die Mißfallen erregen, als 1792. Man muß zugeben, so Lignac, daß Buffon gut schreibt, doch benutzt er seine stilistischen Fertigkeiten, um schlimme Dinge (de si mauvaises choses) zu sagen. Buffons Art zu schreiben, wird nur Sophisten hervorbringen; daß ein guter Stil nur die Wirkung jener unendlichen Zahl von Wahrheiten sei, die er zum Ausdruck bringe, wie Buffon behauptet, ist einfach falsch: Lukrez ist das beste Gegenbeispiel. Der blumige Stil Buffons ist nichts als Koketterie, nicht Ausdruck, sondern Ersatz der Wahrheit. Soweit hätte Millin Lignac folgen können – doch wirft dieser Buffon genau das vor, was Millin an ihm vermißt, die pragmatische Orientierung: »Welche Konfusion bringt man nicht in die Naturgeschichte, wenn man die Kenntnis von den Dingen nur nach unseren Bedürfnissen ordnet; das heißt, wenn die Naturgeschichte, die nur Theorie sein will, zu einer praktischen Wissenschaft wird und wenn man einen ländlichen Haushalt zum Anhaltspunkt wählt, um das System der Naturgeschichte zu erstellen« (Lignac 1756:180/1).

»Pour le style comme pour les manchettes, le portrait de Buffon est fixé à jamais« (Jacques Roger) – doch passen sich die Argumente, mit denen man ihn kritisiert, den veränderten Zeitumständen an. Millin ließ von der *Histoire naturelle* fast ausschließlich die anatomischen Beschreibungen Daubentons gelten, zu Lebzeiten Buffons dagegen konnte man ihm den Vorwurf machen, »die Eingeweide Herrn Daubentons« (les tripailles de M. Daubenton) überhaupt in die Naturgeschichte aufgenommen zu haben. Hinzu kommt, daß sich die Erwartungen des an der Naturgeschichte interessierten Publikums in unterschiedlichem Ausmaß und mit ungleicher Schnelligkeit ändern. Den unverminderten Verkaufserfolg der *Histoire naturelle* auch während der Revolution sieht Etienne Geoffroy Saint-Hilaire als einen Beweis dafür an, daß Buffon keineswegs, wie einige revolutionäre Naturalisten glaubten und wünschten, Linné hatte Platz machen müssen. Und Rudolphi berichtet Anfang des 19. Jahrhunderts in seinen *Bemerkungen aus dem Gebiet der Naturgeschichte* von einer Besucherin des Zootomischen Kabinetts im Jardin des plantes, die Millins Urteil wohl kaum zugestimmt hätte; als sie Cuvier und seinen Prosektor Rousseau an der Arbeit sah, gab sie ihrem Erstaunen darüber Ausdruck, in eine Küche, nicht in eine Kirche geraten zu sein: »Je croyois entrer dans une église et je vois une cuisine«. Einhundert Jahre später haben sich die Verhältnisse geändert; gegen Claude Bernard, Darwin, Charcot und Pasteur, die er ansonsten schätzt, fühlt Léon Daudet sich zu der korrigierenden Feststellung veranlaßt, ein Labor sei keine Kapelle, sondern nichts als eine Werkstatt.

# Adel und Zoologie

Schon wenige Jahre nach dem Erscheinen der ersten Bände seiner *Histoire naturelle* hat die *Correspondance littéraire* Buffon einen auf die Pariser Metropole beschränkten Augenblickserfolg prophezeit: die Fremden und die Provinzler werde er kaum für sein Werk gewinnen können, die Nachwelt werde sich von ihm wieder abwenden. Die Prognose traf in dieser Schärfe nicht zu, doch nahm sie Schwerpunkte der Buffon-Kritik des 18. und 19. Jahrhunderts vorweg. Die *Correspondance littéraire* sah nicht voraus, daß die Buffonsche Naturgeschichte schon vor, besonders aber nach der Revolution als ein typisches Produkt adliger Wissenschaft erscheinen und als solches kritisiert werden würde. Diese Kritik hält sich bis ins 20. Jahrhundert. Wenn Bachelard in der *Formation de l'esprit scientifique* die unmittelbare Erfahrung als erstes Hindernis auf dem Weg zur wissenschaftlichen Erkenntnis beschreibt, dienen ihm Beispiele aus der *Histoire naturelle* zur Illustration seiner These. Im Gegensatz zu Buffons eigenen Beteuerungen sind beispielsweise die Hierarchien, die er im Reich der Minerale wie der Tiere entdeckt, empirisch gar nicht nachweisbar, sondern entspringen dem Unbewußten des Erzählers: »Der Löwe ist der König der Tiere, weil ein Verfechter der Ordnung annehmen muß, daß alle Wesen, so auch die wilden Tiere, einen König haben. Das Pferd bleibt adlig in seiner Knechtschaft, weil Buffon in seinen sozialen Beziehungen ein Grandseigneur bleiben möchte« (Bachelard 1972:45/46).

Erst 1717 wurde die Familie Leclerc geadelt – nicht zuletzt deswegen mag Buffon seine Stilisierungen in Werk und Leben so weit getrieben haben, daß er als Inbegriff des Ancien Régime erschien und Hume eher an einen Marschall von Frankreich als an einen homme de lettres erinnerte. Daubenton hat noch zu Ende seiner Karriere davon profitiert, Buffon die Nobilität seiner naturgeschichtlichen Auffassungen vorzuhalten: das Geheimnis der Buffonschen Zoologie ist der Adel. Nur Mercier hat die Löwenmetapher übernommen und republikanisch gedeutet: »Der Löwe ist schrecklich und feige zur gleichen Zeit: verfehlt er seine Beute auf der Flucht, entfernt er sich verschämt, nie greift er von vorne an: er ähnelt dem Despoten. Ludwig XVI. war wie ein Löwe« (*Le nouveau Paris* I,XXIII ›Garde Nationale‹).

Zur gleichen Zeit, da die Kommune von Paris aus dem Jardin des plantes einen Kartoffelacker machen wollte, geriet auch die Menagerie von Versailles in Gefahr. Die Nation war es müde, den König, die Königin und die königliche Familie zu ernähren, heißt es in zeitgenössischen Berichten – umso weniger bestand die Bereitschaft, für den Unterhalt der Menagerie aufzukommen. Der Zerstörungswut der Menge waren ohnehin nur fünf fremdländische Tiere entgangen: ein Zebra, ein Ochse, den 1785 der Bey von Algier dem König geschenkt hatte, eine Taube, ein indisches Rhinozeros und ein Löwe aus dem Senegal. Letzterer lebte mit einem Hund zusammen – sie spielten miteinander »nicht wie zwei Löwen, sondern wie zwei Hunde« (Janin bei Boitard 1842:XII) – ein Thema, auf das noch Börne in seinen *Briefen aus Paris* zurückgreift. Auf Vorschlag der Ökonomen in der Nationalversammlung sollten die noch in der Menagerie befindlichen Tiere getötet und seziert, ihre Skelette im Cabinet d'Histoire naturelle ausgestellt werden: »Es genügt völlig, die toten Tiere zu untersuchen, um ihre Art ermitteln zu können«. Nur den Bemühungen Bernardin de Saint-Pierres – als ›honnête homme‹ hatte Ludwig XVI. ihn bezeichnet und zum Intendanten des Jardin des plantes und des Cabinet d'Histoire naturelle gemacht – gelingt es, die Tiere zu retten und die Menagerie von Versailles in den Jardin des plantes zu verlagern. Auf der gleichen Straße, auf der die Volksmenge der königlichen Familie nachjagte, begeben sich jetzt die Tiere der königlichen Menagerie in umgekehrter Richtung in ihr Pariser Asyl: »Vienne la république une et indivisible, elle est la maîtresse souveraine!, mais, au moins, sauvons le Jardin du Roi« (Janin).

In der *Kritik des Hegelschen Staatsrechts* hat Marx die ›zoologischen‹ Legitimationstechniken des Adels kritisiert, ohne freilich auf deren Vorgeschichte einzugehen. Hegel sinkt vom politischen Spiritualismus in den krassesten Materialismus herab: »Auf den Spitzen des politischen Staates ist es überall die Geburt, welche bestimmte Individuen zu Inkorporationen der höchsten Staatsaufgaben macht. Die höchsten Staatstätigkeiten fallen mit den Individuen durch die Geburt zusammen, wie die Stelle des Tiers, sein Charakter, Lebensweise etc. unmittelbar ihm angeboren wird. Der Staat in seinen höchsten Funktionen erhält eine *tierische* Wirklichkeit. Die Natur rächt sich an Hegel wegen der ihr bewiesenen Verachtung ... In diesem System erscheint die *körperliche Würde des Menschen* oder die *Würde des menschlichen Körpers* ... so, daß bestimmte, und zwar die höchsten sozialen Würden die *Würden bestimmter* durch *die Geburt prädestinierter Körper sind.* Es ist daher bei dem Adel natürlich der Stolz auf das Blut, die Abstammung, kurz die *Lebensgeschichte ihres Körpers;* es ist natürlich diese *zoologische* Anschauungsweise, die in der *Heraldik* die ihr entsprechende Wissenschaft besitzt. Das Geheimnis des Adels ist die *Zoologie*« (Marx 1970: 310/11).*

In der Hegelschen Phänomenologie figuriert die bürgerliche Gesellschaft als ›geistiges Tierreich‹, während Darwin das Tierreich nach dem Muster der bürgerlichen Gesellschaft interpretiert – so Marx an Engels in einem Brief vom 18. Juni 1862. Später hat Engels Lawrow daraufhingewiesen, daß Darwins ›struggle for life‹ ebenso dem Hobbes'schen ›bellum omnium contra omnes‹ wie der Malthus'schen Bevölkerungstheorie entlehnt war, um dann, zumal im Sozialdarwinismus, von der Theorie der organischen Natur wieder in die Geschichte rückübertragen und dort als Naturgesetz ausgegeben zu werden. Börne wie Feuerbach haben dem Adel den legitimita-

* Marx' Bemerkung verdeckt, daß der Wert der Genealogie schon frühzeitig umstritten war. Massillon nannte die Auffassung vom Adel des Blutes den allgemeinsten Irrtum; Montesquieu erstellte seine Genealogie, »une assez sotte chose«, und Voltaire schrieb, wer seinem Vaterland recht diene, habe keine Ahnen nötig (Meurgey de Tupigny 1961). Bei den Gegenaufklärern wie de Bonald gewinnt das genealogische Argument dagegen wieder an Bedeutung. Seine *Démonstration philosophique du principe constitutif de la société* widmet er den »princes chrétiens«, »c'est à tous les rois, puisque tous les rois sont frères«. Der Monarch ist der Sekretär der Natur (*Théorie du pouvoir*) – so wie Hegels welthistorische Menschen die Geschäftsführer des Weltgeistes sind; Hegels Weltgeist aber »ist die Ideologie der Naturgeschichte« (Adorno, *Negative Dialektik*).

tionsstiftenden Rückgriff auf die Natur verwehren wollen; Börne, indem er die Geschichte als monarchisch, die Natur als republikanisch bezeichnete (*Aphorismen,* 1808–10), Feuerbach, indem er behauptete, die Natur verbinde mit der monarchischen Tendenz der Zeit immer zugleich den Liberalismus des Raumes (*Zur Kritik der Hegelschen Philosophie,* 1839).

Dieser Argumentationstypus ist für die Distanzierung des 19. Jahrhunderts von der Naturgeschichte des Ancien Régime bezeichnend, in die nunmehr die politischen Konflikte hineingetragen werden, während im Barock umgekehrt ein großer Bilderschatz »den Autoren zur schlagenden Auflösung historisch-sittlicher Konflikte in die Demonstrationen der Naturgeschichte zur Verfügung stand« (Benjamin, *Ursprung des deutschen Trauerspiels).* Benjamin hat nachgezeichnet, wie im Barock der Adel als Naturphänomen erscheint; da es unter Tieren, Pflanzen und Steinen Könige gebe, müsse solche Herrschaft auch unter Menschen üblich sein, heißt es beispielsweise bei Calderon. Doch werden solche naturgeschichtlichen Legitimationsversuche schon früh kritisiert. So hat zwar Breitinger in seiner *Critischen Abhandlung* (1740) die Angriffe auf die barocke Metaphorik, insbesondere auf die »ungeschickte Wahl und unmässige Verschwendung fremder, unnützlicher, ungeheurer und unanständiger Gleichnisse« bei Lohenstein, vor allem aus poetologischen Zweckmäßigkeitsgründen vorgetragen, doch findet sich bei ihm auch ein Hinweis darauf, daß naturgeschichtliche Tatbestände ihrer Variationsbreite und Vielfalt wegen zur Rechtfertigung menschlicher Normen nicht herangezogen werden können: »Wenn wir zum Exempel in den Natur-Geschichten finden, daß die Palm-Bäume keine unedlere Staude ihrer Nachbarschaft und Verbindung würdigen, so finden wir zum Gegensatz in eben denselben, daß der Diamant doch auch die Spreu, und die Ulme den Weinstock liebet, und so weiter. Demnach kan ich aus diesen Beyspielen keine allgemeine und unstreitige Lehrsätze herausziehen, sondern lauter solche, welche mit geringer Mühe mit andern Beyspielen über einen Haufen können geworffen werden« (Breitinger 1967:489/90). Im *Kreuzzug gegen die Franken* (1791) schreibt der ›Erzjakobiner‹ Karl Clauer, in der so unmenschlich behandelten Nation seien Haustiere der Könige, des Adels und der Priester wieder zu Menschen geworden (Träger 1963). Die politische Metaphorik wird in die Zoologie wie in die Botanik übertragen; mit den Worten »Citoyen, ton jardin n'est plein que d'aristocrates« wird Jean Hermann von den Revolutionären aufgefordert, statt Orangen und Palmen nunmehr Hanf und Kartoffeln anzupflanzen und so den Unterschichten auch im Reich Floras zu ihrem Recht zu verhelfen.

Millins programmatischer *Discours* sieht die Entwicklung der Naturgeschichte auch in politischer Perspektive. Von den Druiden, denen die Gallier den Erwerb und die Anwendung naturhistorischer Kenntnisse überließen, bis zu den jesuitischen Missionaren, die zu sehr mit der Herrschaft über die Gewissen beschäftigt waren, als daß sie zur Ausweitung der Naturkenntnis wirklich Entscheidendes hätten beitragen können, lenkt Millin die Aufmerksamkeit auf all jene Bedingungen, die den Fortschritt der Naturgeschichte behindert haben. Buffons Wirken erscheint als typisch für das Ancien Régime: ähnlich den Monarchen bereichert er zwar die Sammlungen und Kabinette, ohne jedoch die systematische Kenntnis der Naturgeschichte wirklich zu befördern. Wie sehr die Société d'Histoire naturelle darauf bedacht war, sich von der noblen Naturgeschichte, die sie in Buffon verkörpert sah, zu distanzieren, zeigt die Tatsache, daß auf ausdrücklichen Beschluß innerhalb der Gesellschaft nur von Linneus, nicht aber vom Ritter von Linné die Rede sein durfte. Nach schwedischem Brauch verloren nämlich die Namen auf -us diese Endung, wenn ihr Träger geadelt wurde, und aus Linneus wurde mit seiner Ernennung zum Inhaber des Nordsternordens Linné. Die Gesellschaft weigerte sich, davon Kenntnis zu nehmen; sie nannte Linneus »bei seinem wirklichen Namen, der nur durch sein Verdienst geehrt werden kann.«

Ohne Zweifel richtete diese Erklärung, die Millin in seinem *Discours* zitiert, sich ausdrücklich gegen den Comte de Buffon. Hätte die Société d'Histoire naturelle ihn so geschätzt wie Linné, wäre sie mit ihm ähnlich verfahren wie Mercier, der nie vom Comte de Buffon sprach, »car il y a tant de comtes« (*Tableau de Paris*, I,XXI). Einen Verfechter republikanischer Ideen in Politik oder Wissenschaft kann man in Buffon freilich nicht sehen. Als Champlain de la Blancherie den Plan zu einem Journal des Titels *Nouvelles de la République des Lettres* faßte, machte sich Buffon in einem Brief an den Abbé Bexon darüber lustig: »Ich glaube, so etwas schreibt man nur, um mehr Subskriptionen zu erhalten«. Abgesehen davon aber, daß ausgerechnet Linné, den Haller daran erinnern mußte, daß »wie alle Wissenschaften, also auch die Kräuterkenntniß eine Republik sei« und dessen Leistungen in den Naturwissenschaften Boissier de Sauvages mit denen Karls XII. in der Kriegskunst verglich, kaum als ausgesprochener Republikaner gelten kann, ist bei Buffon die Distanz zu überkommenen Lehrmeinungen und etablierten Autoritäten unübersehbar. Da er jedoch alles vermied, um in die Rolle eines wissenschaftlichen Märtyrers zu geraten und Polemiken grundsätzlich aus dem Weg ging, lagen die autoritätskritischen Züge seines Werkes weniger offen zutage.

Friedrich Schlegel hat in seiner *Geschichte der alten und neuen Literatur* (1814) die »Abschweifungen Buffons« ironisiert: »Daß er in dem Artikel von den Tauben seine Theorie von der Liebe ausgeführt hat, mag natürlich erscheinen. Weniger erwartet ist es aber, in dem Abschnitt von den Hasen eine ausführliche und auch an sich sehr rhetorische Betrachtung über die Völkerwanderung zu finden« – Aristoteles würde sich derlei Freiheiten kaum erlaubt haben. Es ist für die Selektivität, mit der Buffons Werk wahrgenommen wurde, bezeichnend, daß Schlegel nicht jene Stellen erwähnt, die der Vorstellung vom Aristokraten Buffon widersprechen, wie die sozialkritischen ›Abschweifungen‹, die der Comte im Artikel ›Bœuf‹ der *Histoire naturelle* verbarg. Daß Buffon keineswegs so angepaßt an das Ancien Régime war, wie es beispielsweise der *Discours* Millins glauben lassen möchte, zeigt seine Auseinandersetzung mit der Sorbonne ebenso wie seine Aufmerksamkeit gegenüber den Problemen der Zensur; zu de Brosses bemerkte Buffon, man dürfe nie vergessen, daß sich in einem Quartband Dinge sagen ließen, die in einer Broschüre unweigerlich einen Skandal erregen würden.

Auch die Irrtümer, die Buffon in seinen zoologischen Beschreibungen unterliefen, wurden auf seinen adligen Lebensstil zurückgeführt. Dr. Johnson und Boswell wagten, ihn mit Goldsmith zu vergleichen, dessen naturhistorische Kenntnisse ihnen zufolge doch über die Feststellung des Unterschiedes zwischen Kuh und Pferd nicht hinausgingen. Buffon wird von ihnen theoretischer Einfallsreichtum ebenso wie eine außerordentliche Eloquenz zugestanden, doch werden seine faktischen Kenntnisse in einer Disziplin, die er so großartig beschrieb, bezweifelt – er lebte zwar viel auf dem Lande, ein Adelssitz (his noble seat) aber war nicht der richtige Platz, um wirkliche Kenntnisse aus erster Hand zu erwerben (Boswell 1958:60).

Die Kritik an dem Aristokraten Buffon fand ihren schärfsten Ausdruck in der Polemik Carl Vogts, des ehemaligen Mitarbeiters von Louis Agassiz, den die Cuviersche Kataklysmentheorie zu einer ›Katastrophenbegeisterung‹ und zur Aufstellung eines in Natur wie Gesellschaft gleichermaßen gültigen ›Revolutionsprinzips‹ geführt hatte. Während Linné für Vogt der unumstrittene ›Gesetzgeber der zoologischen Wissenschaft‹ war, galt ihm in seinen *Zoologischen Briefen* (1851) Buffon als ein Symbol der ›Verödung‹, die die französische Wissenschaft lange Zeit beherrschte und die erst durch die Französische Revolution beendet wurde: »Auch eine aristokratische Richtung der Wissenschaft sollte in der letzten Hälfte des vorigen Jahrhunderts nicht fehlen. Buffon war ein abgesagter Feind jeder Classification; er sah geringschätzig herab auf die plebejischen Mühen von Réaumur und Andern, welche mit so gemeinem Zeuge wie Mücken und Schmetterlingen ihre Zeit füllten. Durch feingeglättete und pomphafte Beschreibungen suchte der Herr Graf unter der Aristokratie einen gewissen nobeln Dilettantismus zu wecken, der in der That die besten Früchte für die Vermehrung der Pariser Sammlungen brachte. In magnifiquen, hochtönenden Phrasen beschrieb Buffon die höhern Thiere, Säugethiere und Vögel, ihre Sitten und Haushalt, ohne Ordnung, ohne inneren Zusammenhang, je nachdem ihm dieser oder jener Stoff geeigneter erschien, seinen Styl daran glänzen zu lassen. Er gehört jetzt nur noch der Literatur-Geschichte als französischer Schriftsteller an ...« (Vogt 1851:13/13).* Erst die Französische Revolution brachte »auch neue Richtungen in der zoologischen Wissenschaft hervor.«

In seinen *Fragments biographiques* (1838) berichtet Etienne Geof-

* Vogt hat daher auch auf Rudolph Wagners Bemerkung, sein einziges Verdienst sei es, »selbst verwickelte Dinge klar darzustellen und ihre Kenntnis in weiteren Kreisen einsichtlich zu verbreiten«, mit entsprechender Animosität reagiert: »Hätte ich noch Glauben an Autoritäten, ich würde Herrn *R. Wagner* die Worte *Buffons* zitieren: ›le style, c'est l'homme‹, und mit einer verbindlichen Verbeugung von ihm Abschied nehmen«. Vogt, *Köhlerglaube und Wissenschaft. Eine Streitschrift gegen Hofrat Rudolph Wagner in Göttingen* (1855), bei Wittich 1971 II:550.

froy Saint-Hilaire vom Frevel der revolutionären Naturalisten, die gegen die fälschlich unterstellten Schwächen der Buffonschen Naturgeschichte durch Kurse Stellung bezogen, die im ›Tempel der Natur‹ – d. h. im Jardin des plantes selbst – Linné gewidmet waren und schließlich zur Aufstellung einer Linné-Büste führten. Vorher war in Montbard die Büste Buffons aus dem Fenster des Rathauses geworfen worden, aus seinem Grabmal waren, nach einem Bericht der Kommune von Montbard an die Pariser Behörden, Bleikugeln gegossen worden. Der Konvent protestierte gegen diesen Vandalismus und forderte die Kommune zu einem Akt der Wiedergutmachung auf, zu dem es jedoch nicht kam.* Das Verhältnis der revolutionären Organe zu Buffon blieb zwiespältig. Als im Dezember des Jahres 1794 die Nationalversammlung für den weiteren Unterhalt der ein Jahr zuvor gegründeten Menagerie stimmte, tat sie dies – so berichtet Michelet – unter ausdrücklicher Berufung auf den Vorbehalt Daubentons, daß es in der Natur keinen König gebe, doch ist noch das Votum, die Pension der Tiere (»du lion et de son ami, le chien«) zu sichern, im Geist und im Stil Buffons formuliert.

Der einzige Sohn Buffons, Georges-Louis-Marie, Sekonde-Major im Regiment d'Angoumois, führte ein Leben, das nur durch seine Beziehungen zu anderen überhaupt Konturen erhielt: sein Vater war der große Buffon, seine erste Frau die Geliebte von Philippe-Egalité, seine zweite eine Nichte Daubentons. Noch auf dem Schafott scheint er dem Glanz und der Wirkung des Namens, den er trug, vertraut zu haben. Er starb am 22. Messidor des Jahres II (10. Juli 1794) mit den Worten: »Citoyens, je me nome Buffon.«

* Cabanès, *La névrose révolutionnaire;* nach Fayet 1960:142. Die Gegenaufklärer, in erster Linie de Bonald, bringen dann wieder Argumentationen vor, die denen der vorrevolutionären Naturgeschichte ähneln. So prophezeit de Bonald in *Sur la guerre des sciences et des lettres* die Niederlage der ›république des lettres‹ gegen die Naturwissenschaften und schlägt vor, die Natur mehr als Poet denn als Chemiker zu betrachten und sie eher zu beschreiben als zu zersetzen. (De Bonald 1859:1071,1160).

# Normalität und Anormalität
# Wechselwirkungen zwischen den Wissenschaften vom Leben und den Sozialwissenschaften im 19. Jahrhundert

Les détails de l'histoire des sciences
sont toujours utiles.
Condorcet, ELOGES

Im Jahre 1721 benutzten Cotton Mather und Zabdiel Boylston in Boston einen einfachen, auf Sterbetafeln beruhenden Wahrscheinlichkeitskalkül, um zu zeigen, daß die Aussichten Pockenkranker, geheilt zu werden, bei einer Impfung stiegen. Obwohl ihr Vorgehen auf vielfältigen Widerstand stieß – angeführt von William Douglass, dem einzigen Mann in den Kolonien, der den Grad eines Doktors der Medizin besaß –, nutzte die Mathematik so der ärztlichen Praxis. Später profitierte wiederum die Wahrscheinlichkeitsrechnung von den praktischen Möglichkeiten zur Überprüfung ihrer Theoreme, die sich durch die Massenimpfungen boten.

Der Wahrscheinlichkeitskalkül war nicht zuletzt zur Lösung bestimmter Versicherungsprobleme entworfen worden; Jakob Bernouilli wollte ihn grundsätzlich zur Klärung sozialer und ökonomischer Probleme nutzen. Zwar kritisierten d'Alembert wie Trembley die Versuche Bernouillis, doch zeigen unter anderem Diderots Artikel ›Arithmétique politique‹ in der Enzyklopädie, Condorcets *Elémens du calcul des probabilités* und der *Essai sur les probabilités* von Laplace, wie eng der Wahrscheinlichkeitskalkül mit praktischen Fragestellungen verbunden blieb. Programmatisch wird diese enge Orientierung der Wahrscheinlichkeitsrechnung an der sozialen und ökonomischen Praxis in Quételets *Lettres sur la théorie des probabilités appliquées aux sciences morales et politiques* (1846). Doch brachte diese Praxisorientierung auch Probleme mit sich und beim Internationalen Statistischen Kongreß von Florenz (1867) machte Engel den Vorschlag, den Anwendungsbereich der Statistik zu begrenzen, und Quételet schlug vor, bei künftigen Kongressen eine Sektion zu bilden, die die Bedeutung der Wahrscheinlichkeitstheorie für die Statistik untersuchen sollte, um ein Gegengewicht zur angewandten Statistik zu schaffen.

Doch war nicht nur in der Statistik selbst ihre Anwendung auf praktische Fragestellungen umstritten – auch in anderen Disziplinen, wie der Medizin, begannen Auseinandersetzungen um die Rolle der Statistik. 1831 wurde unter der Ägide von Louis und den ›numéristes‹ die Pariser Société Médicale d'Observation gegründet. Der Platz der Statistik innerhalb der Medizin schien dadurch gefestigt, umso mehr, als mit der Cholera-Epidemie von 1832 statistische Fragestellungen vor allem in der öffentlichen Hygiene immer bedeutungsvoller wurden. Dennoch begannen 1835 wieder scharfe Auseinandersetzungen um die Statistik in der Académie des Sciences, die in ihrer Bedeutung mit dem Streit zwischen Geoffroy Saint-Hilaire und Cuvier verglichen wurden. 1837 wurde auf Vorschlag von Cruveilhier in sechs Sitzungen über die Nützlichkeit einer Anwendung der Statistik auf die Medizin und deren Grenzen diskutiert – eine wahre ›Bataille d'Hernani‹ der medizinischen Statistik (Schiller 1967).

Die Statistik und insbesondere die Wahrscheinlichkeitstheorie liefern prägnante Beispiele für Wechselwirkungen zwischen verschiedenen Wissenschaftsdisziplinen. Spencer sprach von Wechselwirkung, als er zeigte, daß die Biologie den Begriff der Arbeitsteilung der Soziologie entlehnt, um ihn dann angereichert an diese zurückzugeben. *Wechselwirkung* bezeichnet den Übergang eines Konzeptes von einer Wissenschaftsdisziplin in eine andere und zurück in die Ursprungsdisziplin. Gegenstand eines solchen Transformationsprozesses zwischen den Wissenschaften vom Leben – insbesondere der Medizin und der Physiologie – und den Sozialwissenschaften ist im 19. Jahrhundert das Verhältnis von Normalität und Anormalität.

An den Beginn seines *Mémoire sur la science de l'homme* setzte Saint-Simon ein ›Examen des travaux physiologiques de Vicq-d'Azyr‹, den er – zusammen mit Cabanis, Bichat und Condorcet – als bedeutendsten Vorläufer jener Wissenschaft von Menschen ansah, deren Gründer zu sein er selbst beanspruchte. Seit den frühen Schriften Saint-Simons spielte die Physiologie für die künftige Wissenschaft der Soziologie eine bedeutende Rolle. In den *Lettres d'un habitant de Genève à ses contemporains* (1803), seiner ersten Veröffentlichung, schlug Saint-Simon vor, gesellschaftliche Beziehungen als physiologische Erscheinungen zu betrachten und rief die Physiologen dazu auf, Philosophen, Moralisten und Metaphysiker vom wissenschaftlichen Diskurs auszuschließen. In einer seiner autobiographischen

Schriften – *Sa vie écrite par lui-même* – beschrieb er Astronomie, ›le grand monde‹, und Physiologie, ›le petit monde‹, als die einzig wirklichen Grundlagen der Philosophie. Zwar sollte die Wissenschaft vom Menschen zwischen beiden stehen, doch minderte dies nicht die Bedeutung der Physiologie. Gegenüber der Astronomie kann sie nämlich noch einen grundsätzlichen Vorteil für sich verbuchen, können wir doch in ihr jene Experimente unternehmen, die zur Begründung einer Wissenschaft vom Menschen unerläßlich sind. Eine wichtige Rolle spielt dabei die Pathologie, denn das »faire beaucoup d'actions marquées au coin de la folie« gilt Saint-Simon, 1814 Patient Pinels in Charenton, als besonders bedeutsam.* Dies ist nur ein Beleg für das ›experimentelle Leben‹ (la vie expérimentale), das Saint-Simon führte – bis hin zu seinem Tode, als er seinen Ärzten Burdin, Bailly und Broussais von dem Glück sprach, ihnen ein neues und interessantes Beobachtungsobjekt sein zu können (Manuel 1956: 365). Wenn später berichtet wird, der sterbende Broussais habe sich selbst die Lider geschlossen (Mignet 1854:286), wird damit eine saint-simonistische Haltung beschrieben.

Es ist schwierig abzuschätzen, inwieweit Saint-Simons Überlegungen zum Verhältnis von Physiologie und Sozialwissenschaft Comte beeinflußt haben. Sicher ist, wie Georges Canguilhem nachdrücklich hervorgehoben hat, der Physiologiebegriff Comtes von dem Saint-Simons erheblich unterschieden – nicht zuletzt, weil Comte in weit größerem Maß direkt von der Medizin beeinflußt wurde, was unter anderem auch die Unterschiede im Krisenbegriff bedingt, den beide verwenden. Immerhin gibt es Anhaltspunkte für den Einfluß Saint-Simons, der nachdrücklich von den Anschauungen Jean Burdins geprägt wurde, einem jener Ärzte um die Wende zum 19. Jahrhundert, die aus philosophischer Überzeugung und praktischer Überlegung verschiedene Einzeldisziplinen zu einer Wissenschaft vom Menschen zusammenfassen wollten. Saint-Simon unterstützte Burdin bei der Veröffentlichung seiner Werke. Mit einigen der Enzyklopädisten plädierte Burdin für eine Ent-Mathematisierung der

* Schon Bacon sah in den Mißbildungen Experimente der Natur – Lichtenberg hat umgekehrt die »künstlichen Versuche ... gewissermaßen Monstra« genannt. Linné meinte in der *Critica botanica*, in den Monstrositäten habe der Schöpfer der Natur gestattet, so etwas wie Humor zu zeigen.

Naturphilosophie, ohne dadurch zu einem Anhänger des Vitalismus zu werden – eine Position, die der Comtes ähnelt. Saint-Simon war es, der Comtes Aufmerksamkeit auf Burdin lenkte und wahrscheinlich hat dieser ebenfalls zuerst durch Saint-Simon von dem Werk Henri Ducrotay de Blainvilles erfahren, den er später in seiner Grabrede den letzten wirklich bedeutenden Denker der ›biologie préliminaire‹ nannte.

Wenn man der These Henri Gouhiers zustimmt, daß Saint-Simon die Biologie von dem Moment an aufgab, da er zum ›Ökonomen‹ geworden war, wird es wahrscheinlich, daß er die physiologischen Anschauungen Comtes eher indirekt beeinflußte. Comte seinerseits hörte nie auf, die Biologie als eine notwendige Voraussetzung der Soziologie zu betrachten. Saint-Simon hatte im *Mémoire sur la science de l'homme* die Vorstellung entwickelt, die Geschichte der Menschheit könne durch einen regelmäßigen Wechsel wissenschaftlicher und politischer Revolutionen gekennzeichnet werden. Der französischen Revolution sollte eine wissenschaftliche Umwälzung gleichen Ranges nachfolgen: die Revolution der Physiologie. Aber es war erst Auguste Comte, der die Bedeutung dieser physiologischen Revolution und ihren Einfluß auf die Soziologie in ihrem ganzen Umfang erkannte.

Nach dem Urteil Georges Canguilhems ist im 19. Jahrhundert Comte der bedeutendste Repräsentant der medizinischen Schule von Montpellier gewesen. In Montpellier 1798 geboren, besuchte er dort im Sommer 1816 einige Wochen lang die Kurse der medizinischen Fakultät. Später rehabilitierte Comte die Schule von Montpellier gegenüber der von Paris. Insbesondere Paul-Joseph Barthez' *Nouveaux élémens de la science de l'homme* (1778) wurden so bedeutend für ihn wie vielleicht nur Laplaces *Exposition du système du monde* (1796) und Fouriers *Théorie analytique de la chaleur* (1822). Barthez folgte dem Prinzip der ›pathologiae physiologiam informantis‹, für ihn verfolgte die Natur in den Funktionen des gesunden und kranken Körpers die gleichen Pläne. Die Physiologie, oder Wissenschaft von der menschlichen Natur, betraf immer den gesunden und den kranken Menschen zugleich, sie war ›science de l'homme sain et malade‹ (Barthez 1806:30). Das Werk von Barthez ist ebenso wie das von Bordeu, das Comte nicht gekannt zu haben scheint, von Canguilhem als medizinischer Positivismus vor dem Positivismus bezeichnet worden: die Kontinuität zwischen den Auffassungen der Schule von Montpellier und dem entwickelten soziologischen Positivismus ist damit angedeutet.

Nur Broussais beeinflußte Comte ähnlich stark, wenn nicht stärker, als Ducrotay de Blainville und Barthez es taten. Unter den 150 Bänden der Comteschen ›Bibliothèque positiviste au dix-neuvième siècle‹ findet sich Blainvilles *Sur l'organisation des animaux* ebenso wie Barthez' *Nouveaux élémens* und seine *Théorie du Beau*, doch enthält sie nicht weniger als drei Bücher von Broussais: seine *Propositions de Médecine*, die *Histoire des phlegmasies chroniques* und schließlich *De l'irritation et de la folie*. Im Positivistischen Kalender des *Système de politique positive* wird der letzte Samstag des 13. Monats (›Bichat. La Science moderne‹) nach Broussais benannt.

François-Joseph-Victor Broussais wurde 1772 in St. Malo geboren, Bretone wie sein Konkurrent Laënnec, wie Lamennais und Chateaubriand.* Mit dem Einfluß, den Chateaubriand auf die französische Literatur ausgeübt hat, ist dann auch die Revolutionierung der Medizin durch Broussais, die Begründung der ›physiologischen Medizin‹, verglichen worden. Von 1792 bis 1794 kämpfte Broussais als Mitglied der revolutionären Armeen gegen die Chouans, von 1795 bis 1798 war er in der Marine, um anschließend sein Medizinstudium an der Ecole de Santé zu beginnen – beeinflußt durch Cabanis, Corvisart, Chaussier und Hallé, vor allem aber von Bichat und Pinel. Von 1803 bis 1814 diente Broussais als Feldarzt in den napoleonischen Armeen; dann wurde er Professor am Hospital Val de Grâce.

Broussais' beherrschende Idee – so sein Sohn Casimir Broussais – war die Zerstörung der ›Ontologien‹, insbesondere jener Pinels, der versucht hatte, eine Einteilung von Krankheiten auf symptomatologischer Grundlage zu erstellen. In der Krankheit sah Broussais nichts dem Organismus Fremdes, sondern lediglich eine Funktionsstörung; die Existenz spezifischer Krankheiten wurde von ihm geleugnet, die Pathologie gänzlich auf die Lokalisierung gestützt. Der Monismus Broussais' drückt sich in der Annahme einer universellen Krankheit, der Gastroenteritis (Magen-Darm-Entzündung), aus; auf sie wurden letztlich, und oft gewaltsam genug, alle Erkrankungen zurückge-

* In der Darstellung der Broussais'schen Biographie und seiner medizinischen Doktrin folge ich vor allem Erwin H. Ackerknecht.

führt. Ähnlich monistisch war die Broussais'sche Therapie; sie bestand fast ausschließlich aus Diät und Aderlässen, die mit Hilfe von Blutegeln vorgenommen wurden. Die Aderlässe Broussais' prägten über zwanzig Jahre lang die französische Medizin; eine Statistik zeigt, daß Frankreich, das 1820 noch über eine Million Blutegel exportierte, 1834 fast zweiundzwanzig Millionen Blutegel importieren mußte. Broussais galt – obwohl zu seiner Zeit der Aderlaß etwas Gewöhnliches war und von allen Ärzten, mit Ausnahme Magendies, häufig verordnet wurde – als Grandsaigneur, man sprach vom ›Vampyrismus‹ Broussais' und in Balzacs *La messe de l'athée* heißt es, die Aderlässe Broussais' hätten soviel Blut gekostet wie die Bataillen Napoleons.* In seiner Theorie wie Therapie blieb Broussais der napoleonische Feldarzt; den Aderlaß mit Hilfe von Blutegeln vorzunehmen war vor allem notwendig, weil nicht genügend ausgebildete Chirurgen für die Durchführung von Venensektionen zur Verfügung standen.

In *La Peau de chagrin* hat Balzac Broussais in der Figur des Doktor Brisset porträtiert. Zusammen mit Caméristus (Récamier) und Maugredie (Magendie) ist er von Raphaël zu einer Konsultation gebeten worden, der auch Bianchon, Freund Rastignacs und Vautrins, der bedeutendste Arzt der *Comédie Humaine*, beiwohnt. Die drei Doktoren verkörpern die verschiedenen medizinischen Philosophien der Zeit: Brisset die reine Geistigkeit, Caméristus die analytische Methode, Maugredie den ungläubigen Eklektizismus. Brisset beginnt mit der Konsultation, »der berühmte Brisset, der Meister der Inter-

* Vergleiche dieser Art hatten ihre Tradition. Während Mercier im *Tableau de Paris* (1782/83) noch feststellen konnte, seit den Sarkasmen Molières hätten die Ärzte mehr und mehr von den übermäßigen Aderlässen abgesehen (II,CXXXV ›Médecins‹), heißt es in *Le Nouveau Paris* (1800), der Mißbrauch des Aderlasses habe unterdessen der Menschheit mehr geschadet als der Gebrauch des Schießpulvers (VI,CCLVII ›Médecine‹).

Ludwig Börne schreibt am 10. Oktober 1830 aus Paris an Jeannette Wohl: »Wenn ich meine Hebamme fragte, ob die Blutigel ziehen, antwortete sie: oh, ils travaillent joliment. In Frankreich setzen sie die Blutigel dutzendweise. 20, 30, 50 auf einmal. Und als ich von 4 Blutigel sprach, die ich brauchte, sah mich meine Frau verwundert an, als wäre ich ein Narr und fragte: seulement quatre?«

nisten, der Nachfolger eines Cabanis und Bichat. Er gehörte zu jenen positivistischen und materialistischen Geistern, die in dem Menschen ein vollendetes Wesen sehen, das einzig den Gesetzen seiner eigenen Organisation unterworfen ist. Er glaubte fest, daß sowohl der Normalzustand des Menschen als auch jede zerstörerische Abweichung davon sich aus durchaus einleuchtenden Ursachen herleiten ließen.« Die Diagnose Brissets sowie die von ihm vorgeschlagene Therapie fassen die Doktrin Broussais' prägnant zusammen: »Die heftige Inanspruchnahme des Körpers und des Gehirnes haben den ganzen Organismus aufgerieben. Es ist leicht, meine Herren, aus dem Gesichte sowohl wie auch aus den körperlichen Symptomen eine außerordentliche Überreizung des Magens und eine Neurose des großen Sympathikus zu erkennen. Wir finden überdies eine auffallende Sensibilität des Epigastriums und eine Verengerung der Hypochondrien. Sie haben sicher die Größe und das Hervortreten der Leber bemerkt. Endlich hat uns Herr Bianchon, der ständig die Verdauung seines Patienten überwacht hat, davon Mitteilung gemacht, daß sie schlecht und schwer sei. Um es also rasch zu sagen, der Kranke hat so gut wie keinen Magen mehr. Und damit ist auch der Mensch erledigt. Der Verstand ist unterernährt, weil der Mensch nicht mehr verdaut. Die fortschreitende Erkrankung des Magens, der ja das Zentrum des Lebens ist, hat den ganzen Organismus zugrunde gerichtet ... Man muß ihm also eiligst in die Magengegend Blutegel ansetzen und so die Überreizung dieses Organes, von dem das ganze Leben abhängt, beseitigen. Man muß den Kranken in strenger Diät halten, dann wird auch die Monomanie verschwinden ... Vielleicht werden sich noch Komplikationen der Krankheit einstellen, vielleicht sind auch die Atmungswege auf gleiche Weise in Mitleidenschaft gezogen: ich halte aber die Behandlung des Verdauungsapparates für weitaus wichtiger, nötiger und dringlicher als die der Lungen. Das hartnäckige geistige Arbeiten zusammen mit einem ausschweifenden Leben hat im Lebensmechanismus unseres Kranken schwere Störungen hervorgerufen. Immerhin ist es noch Zeit, die Maschinerie wieder in Gang zu bringen, da noch nichts endgültig verdorben ist! Er wandte sich an Bianchon: ›Sie können also Ihren Freund noch mit Leichtigkeit retten!‹«

Broussais' Auffassung von der Krankheit als bloßer Funktionsstörung, sein diagnostischer wie therapeutischer Monismus, der alle

Erkrankungen auf Überreizungen des Magen-Darm-Traktes zurückführte und durch Aderlaß sowie Diät heilen wollte – alles ist in der Stellungnahme Brissets enthalten. Von Karikatur kann hier kaum die Rede sein und Balzac ist als Quelle durchaus ernst zu nehmen, umso mehr, als wohl nie zuvor Medizin und Literatur in so enger Verbindung miteinander standen; Sainte-Beuve konnte geradezu von den ›médecins-littéraires‹ sprechen.

Broussais war zeitlebens umstritten. Montègre, lange sein Sekretär, sah in Broussais' physiologischer Medizin keine Schule unter anderen, sondern die Summe aller vorherigen Systeme und das letzte Wort der Wissenschaft; »Soldat de la médecine, il s'en est fait empereur«, schrieb sein Sohn Casimir Broussais. Seine Gegner hielten ihn für einen Scharlatan, der nichts als ein großer, die Massen verführender Agitator, ein brillanter Schriftsteller und begeisternder Redner gewesen sei.* Die Ablehnung Broussais' auf der einen, seine Vergötterung auf der anderen Seite führten zu einem zwanzigjährigen Bürgerkrieg in der französischen Medizin. Die Gegner schonten einander nicht; für Broussais war Brown ein Söldner Englands, Pinel ein Reaktionär, Laënnec ein Mitglied der ›medizinisch-jesuitischen Partei‹ (Arnold 1959:51). Ackerknecht hat aus heutiger Sicht die medizinischen Leistungen Broussais' gewürdigt; auch wenn das meiste davon abstrus erscheint, ist beispielsweise sein Einfluß auf Charcot und Virchow nicht zu leugnen.

Im *Cours de philosophie positive* (1830) sprach Comte von Broussais als »unserem berühmten Mitbürger« und beklagte nach dessen erfolgloser Kandidatur für die Académie des Sciences die Nichtbeachtung, die die meisten der französischen Mediziner Broussais ent-

* Flaubert allerdings wählte gerade einen Satz aus Broussais' *Examen des doctrines médicales* als Beispiel für einen schwülstigen und der Wissenschaft unangemessenen Stil. Für Bouvard und Pécuchet gehört Broussais, zusammen mit van Helmont und Boerhaave, zu jenen Ärzten, die die Medizin revolutionierten, ohne praktische Erfahrungen zu haben. Auch wenn Louis Peisse davon spricht, daß kaum ein anderer Schriftsteller Buffons »Le style est l'homme même« so gerechtfertigt habe wie Broussais, ist diese Bemerkung kritisch gemeint – sie richtet sich gegen den Rhetor und schriftstellernden Fanatiker, der noch nicht einmal eine Schule zu begründen vermochte; Broussais brachte es nicht zum ›chef d'école‹, sondern blieb zeitlebens und nach seinem Tode ein ›chef de parti‹ (Peisse 1857:404).

gegenbrachten. Im *Système de politique positive* (1851) werden die unsterblichen Bemühungen von Bichat, Lamarck, Cabanis, Gall und Broussais hervorgehoben und als Broussais' besonderes Verdienst dabei die endgültige Unterordnung der Pathologie unter die Biologie gerühmt.

Die Verknüpfung von Physiologie und Pathologie läßt sich zumindest bis Thomas Sydenham (1624–1689) und Morgagni (1682 bis 1771) zurückverfolgen. Für Beneke gilt Johann Friedrich Meckel (1781–1833) als Begründer der wissenschaftlichen, methodisch erforschbaren Teratologie, er sah »die Ergebnisse der normalen und abnormen Entwicklungsvorgänge als gleichwertige und unentbehrliche Grundlagen der Formenwelt« (Beneke 1934:68); Oken las 1808 als Teil seiner in Jena begonnenen physiologischen Vorlesungen in einem Semester auch ›pathologische Physiologie‹, weil er nur dadurch glaubte, die Physiologie vollenden zu können. Die Schranken zwischen Physiologie und Pathologie fallen; Monstrositäten unterscheiden sich von Varietäten nur durch den Grad ihres Abweichens von der Norm; normale Vorgänge werden durch den Vergleich mit krankhaften erklärt. Johann Christian Reil (1759–1813) behauptete, »dass Krankheiten nichts sind, als Veränderungen in der Form und Mischung der organischen Materie, wodurch sie sich von der gesunden Beschaffenheit entfernt, und dass es falsch sey, wenn man glaubt, ein veränderter Zustand in unbekannten Kräften des Körpers rufe erst jene Veränderungen in der Materie hervor« (Eble 1837:262). Eble widmet einen ganzen Paragraphen den »Versuchen, die Physiologie mit der Pathologie zu verbinden«, ist aber der Meinung, daß noch keiner gelungen sei und auch »wegen der ungeheuern und schnellen Erweiterung der Naturwissenschaften von Tag zu Tag schwieriger wird«. Den Versuch Broussais' kann Eble nicht ernst nehmen, er betrachtet die Anhänger der ›Physiologie pathologique‹ und ihren Urheber als Mitglieder einer medizinischen Sekte: »Weit entfernt, sich auf eine vernünftige Physiologie zu gründen, hat dieses pathologische System die allerungereimtesten theoretischen Sätze aufgestellt, und was noch verderblicher, selbe auch auf die Praxis angewandt« (Eble 1837:403/4). Im übrigen seien die Lehren Broussais', die auch viele seiner Landsleute angegriffen hätten, fast nirgends im übrigen Europa anerkannt und bereits »bloss der Geschichte anheimgefallen«.*

So weit man auch Vorstellungen einer Einheit des Physiologischen und Pathologischen zurückverfolgen mag – sie können mit den Ideen Broussais' nicht verglichen werden, da es sich in den meisten Fällen um präformationistisch orientierte Systeme handelt. Broussais kommt also durchaus eine gewisse Priorität in seiner Auffassung von der Identität normaler und pathologischer Phänomene zu, die er seit 1822 im *Traité de physiologie appliquée à la pathologie* und insbesondere in *De l'irritation et de la folie* (1828) entwickelte. Seine Theorie war dabei von Widersprüchen nicht frei, da er gleichermaßen von Bichat wie von Brown beeinflußt war. Während Bichat nämlich alle Versuche ablehnte, die Biologie zu ›mathematisieren‹ und quantitative, d. h. statistische Methoden in die Medizin einzuführen, war John Brown ein Vorkämpfer der Auffassung, pathologische Erscheinungen könnten und müßten exakt gemessen werden – was einen seiner Kollegen bis zur Konstruktion eines bestimmten Thermometers führte, das Gesundheit und Krankheit messen sollte. Wie für Broussais ist auch für Comte ein Schwanken in der Einschätzung quantifizierender und mathematisierender Methoden in den Human- und Sozialwissenschaften kennzeichnend. Littrés Kennzeichnung Comtes als des einzigen Mathematikers seiner Epoche, der etwas von Biologie, und des einzigen Biologen, der etwas von Mathematik verstand, ist in diesem Zusammenhang von einer irreführenden Eindeutigkeit. Im übrigen ist im 19. Jahrhundert die Einstellung eines Autors quantifizierenden Verfahren gegenüber oft recht schwer zu bestimmen: Chomel beispielsweise, der ein Anhänger der Statistik, der ›méthode numérique‹, war, lehnt die Einführung des Thermometers ab.

Im August 1828 veröffentlichte Comte im *Journal de Paris* sein ›Examen du traité de Broussais sur l'irritation‹. Comte sah in Broussais' Theorie vor allem ein Heilmittel gegen die spekulative Naturphilosophie, jene ›deutsche Metaphysik‹, die er meist einfach als

* August Hirsch meint 1893 in seiner *Geschichte der medicinischen Wissenschaften in Deutschland*, der ›Broussaisismus‹ habe in Frankreich zahlreiche Anhänger gefunden, im Ausland, speziell in Deutschland, sei er dagegen nicht beachtet worden – und tritt sogleich den Beweis für seine Behauptung an, indem er Casimir und François-Joseph-Victor, Sohn und Vater Broussais, miteinander verwechselt.

Psychologie bezeichnete.* Er hielt der Psychologie vor, sich von der Physiologie unabhängig und dieser überlegen zu glauben, um sich dadurch die alleinige Untersuchung der sogenannten moralischen Phänomene zu reservieren. Die Naturphilosophie oder Psychologie war für Comte nichts weiter als eine versteckte Theologie, die die Identität und Unabhängigkeit der neuen Physiologie bedrohte. In Wahrheit aber war diese Psychologie, die die Physiologie übertreffen wollte, ihr in zweifacher Hinsicht unterlegen. Die Analysen der Psychologie hatten zu ihrem Gegenstand lediglich den erwachsenen und vollkommen gesunden Menschen, während, so Comte, in jeder physiologischen Analyse der Normalzustand immer mit seinen pathologischen Abweichungen und mit den Erscheinungen des tierischen Organismus verglichen würde. Dies entsprach genau der Programmatik Magendies, dem zufolge die Physiologie ihre spezifischen Tatbestände aus der Beobachtung des gesunden und kranken Menschen sowie aus dem Tierexperiment gewinnen sollte (*Précis élémentaire de physiologie*, 1816). Broussais' monistische, und das hieß für Comte positive Pathologie, die Gesundheit und Krankheit nur als quantitativ voneinander unterschiedene Erscheinungen der gleichen Körpervorgänge betrachtete und damit »den Psychologismus tötete« (Comte an d'Eichthal, 9. Dez. 1828), schien die Identität und Unabhängigkeit der Physiologie zu garantieren. Broussais dankte Comte in einem Brief vom 23. August, in dem er sich entzückt davon zeigte, »de voir un athlète aussi vigoureux prendre parti dans la cause de la véritable méthode d'observation.«

Nach Comtes Auffassung hatte die Physiologie sich nicht nur von der Metaphysik und insbesondere von der als Psychologie bezeichneten Naturphilosophie zu emanzipieren. Zwar hatte gerade ihre Verbindung mit der praktischen Medizin zum Fortschritt der Physiologie beigetragen, doch hatte sie sich nun von einer Medizin zu tren-

* Gerade was die ›Identität‹ von Physiologie und Pathologie und die Einschätzung des Experiments angeht, ließen sich zwischen Comte und der Naturphilosophie eher Ähnlichkeiten als Unterschiede aufzeigen. Magendie hielt im übrigen gerade die Broussais'sche Physiologie für ›romantisch‹.

*De voir ...* Zu sehen, wie ein derart kraftvoller Athlet die Partei der wahrhaften Beobachtungsmethode ergreift.

nen, die zu praktisch und in Form des ›art médical‹ zur bloßen Technik geworden war; später hat Claude Bernard beklagt, daß die Erfordernisse der praktischen und professionellen Medizin beträchtliche Hindernisse für den Fortschritt der Medizin als Wissenschaft gewesen seien (Binet 1952:43). Als Comte im Jahre 1832 Guizot ersuchte, für ihn einen Lehrstuhl in allgemeiner Wissenschaftsgeschichte einzurichten (›Histoire générale des sciences‹), gehörte es zu seinen Programmpunkten, die Medizin einer analytischen und systematischen Anatomie-Physiologie unterzuordnen. In der Zukunft würde die Physiologie umso bedeutungsvoller für die Praxis werden, je mehr sie in theoretischer, ja sogar spekulativer Form weiterentwikkelt würde.

Comte sah in der Physiologie die Grundlage einer Wissenschaft vom Menschen und wie für Saint-Simon spielten bei dieser Einschätzung die mit der Physiologie eröffneten experimentellen Möglichkeiten eine entscheidende Rolle. Die Pathologie betrachtete Comte dabei als dasjenige Gebiet, in dem die Wissenschaft vom Menschen Methoden entwickeln konnte, die der experimentellen Orientierung in den positiven Wissenschaften gleichwertig waren; das spontane Experimentieren, bei dem man die normalen und die pathologischen Zustände des Organismus miteinander vergleicht, erschien ihm dabei sogar dem Experiment im engeren naturwissenschaftlichen Sinne als überlegen. Die Pathologie ermöglichte der Physiologie ihre experimentelle Orientierung, da sie einen präzisen Vergleich normaler und anormaler Zustände des Organismus zuließ, wobei die Unterschiede beider als rein quantitativ erschienen und das Pathologische lediglich ein Zuviel oder Zuwenig des Normalzustandes bedeutete. Die ›Anomalien‹ des Organismus, die lange Zeit nur das Objekt einer sterilen Neugier gewesen waren, wurden nun zu einem wichtigen und unerläßlichen Studienobjekt der Wissenschaft vom Menschen.

Comte selbst hat in diesem Punkt immer seine Abhängigkeit von Broussais hervorgehoben, doch zeigt bereits der *Plan der wissenschaftlichen Arbeiten* von 1822, wie früh sich bei ihm Auffassungen herausbildeten, die zur scharfen Kritik des ›ontologischen‹ Krankheitsbegriffs führen sollten. Hier findet sich schon jene medizinische Metaphorik, die Comte später in seinen politischen Analysen verwendete. Darüberhinaus wird eine Programmatik entwickelt, die für

Politik wie für Medizin gleichermaßen gilt: »Die theologische und metaphysische Politik ... die Politik der Einbildung (la politique d'imagination) ... macht die größten Anstrengungen, das Heilmittel zu erfinden, ohne den Kranken zu untersuchen. Die andere (la politique d'observation) geht von der Überzeugung aus, daß die hauptsächlichste Ursache der Genesung in der Lebenskraft des Kranken liegt und begnügt sich daher damit, durch die Beobachtung den natürlichen Ausgang der Krisis vorauszusehen, um sie zu erleichtern, indem sie die durch Empirismus verursachten Hindernisse beseitigt« (Comte 1973:107–108).

Ähnliche Überlegungen hat Comte später vor allem in den ›Considérations philosophiques sur l'ensemble de la science biologique‹ des *Cours de philosophie positive* entwickelt, doch findet sich die ausdrückliche Anknüpfung an das ›principe de Broussais‹ im *Examen* von 1828. Das Datum dieser Veröffentlichung ist von besonderer Bedeutung. Es erlaubt, persönliche Erfahrungen Comtes wenn auch nicht als Grund, so doch als Anlaß und zusätzliche Motivation zur Herausarbeitung seiner Ansichten des Verhältnisses von Physiologie und Pathologie, von Normalität und Anormalität zu begreifen.

Am 2. April 1826 beginnt Comte seinen ›Cours‹; unter den Zuhörern befinden sich Ducrotay de Blainville, Dunoyer und Alexander von Humboldt. Nach drei Sitzungen jedoch muß der Kurs abgebrochen werden; eine Krankheit, die Comte selbst als ›crise cérébrale‹, der Vater, Louis Comte, als ›aliénation mentale‹ beschrieben hat, zwingt ihn dazu. Comte hält sich selbst für einen Mediziner, seine Briefe – später hat er doppeldeutig erklärt, in dieser Zeit seien seine Briefe nur Gesundheitsbulletins gewesen – unterschreibt er mit D. M., Doctor Medicus. Durch Vermittlung Blainvilles wird Comte am 18. April 1826 in der Maison de Santé der rue de Buffon, der Klinik Esquirols, aufgenommen. Esquirol glaubte, bei Comte die deutlichen Symptome einer Krankheit zu erkennen, die er selbst in seinem *Mémoire sur la manie* beschrieben hatte. Anfangs schienen die Aussichten auf eine baldige Heilung groß zu sein; am 19. Juli 1826 schreibt Louis Comte, Esquirol höre nicht auf, seiner Frau zu versichern, daß sie im September mit ihrem Sohn wieder nach Montpellier zurückkehren könne. In Wahrheit jedoch ändert sich das Befinden Comtes nicht, es wird eher schlechter. Vor allem auf Betreiben seiner Frau verläßt Comte dennoch am 2. Dezember 1826

Esquirols Klinik. Nach Auffassung Littrés wäre er bei noch längerem Aufenthalt dort gestorben – nicht an der Meningitis, sondern an den Behandlungsmethoden Esquirols. Im ›registre des sorties‹ findet sich bei Comte – ›homme de lettres‹ – der Vermerk N. G., ungeheilt entlassen (non guéri). Sechs Wochen danach tritt im Befinden Comtes bereits eine Besserung ein; sein Arzt, Dr. Robinet, vertritt die Auffassung, es käme lediglich noch darauf an, die Krankheit mit Hilfe des Kranken zu beobachten und ihr mehr oder minder ihren Lauf zu lassen. Im September 1827 ist Comte wieder völlig hergestellt. Am 4. Januar 1829 beginnt er seinen ›Cours de philosophie positive‹ zum zweiten Mal, unter den Zuhörern befinden sich Binet, Fourier, Poinsot, Broussais und – Esquirol; Humboldt war noch nicht wieder in Paris, Guizot, der versprochen hatte, zu kommen, war nicht erschienen.

Nur zwei Jahre nach seinem Aufenthalt in der Klinik Esquirols – »der fatalen Episode von 1826«, wie er sie 1844 in einem Brief an John Stuart Mill nennt – veröffentlicht Comte das *Examen*, in dem er sich zu einer Krankheitsauffassung bekennt, die diese nur als quantitative Abweichung von der Gesundheit ansieht. Comte selbst hat die persönlichen Erfahrungen mit der ›grande maladie‹, wie er sie 1837 in einem Brief an seine Frau bezeichnet, zum Anlaß seiner physiologischen Arbeiten genommen. In der ›Préface personelle‹, die dem sechsten Band des *Cours* vorangestellt ist, beschreibt Comte seine Krisis – »eine Gehirnkrise, die von dem fatalen Zusammentreffen großer moralischer Pein und heftiger Arbeitsexzesse herrührte« – und schildert seine Behandlung durch Esquirol, die die meisten Mediziner dazu führte, ihn als unheilbar zu betrachten, während er von dem Augenblick an gesund wurde, da er die Klinik nicht mehr betrat und der Krankheit ihren natürlichen Lauf ließ. Bis zum Ende seines Lebens verlor Comte den Haß auf die Medizin der Geisteskrankheiten nicht. Gouhier hat gemeint, mit dem *Cours* habe Comte seine Heilung gefeiert und Comte selbst schrieb davon, er habe seine traurigen Erfahrungen philosophisch verwertet.* Seine ›hygiène céré-

* Die Nähe zu Cabanis' *Rapports du physique et du moral de l'homme* (1802) ist verblüffend: »Inmitten der Schwächeperioden einer nachlassenden Gesundheit habe ich zur Feder gegriffen: es ist unmöglich, daß meine Ideen nicht den Zustand widerspiegeln, in dem ich sie versammelt habe. Im übrigen

brale‹, die zur Enthaltung von jeder fremden Lektüre führte und das Comtesche Denken entscheidend mitbeeinflußt hat, ist auf diese Erfahrung zurückzuführen. Später ging Comte soweit, zu behaupten, alle neuen Etappen seines philosophischen Denkens seien von einer pathologischen Krise begleitet worden.

Die Episode in der Klinik Esquirols und die Erfahrungen, die Comte daraus zog, vermögen auch zu erklären, warum Comte an der Doktrin Broussais' noch festhielt, als dieser schon längst und offenkundig gescheitert war. Am 12. Februar 1832 erreichte die Cholera London, am 15. März ging sie in Calais ›an Land‹ und war am 26. März in Paris, wo sie bei einer Gesamtzahl von 785.000 Einwohnern 18.000 Tote forderte. Chateaubriand hat in den *Mémoires d'outre-tombe* das Entsetzen geschildert, das die Cholera in einem »siècle de philosophie, d'incrédulité, de journaux, d'administration matérielle« hervorrief; Heine hat in den *Französischen Zuständen* die Auswirkungen der Epidemie auf die Fraktionen der Juli-Monarchie beschrieben, Börne in einem Brief an Jeannette Wohl vom 20. Okt. 1831 die öffentliche Einschätzung der Medizin wohl richtig wiedergegeben, als er behauptete, bei der Cholera sei »ein Arzt das Allerentbehrlichste«, und von seinem Plan berichtete, ein Buch mit dem Titel *Meine Flucht vor der Cholera* zu schreiben.

An den Reaktionen auf die Cholera lassen sich Veränderungen in der theoretischen Orientierung der Medizin deutlich ablesen – ich folge hier Hinweisen von Jacques Piquemal. Magendie, »der Mann der verzweifelten Versuche«, wie es über Maugredie in *La Peau de chagrin* heißt, begrüßte die Cholera mit ihren so fremdartigen und unerwarteten pathologischen Erscheinungsformen geradezu; sie könnten für die Physiologie von Interesse und höchstem Nutzen sein (*Leçons sur le choléra-morbus*, 1832). Charakteristisch ist die Zunahme der ›médecins sans système‹, die sich seit 1830 feststellen läßt. Hinzu kommen Überschneidungen der theoretischen Positionen: Bouillauds klinische Maßnahmen etwa ähneln eher denen von Louis als von Broussais, obwohl Bouillaud sich selbst als dessen Lieblingsschüler bezeichnet hat. Fortschritte der Medizin sind während der

habe ich gerade vor zu zeigen, wie die Krankheit die moralischen Funktionen beeinflußt: ohne Zweifel wird der Autor dafür das erste Beispiel liefern« (Cabanis 1956:359).

Cholera-Epidemie sichtbar: hämatologische und biochemische Analysen werden nun in größerem Umfang, auch von Magendie, durchgeführt; die Beobachtung der Kranken wird wichtiger als ihre Befragung (interrogatoire). Andererseits gibt es in den Hospitälern noch keine Thermometer – bei einer Medizin, die vorwiegend auf der Analyse der Fieber beruht. Die Doktrin Broussais' wird durch die Cholera insofern besonders infrage gestellt, als gerade bei ihr qualitative Eigentümlichkeiten für die Diagnose von Bedeutung sind, deren quantitative Präzisierung unmöglich, unnötig und einfach überflüssig wäre. Die Angriffe auf Broussais beruhten im wesentlichen auf Ergebnissen der Hämatologie, doch hielt er unerschütterlich an den Prinzipien seiner Doktrin fest.

Ackerknecht hat den großen Erfolg von Broussais in erster Linie politisch erklärt. Als Mitglied der revolutionären Armeen und Militärarzt unter Napoleon mußte Broussais während der Restaurationsperiode zu einem Heros der Bonapartisten und Liberale vereinigenden Opposition werden. Seine Bezeichnung als eines Napoleon der Medizin – Cuvier war der Napoleon der Intelligenz, Balzac der Napoleon der Literatur, Dupuytren war der Napoleon der Chirurgie, Charcot später der Napoleon der Neurosen – drückte auch ein politisches Programm aus. 1823 wurde Broussais Mitglied der Académie de Médecine, dann auch der Académie des Sciences morales et politiques. Nach der Juli-Revolution war es auch endlich möglich, Broussais zum Mitglied der medizinischen Fakultät zu machen: am 1. Mai 1831 erhielt er den ›Chaire de pathologie et de thérapeutique générales‹. Diese Erfolge verdecken aber, daß die wissenschaftliche Reputation Broussais' seit 1825 sank.

Broussais hatte die Behauptung aufgestellt, seine Therapie am Val de Grâce sei so erfolgreich, daß dort nur einer von dreißig Patienten sterbe. Zwei junge Ärzte, Miquel und Bousquet, überprüften die Statistiken und stellten ihrerseits fest, daß zwischen 1815 und 1819 Broussais in Wahrheit einen von zwölf Patienten durch Tod verloren hatte. Die Reaktion Broussais' bestand charakteristischer Weise in einer Wendung von der engeren Fachgemeinschaft der Mediziner an das breitere Publikum; als Folge dieser krampfhaften und defensiven Popularisierung füllten sich die Spalten seiner Zeitschrift *Annales de la médecine physiologique* immer mehr mit den Arbeiten ›obskurer Militärärzte‹ (Piquemal). Der Niedergang der Doktrin war jedoch nicht aufzuhalten; um 1830 muß der Zweifel an den therapeutischen Fähigkeiten Broussais schon weit verbreitet gewesen sein: »Nichts ist weniger lebendig als die gegenwärtige Jugend, sie ähnelt einem Kranken, den der Doktor Broussais behandelt hat«, kann Balzac in den *Complaintes satiriques sur les mœurs du temps présent* schreiben. Mit der Parteinahme für die Phrenologie versuchte Broussais, das öffentliche Interesse noch einmal wiederzugewinnen. 1832 war er unter den Gründern der Société de Phrénologie, 1836 zog sein Phrenologie-Kurs wieder eine große Zahl von Studenten an, die er mehr und mehr an den erfolgreichen Andral verloren hatte. Auch die Wendung zur Phrenologie war bei Broussais rein taktisch bestimmt, denn vor 1832 hatte er sie energisch bekämpft, um dann mit allem Fanatismus des Konvertiten für Gall zu streiten. Louis Peisse sagt maliziös, gegen Ende seines Lebens hätte Broussais sich ebensogut der Homöopathie zuwenden und zu einem Adepten Hahnemanns werden können.

Bezeichnet das Jahr der Juli-Revolution den äußeren Höhepunkt der Karriere Broussais', so wurde seine Doktrin während der Cholera-Epidemie auf die entscheidende Probe gestellt. Neben dem Aufkommen der medizinischen Statistik und der sich immer stärker durchsetzenden Vorstellung von der ›Spezifität‹ einer Krankheit, die seit Mitte der zwanziger Jahre seine theoretischen Auffassungen als veraltet erscheinen ließen, kommen jetzt noch praktische, jedem sichtbare Mißerfolge in der Behandlung der Cholerakranken durch Broussais zum Vorschein. Die *Gazette Médicale* wirft in einem Pamphlet, dessen Urheber vermutlich der Chefredakteur Guérin war, Broussais erneut vor, Statistiken des Val de Grâce gefälscht zu haben, um aus Mißerfolgen Erfolge zu machen. Broussais' Entgegnungen in dieser ›querelle statistique‹ überzeugen nicht. Da wird Casimir Périer, der Premierminister und ›Herkules der Justemilieu-Zeit‹ (Heine), der nach dem Ausbruch der Cholera am 1. April 1832 in Begleitung Louis-Philippes das Hôtel-Dieu besucht hatte, fünf Tage später von der Cholera befallen. Broussais, zu dessen Patienten unter anderen Benjamin Constant, Saint-Simon und E. de Girardin gehörten, übernimmt seine Behandlung, doch wird schon nach kurzer Zeit offenkundig, daß seine therapeutischen Maßnahmen nichts nutzen, ja offenkundig schaden. Esquirol wird zusätzlich konsultiert, doch können er und Broussais sich nicht auf eine gemeinsame Therapie einigen. Es kommt zum Bruch zwischen Broussais und Esquirol. Kurz darauf stirbt Périer. Seine Agonie spielt sich wie vor den Augen der Öffentlichkeit ab; begleitet werden die vergeblich bleibenden Heilungsversuche Broussais' von den schadenfrohen Kommentaren Esquirols und Guérins: »An einem noch frischen Maitag, den Heine uns beschrieben hat, nahm der Leichenwagen, der Casimir Périer mit sich davontrug, zweifellos noch einen spekulativen Kadaver mit sich: den ›Physiologismus‹ des F.-J.-V. Broussais« (Piquemal 1959:72). Der Tod traf nur noch den Menschen, nicht mehr den Mediziner, schreibt Peisse in seinem Nekrolog in der *Gazette Médicale* vom 24. November 1838.

Broussais starb arm; sein Begräbnis aber war noch ein öffentliches Ereignis. Geoffroy Saint-Hilaire und Dumas nahmen daran teil. »Mir gegenüber sang Blanqui das Dies irae« notiert Michelet, auch einer der Trauergäste, am 21. November 1838 in seinem Tagebuch. Er hat bei dieser Gelegenheit ein passendes Epitaph auf Broussais verfaßt: »Broussais, quoiqu'il ait recommandé l'observation physiologique, s'est cependant contenté d'une médecine mécanique et négative, renoncant à interroger les *vires medicativae* de la nature. Broussais fut un héros, sa médecine, ou plutôt sa chirurgie, celle d'un âge héroïque, vraiment française: avoir plus d'esprit et de courage dans un moment donné, c'est français.« Als 1840, zwei Jahre nach Broussais' Tod, in der Académie de Médecine über den ›Ontologismus‹ debattiert wird, verteidigt die Auffassungen Broussais' in ihrer ursprünglichen Form niemand mehr. Die *Gazette Médicale* hält die ganze Diskussion um die ›Ontologie‹ für überflüssig und macht sich am 21. November 1840 über die Verwandlung »de notre bonne Académie médicale« in eine »Académie philosophique« lustig.

Daß Comte, anscheinend gänzlich ungerührt vom Scheitern Broussais', an dessen Doktrin festgehalten hat, hängt wohl auch damit

*Broussais* ... Obwohl Broussais die physiologische Beobachtung empfohlen hat, hat er sich doch mit einer mechanischen und negativen Medizin begnügt, indem er darauf verzichtete, die *vires medicativae* der Natur zu befragen. Broussais war ein Heros, seine Medizin, oder besser seine Chirurgie, war die eines heroischen Zeitalters und wahrhaft französisch: in einem bestimmten Augenblick mehr Geist und mehr Mut zu haben – das ist französisch.

zusammen, daß Esquirol zum öffentlichen Rivalen Broussais' wurde: jenen aber direkt oder indirekt zu unterstützen, verwehrte Comtes eigene Erfahrung in der Klinik Esquirols.

Das ›principe de Broussais‹ ist ein Bestandteil der Ansichten Comtes in Biologie und Physiologie geblieben. Obwohl er aber nicht aufhörte, sich auf Broussais zu berufen, hat Comte dennoch, wie Georges Canguilhem gezeigt hat, dessen Ansichten erheblich verändert, wenn nicht letztlich in ihr Gegenteil verkehrt. Durch den Filter der positivistischen Doktrin hindurch hat dann das veränderte und seinen ursprünglichen Intentionen beinahe entgegengesetzte Prinzip Broussais' seinen Einfluß auf die Medizin und Physiologie des 19. Jahrhunderts, insbesondere auf Claude Bernard, ausgeübt.

Bei genauerem Hinsehen zeigt sich nämlich, daß in der Comteschen Beschreibung der Beziehungen zwischen Pathologie und Physiologie, Anormalität und Normalität, Krankheit und Gesundheit die beiden Seiten der Gegensätze keineswegs gleichrangig behandelt werden. Der Begriff ›gesund‹ (sain) ist bei Comte geradezu eine normative Standardvokabel: eine gesunde philosophische Methode gibt es bei ihm ebenso wie eine gesunde öffentliche Erziehung und eine gesunde Theorie der Geschichte. Im übrigen ist die Physiologie der Ausgangspunkt für jede gesunde pathologische Theorie (toute saine théorie pathologique) und nicht umgekehrt. Krankheiten, Anomalien und Ausnahmefälle sind zwar für ein wissenschaftliches Verständnis des Menschen wichtig, und doch nur von zweitrangigem wissenschaftlichen Wert: »Wenn man Ausnahmen betrachtet wie die wirklichen Krankheiten, deren Ursprung älter ist, die weniger bekannt und die ihrer Natur nach in der Regel eher unheilbar sind, so muß man ihnen, im Prinzip, einen geringeren wissenschaftlichen Wert beilegen« (Comte 1908:179). An Broussais erinnert eine solche Aussage nicht, eher an Pinel, der vom »état anomal, maladif ou monstrueux« sprach.

Comtes Metaphern zeigen, wie sehr Broussais' Prinzip durch ihn verändert wurde. Pathologische Erscheinungen werden als Störungen und Abweichungen beschrieben, nicht nur, wie es die Doktrin Broussais' erfordern würde, als Veränderungen; während der Gesundheitszustand als Normalexistenz beschrieben wird, ist der Begriff des Anormalen von qualitativen, negativen Konnotationen begleitet und wird als ›Übertreibung‹, ›Disproportion‹ und ›Desharmonie‹ charakterisiert. Im Begriff der ›Anormalität‹ wird besonders deutlich, wie sehr die Auffassungen Broussais' sich bei Comte verändert haben.*

Canguilhem, der die Wichtigkeit semantologischer Analysen für die Wissenschaftsgeschichte stets betont hat, hat eine ›semantische Konfusion‹ für die qualitative Neuformulierung des Verhältnisses von Krankheit und Gesundheit im 19. Jahrhundert verantwortlich gemacht. Der Begriff *anomal* geht auf das griechische an-omalos zurück; er bezeichnet ohne jede qualitative Konnotation lediglich eine Unebenheit. *Anormal* dagegen stammt von a-norma, es ist ein pejorativer Begriff, der eine Unregelmäßigkeit, die Abweichung von einer Ordnung, bezeichnet; bei Meckel gibt es sogar die Wortprägung ›das Normal‹ im Sinne von Norm. Wenn also die prinzipielle Gleichheit physiologischer und pathologischer Phänomene betont wird und beide sich nur quantitativ voneinander unterscheiden lassen, dann sollte man von *anomalen* und nicht von *anormalen* Erscheinungen sprechen. Im ganzen 19. Jahrhundert wird eine solche Trennung nicht praktiziert – auch nicht in Littrés und Robins *Dictionnaire de médecine*.

Dennoch vermag diese semantische Konfusion nicht hinreichend zu erklären, warum Comte – gegen seine eigenen Absichtserklärungen – Broussais' Anschauungen veränderte und zu einer scharfen qualitativen Differenzierung von Normalität und Anormalität zurückkehrte. Biologie und Soziologie waren für Comte eng miteinander verbunden: die Biologie bereitete der Soziologie den Weg, während diese Biologie und auch Physiologie erst zu positiven Disziplinen machte. Die Analysen pathologischer Erscheinungen zielten so letztlich auf eine Erklärung gesellschaftlicher Tatbestände, auch wenn Comte zu vorsichtig war, direkte Schlußfolgerungen von indi-

* Comte war äußerst sprachbewußt – vielleicht weil er kein großer Stilist war. Deutlich wird das an seiner präzisen Interpretation der unterschiedlichen Bedeutungen, die der Begriff der Seele bei Stahl und Barthez, hier als ›principe vital‹, gewinnt oder in seiner Rechtfertigung des Terminus ›Milieu‹. Als Valat den Stil des *Cours* kritisierte, entgegnete Comte, er verfüge über den wissenschaftlichen Stil, der seinem Gegenstand angemessen sei, und im übrigen wolle er gern mit Berthollet, Bichat und Cuvier verglichen werden, die alle bei den Rhetorikern als wenig bedeutende Schriftsteller gälten (*Correspondance*, 8. September 1824).

viduellen auf gesellschaftliche Erscheinungen zu ziehen. Auf der anderen Seite kann aber auch das Studium der Revolutionen zu einer positiven Analyse der Gesellschaft nur beitragen, wenn wir über entsprechende Beispiele aus der Biologie und Physiologie zu Vergleichszwecken verfügen. Das nosologische Prinzip aber, das die Wissenschaften vom Leben zu charakterisieren scheint – eben die nur quantitative Differenz von Normalität und Anormalität – kann nicht ohne weiteres auf die Gesellschaftslehre übertragen werden. Malthus' Auffassung von einer ›vis medicatrix rei publicae‹ teilt Comte nicht. Er glaubt freilich, daß die Epidemien sich mit den politischen Umwälzungen abwechseln – hier wird der Einfluß Saint-Simons sichtbar – und daß beispielsweise die Choleraseuchen erst der antibourbonischen Erschütterung, dann der republikanischen Krise von 1848 und schließlich der Diktatur von 1850 folgten. Politische Krisen werden dabei von Comte auch als Krankheiten betrachtet, doch während im Krankheitsfall der natürliche Verlauf der Krankheit (vis medicatrix naturae) den besten Weg zur endgültigen Heilung darstellt, kann die politische Therapie nicht einfach darin bestehen, den gesellschaftlichen Krisen ihren Lauf zu lassen. Für Comte wird, im Gegensatz zu Spencer, im Verlaufe seiner Entwicklung das Prinzip der ›sozialen Kontrolle‹ immer wichtiger. Hierin liegt letztlich die Ursache dafür, daß Comte das Prinzip Broussais' zwar übernimmt, es dann jedoch bald verändert und im Grunde genommen in sein Gegenteil verkehrt. Auch bei Littré läßt sich diese ›Umkehrung‹ Broussais'scher Ansichten nachweisen. In der *Application de la philosophie positive* (1850) wird der Begriff der Anomalie genau im Sinne einer ›nicht-klassifizierbaren Singularität‹ verwendet; wenn Littré die Behauptung aufstellt, die Konsolidierung eines konstitutionellen Systems sei nicht möglich, nimmt er den Hinweis auf England vorweg und schreibt: »Durch das Beispiel Englands braucht man sich dabei nicht beirren zu lassen, denn dabei handelt es sich um eine Anomalie, die sich anderswo gar nicht zeigen kann« (Littré 1850:83).

Da die meisten Mediziner im Frankreich des 19. Jahrhunderts Comte sehr gut, vielleicht besser als Broussais, kannten, darf man davon ausgehen, daß die neue ›ontologische‹ Krankheitsauffassung, die Krankheit und Gesundheit wiederum qualitativ voneinander unterschied, wesentlich von Comtes Umdeutung des ›principe de Broussais‹ geprägt wurde. Claude Bernard spielt hierbei eine entscheidende Rolle. Zwar bezieht er sich in seinen publizierten Schriften nicht ausdrücklich auf Comte, wenn er über das Verhältnis von Normalität und Anormalität, von Physiologie und Pathologie spricht, doch ist aus den Notizbüchern Claude Bernards bekannt, daß er sich ausführlich mit Comte auseinandergesetzt hat. Hillemand ist sogar bis zu der Behauptung gegangen, die *Introduction à la médecine expérimentale* (1865) sei nichts als eine Illustration dessen, was Comte im ersten und dritten Band des *Cours de philosophie positive* (1830;1836) geschrieben habe und hat Claude Bernard Undankbarkeit seinem ›Lehrer‹ gegenüber vorgeworfen. Die Diskussion um das Verhältnis von Normalität und Anormalität bezieht sich im 19. Jahrhundert auf Comte wie Claude Bernard gleichermaßen; es dürfte schwierig sein, ihren wechselseitigen Einfluß genau herauszuarbeiten.*

Paul Tannéry hat daraufhingewiesen, daß die biologischen Ansichten Comtes mit der Biologie seiner Zeit besser vereinbar waren, als seine mathematischen und physikalischen Auffassungen mit den entsprechenden Disziplinen. Die positivistische Doktrin übte ihren größten Einfluß auf die Wissenschaften vom Leben aus, wo er stärker war als selbst in den Sozialwissenschaften. 1848 wurde von zwei Schülern Comtes, von Segond und Robin, die Société de Biologie mitgegründet, von denen Robin später der erste Inhaber des Lehrstuhls für Histologie in der medizinischen Fakultät werden sollte. Erster Präsident der Gesellschaft wurde Rayer, Brown-Séquard einer der Sekretäre, Claude Bernard Vizepräsident und 1867, nach dem Tode Rayers, Präsident auf Lebenszeit. Der erste Paragraph der Gesellschaftssatzung erklärte zum Ziel der Société de Biologie das Studium der Organismen im normalen und pathologischen Zustand; der Einfluß Comtes macht sich hier ebenso geltend wie in der Übernahme der Comteschen Wissenschaftsklassifikation durch Robin. Wenn Robin darüberhinaus betonte, eine der bedeutendsten Aufgaben der Gesellschaft werde in der ›étude des milieux‹ bestehen, für die er den Neologismus ›mésologie‹ prägte, wird der Einfluß des Positivismus

* In der ›Bibliothèque positiviste‹ ist Claude Bernard vertreten; seine eigene Bibliothek bestand bei seinem Tode aus 1275 Bänden, sämtlich medizinischen und naturwissenschaftlichen Inhalts – mit Ausnahme der Romane Balzacs und Champfleurys sowie Brillat-Savarins *Physiologie du goût*.

noch deutlicher, denn Comte hatte ja beansprucht, den Begriff des Milieus im modernen Sinne zum ersten Male benutzt zu haben.* Der größte Teil dessen, was im 19. Jahrhundert als der Einfluß Claude Bernards beschrieben wurde, geht in Wahrheit, so Georges Canguilhem, auf Comtes Auffassungen zurück.

Für Claude Bernard mußten die physiologischen Gesetze aus den pathologischen Erscheinungen erschlossen werden *(Introduction)*, auf der anderen Seite waren alle pathologischen Phänomene physiologisch zu erklären *(Principes de médecine expérimentale)*. Die Vorstellung, daß Gesundheit und Krankheit von den gleichen Gesetzmäßigkeiten bestimmt werden, bildet die Grundlage seiner physiologischen Anschauungen. Wie für Comte und zumindest andeutungsweise schon für Saint-Simon gelten Claude Bernard Medizin und Physiologie als experimentelle Wissenschaften, die ›physiologie expérimentale‹ ist Physiologie schlechthin. Trotz vieler Vorläufer betrachtete Claude Bernard sich selbst als den wahren Gründer der experimentellen Medizin. Diese Selbsteinschätzung besteht zu Recht, denn wenn auch der Begriff des Experiments wie der Beobachtung den Vorgängern wie Zeitgenossen Claude Bernards wohlbekannt waren, führten doch einzelne Experimente noch nicht zur Konstitution einer experimentellen Medizin (Canguilhem).

Die Medizin konnte als Experimentalwissenschaft angesehen werden, da die pathologischen Phänomene natürliche Variationen des Gesundheitszustandes bildeten, die in der Medizin nicht so erzeugt werden konnten wie in anderen Disziplinen experimentelle Fakten; pathologische Schäden bildeten ›wahre Experimente‹.** Daher wollte Claude Bernard auch die negativen, qualitativen Konnotationen des Begriffs ›pathologisch‹ beseitigen, doch gelang ihm dies ebensowenig

* Vielleicht wäre es nicht abwegig, die Konzeptionen des inneren und äußeren Milieus (milieu interne; milieu externe) einmal als epochentypische Auffassungen der Juste Milieu-Zeit darzustellen. Im übrigen findet sich der Begriff des ›juste milieu‹ schon bei Adanson: »Trouver un genre de plante connu (naturel ou artificiel, n'importe) qui tienne un juste milieu entre la famille des Apocins et celle des Bouraches« (Dagognet 1970:29).

** Rothschuh gibt den Hinweis, daß Henle 1844 »Krankheiten als physiologische Experimente, die der Zufall anstellt«, bezeichnet. Ich spare hier das Problem der Vivisektionen aus; Comte hat übrigens im *Cours* der Vivisektion jeden wissenschaftlichen Wert abgesprochen.

wie vorher Comte; wenn er in bezug auf pathologische Erscheinungen von Übertreibungen, Unordnung, Disproportion und Nicht-Harmonie sprach, stellte er jene Trennung von Normalität und Anormalität wieder her, die er gerade hatte beseitigen wollen.

In der Physiologie des 19. Jahrhunderts ist die ›gleichrangige‹ Einschätzung pathologischer und physiologischer Phänomene weit verbreitet. Virchow hat – sicher auch von Broussais beeinflußt – die Kluft von Normalem und Krankhaftem durch den gemeinsamen Oberbegriff des Lebens und der Variationsbreite der Lebensbedingungen beseitigen wollen; seine an die naturhistorische Schule anknüpfende pathologische Physiologie stellte die »Einheit des Normalen und Pathischen« in den Vordergrund (Pagel 1931). Reil definierte Krankheit als anormalem Lebensprozeß, von pathologischer Physiologie sprach Burdach ebenso wie Stark (*Pathologische Fragmente*, 1824). Rudolphi hat Cuvier geradezu dafür tadeln wollen und ihn für einen schlechten Physiologen gehalten, weil er kein Pathologe war: »Es ist wahr, daß Cuvier manches entbehrt, was zum Physiologen notwendig ist; so z. B. ist er nicht Patholog, und hat auch für krankhafte Erscheinungen, die doch unzählige Mal den gesunden Zustand erläutern, wenig Interesse: ich erwähnte gegen ihn ein paar, wie es mir schien, merkwürdige Präparate von kranken Teilen, worauf er erwiderte, mais ce n'est qu'accidentel« (Rudolphi 1804:152/3). Ganz ähnlich betonte Du Bois-Reymond, es habe Müller vor Cuvier ausgezeichnet, daß ihm »die Pathologie eine Disziplin gleicher Würde wie die normale Anatomie und Physiologie« war. Denn »für die philosophische Betrachtung gibt es keinen Unterschied zwischen Abweichung von der Norm in einem menschlichen Körper, wie ein Infektionsfieber sie darstellt, und Störungen des Planetensystems durch einen fremden Weltkörper; zwischen einer Krebsgeschwulst oder Monstrosität und einer unregelmäßigen Kristallbildung«. Und wie für Claude Bernard war auch für Du Bois-Reymond die Pathologie vor allem als Experimentalwissenschaft von höchster Bedeutung, sie bildet »gleichsam die Geschichte von Versuchen, welche die Natur für uns darstellt. Als solche ist sie unmittelbar eine Fundgrube physiologischer Entdeckungen, ohne welche die Physiologie geradezu undenkbar ist ... (Du Bois-Reymond 1912 II:586/88).

Vor dem Hintergrund dieses Paradigmas, das die Physiologie des 19. Jahrhunderts beherrscht, ist die Tatsache umso überraschender, daß Claude Bernard so subtil wie nachdrücklich zu einer erneut qualitativen Differenzierung von Normalität und Anormalität gelangt – eine Tatsache, die seine Beeinflussung durch Comte nur umso wahrscheinlicher macht.

Canguilhem versucht eine Erklärung zu skizzieren, worin die so wechselvolle Einschätzung des Verhältnisses von Normalität und Anormalität im 19. Jahrhundert begründet sein mag. Wieder auf semantologische Überlegungen zurückgreifend, führt ihn die Tatsache, daß wir dem Begriff ›normal‹ bereits 1759, dem Terminus ›normalisé‹ dagegen erst 1834 begegnen, dazu, die aufsteigende bürgerliche Klasse eine normative Klasse (une classe normative) zu nennen, die mit der Ergreifung der politischen Macht die sozialen Normen zu definieren vermag und die Normalität und Allgemeinheit dadurch miteinander identisch macht, daß sie eine Norm durch ihre statistische Häufigkeit definiert – ein Paradigma, das die soziologische Theorie von Quételet bis über Durkheim hinaus prägt. Canguilhem spricht von der normativen Intention einer Gesellschaft, die einen Bezugsrahmen für alle Normalisierungsbestrebungen, ob in Medizin, Gesetzgebung oder selbst Technologie entwickelt.

Im Werke Isidore Geoffroy Saint-Hilaires findet sich eine Bemerkung, die als Vorwegnahme des nachpositivistischen Krankheitsbegriffes verstanden werden kann – dort nämlich, wo er zwei Formen des Albinismus voneinander unterscheidet, von denen die eine die Folge einer Krankheit, die andere aber eine ›wirkliche Anomalie‹ darstelle. Diese Wendung erinnert an Comtes Einschätzung der ›wirklichen‹ Krankheiten – immer schon sind in der Naturgeschichte die sogenannten Singularitäten als unklassifizierbare Anomalien angesehen worden. Zu Beginn des 19. Jahrhunderts machte eine positivistische, quantitativ orientierte Auffassung von Normalität und Anormalität eine solche Unterscheidung wie die Isidore Geoffroy Saint-Hilaires zwischen Krankheit und wahrer Anomalie fast unmöglich. Doch ist es die positivistische Philosophie Comtes selbst, die die ›positivistische‹ Normalitätsauffassung verändert und auch die Medizin dazu führt, zur ›ontologischen‹ Unterscheidung von Gesundheit und Krankheit zurückzukehren. Diese Einstellung hat vermutlich zu der erhöhten Aufmerksamkeit beigetragen, die seit Beginn dieses Jahrhunderts den Stoffwechselkrankheiten gewidmet wird. Sie können als Gegenbeispiele der Krankheitsauffassung Claude

Bernards genannt werden, weil sie pathologische Erscheinungen bezeichnen, denen nicht einfach ein physiologisches Pendant zugeteilt werden kann. Dies gilt etwa für Albinismus oder Homozystinurie, wobei im letzten Fall eine bestimmte Substanz, Homozystin, im kranken Urin ausgeschieden wird, die im normalen Urin gar nicht vorkommt.

Die Krankheiten, die Garrod 1909 als ›Irrtümer des Stoffwechsels‹ beschrieb, bleiben oft latent, doch verweisen die hunderte von biochemischen Erbkrankheiten, von denen wir heute wissen, darauf, daß innerhalb der Medizin eine scharfe Trennung von Krankheitszustand und Gesundheit die ›positivistische‹ Auffassung des 19. Jahrhunderts verdrängt hat, die Krankheit und Gesundheit nur als quantitative Differenzen ansah. Dieses Paradigma existierte in den Wissenschaften vom Leben, bevor es den Positivismus im eigentlichen Sinne gab. Aber es war ausgerechnet die positivistische Soziologie, die dieses Konzept übernahm, es transformierte und an die Wissenschaften vom Leben zurückgab und so letztlich die Vorstellung einer profunden Identität normaler und pathologischer Phänomene zerstörte.*

* Vom Normalitäts-Problem ausgehende Wechselwirkungen zwischen den Sozialwissenschaften und den Wissenschaften vom Leben ließen sich einmal im Werk Durkheims und der Durkheim-Schule nachweisen; zum anderen, nicht zuletzt von Durkheim geprägt, im soziologischen Funktionalismus. Der Physiologe Lawrence J. Henderson, der in Harvard u. a. Talcott Parsons stark beeinflußte, war seinerseits Claude Bernard verpflichtet und schrieb ein Vorwort zur englischen Ausgabe der *Introduction à l'étude de la médecine expérimentale*.

# Wandel der Mentalitäten und Wissenschaftsgeschichte

Dites-moi s'il y a des sectes en géométrie?
Voltaire, L'INGÉNU

Ce qui me choque de la géométrie et m'en dérobe
la sublimité, c'est que c'est une affaire
de famille, et que les géomètres viennent
de père en fils. Combien avons-nous de Bernouilli?
Montesquieu, CAHIERS

Das Talent zu Classificationen, zu
Kategorientafeln verräth Etwas;
man ist nicht ungestraft das Kind seiner Eltern.
Nietzsche, DIE FRÖHLICHE WISSENSCHAFT

Im Übergang zum 19. Jahrhundert ist in Frankreich der Rückgang der Geburtenziffern das entscheidende demographische Merkmal. Zeitlich fällt diese ›demographische Revolution‹ mit der Französischen Revolution zusammen; der Umschlag der Bevölkerungsentwicklung ist etwa auf das Jahr 1790 datierbar. Der Geburtenrückgang kann auch, wenn nicht sogar vorwiegend, auf die zunehmende Praktizierung empfängsnisverhütender Techniken zurückgeführt werden. Das ›mouvement contraceptif populaire‹ beginnt um 1770 und verstärkt sich gegen die Jahrhundertwende. Zu Ende des 18. und zu Beginn des 19. Jahrhunderts praktizieren immer mehr Ehepaare Formen der Empfängsnisverhütung, insbesondere den coitus interruptus, die im Ancien Régime (›contraception de l'âge classique‹) anscheinend nur von einer Minorität angewandt wurden und nun zu einer wirklichen Revolution der Fruchtbarkeit führen. Diese Entwicklung kann mit der durch die Französische Revolution beschleunigten Dechristianisierung in Verbindung gebracht werden, doch stehen noch andere Interpretationsalternativen offen.

Die demographische Revolution des späten 18. Jahrhunderts kann beispielsweise als eine Folge der Übertragung außerehelicher auf eheliche Verhaltensweisen angesehen werden: vor dem 18. Jahrhundert hatte die Kirche den coitus interruptus in außerehelichen Beziehungen sehr wohl gestattet – wofür, solange die Kirche die Armenfürsorge betrieb, ebenso wie für die Propagierung eines gemäßigten Sexuallebens in der Ehe auch ökonomische Gründe maßgebend waren. Hinzu kommt ein eigentümlicher und unerwarteter Einfluß des seit dem 17. Jahrhundert und dem Jansenismus in Frankreich feststellbaren ›regain religieux‹. Indem der Asketismus eine bessere Beherrschung des Sexualinstinktes propagiert, verwandelt er sich auf lange Sicht in eine Technik der Lustkontrolle, die schließlich mit der Ausbreitung einer laizistischen Privatmoral endet, welche die Kirche als Moralinstanz nicht länger akzeptiert. Die Sexualität verbirgt sich nun gleichsam in der Intimität des Ehelebens – die Verbreitung kontrazeptiver Praktiken ist nicht so sehr Folge einer Dechristianisierung, sondern beruht auf der Umformung einer ursprünglich asketisch ausgerichteten Religiosität. Mit Hilfe der kontrazeptiven Techniken wird die Möglichkeit einer Trennung von Sexualität und Reproduktion erkannt: wie soll man das Verhalten jener christlichen Ehegatten erklären, die seit dem 18. Jahrhundert guten Gewissens sündigen? 1778 klagte Moreau, die ›funestes secrets‹ der Empfängnisverhütung hätten schon das flache Land erreicht, bis in die Dörfer hinein täusche man die Natur. Vier Jahre später schreibt der Père Féline in seinem weitverbreiteten *Catéchisme des gens mariés*, die Mehrzahl der Ehegatten stelle sich vor, in ihrem Sexualleben sei ihnen alles erlaubt; sie dächten gar nicht daran, dieser Dinge wegen zur Beichte zu gehen, weil sie dem Beichtvater das Recht absprächen, ihnen darin Vorschriften und Vorhaltungen zu machen. Die Ehemänner entwickelten eine Sensibilität und ›délicatesse‹ ihren Frauen gegenüber, durch welche sie diesen mehrfache Schwangerschaften – die in der Regel im Abstand von dreißig Monaten erfolgten – ersparten, ohne daß sie selbst darauf verzichteten, was sie als das Recht zur eigenen Befriedigung bezeichneten. 1840 schließlich heißt es in einem Brief des Bischofs Bouvier an den Vatikan, daß die Katholiken der Diözese von Mans »die Messe und die Sakramente fliehen«, um den Vorhaltungen ihrer Beichtväter zu entgehen, die ihnen bestimmte Praktiken der Empfängnisverhütung untersagen wollen. Aus den demographischen Revolutionen im Zeitraum vom 18. bis zum 20. Jahrhundert hat Philippe Ariès, auf dessen Arbeiten ich hier im wesentlichen zurückgreife, eine umfassende ›étude des mœurs et des sensibilités‹ ableiten und auf eine Veränderung von Strukturen schließen wollen, die man lange Zeit für biologische, und daher für unveränderbar, hielt. In der Perspektive einer historischen Demographie vermag Ariès zunächst ein Spektrum unterschiedlicher Familientypen zu entwickeln und die Herausbildung dieser Typen auf eine entscheidende Änderung der Mentalitäten im sexuellen und reproduktiven Verhalten zurückzuführen. Der entscheidende Datenraum liegt in der zweiten Häfte des 18. Jahrhunderts; die mit dem Aufschwung der Bourgeoisie verbundene ›Entdeckung‹ der Kindheit trennt nun die Familientypen mit und ohne Kind voneinander. Seit dem Ende des 18. Jahrhunderts ist die Familie erstmals voll um das Kind zentriert; sie erlebt einen Prozeß der Intimisierung und distanziert sich dabei gleichsam von der Gesellschaft, indem sie sich in eine immer weiter ausgedehnte Zone privaten Lebens zurückzieht. Die zunehmende ›Familiarität‹ drückt sich in der Häufung des Diminutifs in Familienbriefen aus; ›chambre‹ und ›salle‹, die davor noch als Synonyme galten, treten mit dem Ende des 18. Jahrhunderts auseinander. Im Alltagsleben zeigt sich, etwa in der Einführung fester Besuchszeiten, ein stärkeres Zeitbewußtsein; Zukunftsprojekte (projets d'avenir) werden wichtig, die Nachkommenschaft wird nun kalkuliert und auf der Basis eines solchen Kalküls die Familie verplant: »Die große demographische Revolution des 19. Jahrhunderts scheint derart mit der Veränderung eines Bewußtseinszustandes verbunden: der Vorstellung, die man sich von der Familie und vom Platz des Kindes innerhalb der Familie macht« (Ariès 1971:343).

Die demographische Revolution zeigt große Ähnlichkeit mit jenen Veränderungen, die sich ebenfalls an der Wende zum 19. Jahrhundert in den Wissenschaften vollziehen und die hier als ›Verzeitlichung‹ beschrieben wurden. Malthus hatte das unterschiedliche Wachstumstempo von Bevölkerungszahl auf der einen, Nahrungsmittelreserven auf der anderen Seite als Kernproblem der Moderne bezeichnet. Die ›malthusianischen Praktiken‹ – wie die Techniken der Empfängnisverhütung, mit wieviel Recht auch immer, zu dieser Zeit genannt werden – stellen einen Versuch dar, die von Malthus auf eine Formel gebrachten Risiken des schrankenlosen ›Fortschritts‹ zu bewältigen. Wir haben es dabei mit einem Akt der Denaturalisierung zu tun, als »art de tromper la nature« werden die kontrazeptiven Techniken umschreiben. Erst durch diese Denaturalisierung aber wird eine Familienplanung möglich: Temporalaspekte bestimmen nun den Platz des Kindes in der Familie. Vor der Moderne war von einer Entwicklung des Kindes im heutigen Sinne keine Rede; wenn Ariès zeigt, daß in der bildlichen Darstellung Kinder noch lange als kleine Erwachsene erschienen, entspricht dies den Anschauungen der Präformationstheorie, die keine Entwicklung, sondern lediglich die Auswicklung und das Größerwerden des bereits Vorhandenen kannte.

Mit dem Durchbruch des Entwicklungsgedankens wendet sich das Interesse in zunehmendem Maße auch kindlichen Wachstumsprozessen zu. Innerhalb der Philosophie verbindet sich die Tendenz zur Verzeitlichung der Philosophiegeschichte mit Untersuchungen zu einer genetischen Psychologie, so bei Tiedemann (*Beobachtungen über die Entwicklung der Seelenfähigkeiten bei Kindern*, 1787), Meiners und Grohmann (*Psychologie des kindlichen Alters*, 1812). 1800 schreibt ein anonymer Autor des *Magasin Encyclopédique* in seinem Bericht über eine Sitzung der 1799 gegründeten Société des Observateurs de l'homme: »Es gab Forscher, die jahrelang die Gewohnheiten und Tätigkeiten eines Insektes beobachteten oder unermüdlich und geduldig auf das Blühen einer Pflanze warteten; aber noch keiner hat bisher aufmerksam und im wahren Sinn philosophisch seinen Blick auf die Wiege eines Kindes gerichtet, ein ausführliches Tagebuch über die Fortschritte seiner Intelligenz und die Entfaltung seines Empfindungsvermögens geführt, das Spiel seiner erwachenden Organe untersucht, sein körperliches und moralisches Wachstum Schritt für Schritt verfolgt, die unermeßliche Arbeit seiner Erinnerung in Betracht gezogen und erwogen, welch kontinuierlicher Lernprozeß ihm von der Notwendigkeit, mit seiner Umwelt kommunizieren zu müssen, auferlegt wird. Unserer Ansicht nach müßte der Hinweis auf eine so neue wie nützliche Arbeit genügen, damit sie von den an den Fortschritten der *Anthropologie* Interessierten unternommen wird«. 1801 lautet die Preisaufgabe der Gesellschaft: »Nach täglichen Beobachtungen eines oder mehrerer Wickelkinder ist zu beschreiben, in welcher Reihenfolge sich die physischen, intellektuellen und moralischen Fähigkeiten entwickeln und inwieweit diese Entwicklung vom Einfluß der Objekte, mit denen das Kind umgeben ist, und von dem noch stärkeren Einfluß der Personen, die mit ihm umgehen, begünstigt oder durchkreuzt wird«. Jauffret zählt zu den wichtigsten Aufgaben der Société des Observateurs de l'homme, »mit Genehmigung der Regierung ein Experiment über den Naturmenschen zu unternehmen, das darin bestünde, während zwölf oder fünfzehn Jahren vier oder sechs Kinder, zur Hälfte männlichen, zur Hälfte weiblichen Geschlechts, sorgfältig zu beobachten, nachdem man sie von Geburt an am selben umfriedeten Platz, fern jeder gesellschaftlichen Einrichtung ausgesetzt und die

Entwicklung ihrer Ideen und ihrer Sprache dem natürlichen Instinkt überlassen hätte« (Moravia 1973: 18,87,88).

Elemente, die den Wandlungsprozeß der Wissenschaften an der Wende zur Moderne kennzeichnen – Durchbruch des Entwicklungsgedankens, Prozessualisierung und Denaturalisierung der Zeitvorstellungen, Entwicklung von Techniken zur Beschleunigung und Bewältigung des Fortschritts – sind für die veränderte, erstmals um das Kind zentrierte Familienstruktur der Epoche von gleicher Bedeutung. Es ist auch kein Zufall, daß die moderne Lebensversicherung zur Zeit der Aufklärung entsteht: »Wenn eine Lebensversicherung richtig funktionieren soll, so muß die Lebenswahrscheinlichkeit bekannt sein; man muß also das ›Leben‹ auf seine Dauer hin beobachtet haben, um dann die Lebenswahrscheinlichkeit des zu Versichernden zu ermitteln« (Rosin 1932:11). Eine ausgebaute Wahrscheinlichkeitsrechnung ist dazu ebenso erforderlich wie eine Vorstellung vom ›Leben‹ und seinen Entwicklungsprozessen, die erst im Übergang von der Naturgeschichte zur Biologie gewonnen wird. Tatbestände dieser Art * verweisen auf einen engen Zusammenhang von Wissenschaftswandel und Wandel der Mentalitäten: zwar beeinflussen wissenschaftliche Entwicklungen psychische und soziale Strukturen, doch bilden umgekehrt bestimmte Bewußtseins- und Gefühlslagen Grenzen, über die hinaus auch wissenschaftliche Entdeckungen nicht wirksam werden können. Die Popularität des Alters, insbesondere des ›vieillard‹, geht beispielsweise am Ende des 18. Jahrhunderts den Fortschritten innerhalb der Medizin, die eine höhere Lebenserwartung zur Folge hatten, voraus (Ariès 1975a). Auch darauf ist wohl die verspätete Anwendung bestimmter Diagnosetechniken zurückzuführen. Bereits Leopold Auenbrugger (1722–1809) praktizierte die Beklopfung der Thoraxoberfläche, doch wurde die Perkussion erst ab 1808 durch Corvisart zu einem anerkannten diagnostischen Hilfsmit-

* Dazu gehört auch die Tatsache, daß sich nunmehr feste Regeln durchsetzen, wie sich ein Tageslauf zu gestalten hat und wann man beispielsweise Besuch empfängt. Im Abschnitt ›Les heures de Paris‹ seines *Guillaume le Franc-Parleur* schildert Jouy die Abenteuer des Barons d'Apreville in Paris: seine Schwierigkeiten rühren daher, daß er als Provinzler über kein Zeitbewußtsein, wichtigstes Merkmal der Urbanität, verfügt. In Jouys *Hermite de la Chaussée-d'Antin* (1811–14) heißt ein Kapitel ›Paris à differentes heures‹ (III,LXVII).

tel, dem bald darauf Laënnecs Einführung der Auskultation und des Stethoskops folgten.

Norbert Elias hat in seinem Entwurf zu einer Theorie der Zivilisation eigentümlicher Weise auf die neuzeitliche Wissenschaftsentwicklung nicht zurückgegriffen. Dabei ist es offensichtlich, daß der von Elias nachgezeichnete Zivilisationsprozeß die affektuellen und verhaltensmäßigen Voraussetzungen beschreibt, die die Entstehung und Durchsetzung der modernen Wissenschaft ermöglichten. Die positive Wissenschaft wird im 17. Jahrhundert in den wissenschaftlichen Gesellschaften und Akademien institutionalisiert. Nur im Rückblick jedoch kann dieser Vorgang als logisch notwendig erscheinen; in Wahrheit konnte zur damaligen Zeit eine kognitive Überlegenheit des ›new learning‹ zwar behauptet, aber nicht bewiesen werden. Die positive Wissenschaft setzt sich nicht durch, weil sie Alternativen wie der hermetischen Tradition oder dem Baconismus überlegen ist, sondern weil ihre programmatische Ausblendung aller Fragen sozialer und politischer Emanzipation sich am besten mit der absolutistischen Herrschaft vereinbaren läßt. Im 17. Jahrhundert wird *eine* mögliche Form der Naturerkenntnis politisch privilegiert – ob diese Prämiierung aus heutiger Sicht nicht tatsächlich die ›richtige‹ Alternative getroffen hat, ist eine andere Frage.*

Die These von der politischen, nicht kognitiven Privilegierung der modernen Wissenschaft läßt sich durch den Rückgriff auf die von Norbert Elias skizzierte Theorie der zivilisatorischen Entwicklung bestätigen und verfeinern. Bestätigen, weil auch Elias in der Herausbildung von Monopolinstituten der körperlichen Gewalttat und der wachsenden Stabilität gesellschaftlicher Zentralorgane den Ausgangspunkt des Zivilisationsprozesses sieht und ihn so mit der Entstehung des Absolutismus verbindet; verfeinern, weil sich zeigen läßt, daß die von Elias beschriebenen Mikrostrukturen des zivilisationsgemäßen Verhaltens nicht nur mit einer experimentellen Wis-

* Bei der Erläuterung der These einer politischen, nicht kognitiven Prämiierung der modernen positiven Wissenschaft greife ich auf eine Zusammenfassung zurück, die Wolfgang van den Daele unter dem Titel »Social construction of science – Institutionalisierung und Definition der positiven Wissenschaft in der zweiten Hälfte des 17. Jahrhunderts« im Juni 1975 in Starnberg vorgelegt hat.

senschaftsauffassung vereinbar sind, sondern deren Entstehen überhaupt erst möglich machen. Die Herausbildung des Gewaltmonopols führt nach Elias zu einer Schwerpunktverlagerung von der äußeren zur inneren Kontrolle: je mehr die Bedrohung unmittelbarer Gewaltanwendung von außen abnimmt, desto wichtiger wird die Verinnerlichung von Zwang und die Ausbildung langfristig stabiler Affektstrukturen. Lange Handlungsketten werden nun möglich und sind mit einem Vorrücken der Scham- und Peinlichkeitsschwelle und einem starken Rationalisierungsschub verbunden.

Wenn Elias die »Dämpfung der spontanen Wallungen, Zurückhaltung der Affekte, Weitung des Gedankenraums über den Augenblick hinaus in die vergangenen Ursach-, die zukünftigen Folgeketten« als Voraussetzung der zivilisatorischen Entwicklung ansieht, sind damit sinnliche und intellektuelle Vorbedingungen der experimentellen Einstellung in der neuzeitlichen Wissenschaft ebenso bezeichnet. Wenn John Wilkins und Seth Ward den Universitäten die Aufgabe zuschreiben, die Studenten zu einem ›acceptable behavior‹ und zu ›rational and gracefull speakers‹ zu erziehen, entspricht dies genau einem zivilisationsgemäßen Verhalten, und der Sieg einer ›distanzierten‹ über eine ›enthusiastische‹ wissenschaftliche Einstellung spiegelt das allgemeine Vordringen einer verinnerlichten Affektkontrolle wider. Der wachsenden Stabilität der gesellschaftlichen Zentralorgane entspricht darüberhinaus eine Zentralisierung und Privilegierung der absolutistischen wissenschaftlichen Gesellschaften und Akademien sowie eine Entdifferenzierung der wissenschaftlichen Tätigkeit, in der nunmehr das rationalistische Verfahren der Universitätsgelehrten, die Erkenntnisweise der Humanisten und die erfinderische Tätigkeit des höheren Handwerks miteinander verschmelzen.

Unter dem Gesichtspunkt einer *Formation de l'esprit scientifique* hat Gaston Bachelard gezeigt, daß der neue wissenschaftliche Geist sich erst am Ende des 18. Jahrhunderts endgültig durchsetzt – einer Zeitschwelle, die den ›état préscientifique‹ vom ›état scientifique‹ scharf trennen soll.* Während die vorwissenschaftliche Einstellung

* In der Trennung der ›histoire périmée‹ von der ›histoire sanctionnée‹ einer Disziplin und in der Betonung der Positivität des wissenschaftlichen Fortschritts, die die Liquidierung der disziplinären Vorgeschichte geradezu

sich auf die ursprüngliche Erfahrung verläßt und einem passiven, registrierenden Empirismus verpflichtet ist, distanziert der wissenschaftliche Geist sich gerade von der Erfahrung und huldigt einem aktiven und durchdachten Empirismus. Die Wissenschaft ist langweilig (Coulomb) und vom Alltag distanziert, die Vor-Wissenschaft ist im täglichen Leben verwurzelt und weitgehend Zeitvertreib. Ein Beispiel dafür ist das ›Elektrische Diner‹, das Franklin 1748 gab und wovon Priestley berichtet: »Franklin und seine Freunde töteten einen Truthahn durch einen elektrischen Schlag und ließen ihn dann mit Hilfe eines elektrischen Bratenwenders vor einem Feuer rotieren, das durch eine elektrische Flasche entzündet worden war; dann tranken sie aus elektrisierten Gläsern auf die Gesundheit aller mit Elektrizität arbeitenden Wissenschaftler in England, Holland, Frankreich und Deutschland – und das alles beim Lärm einer sich entladenden elektrischen Batterie«. Der Abbé de Mangin, der ebenfalls von diesem Diner berichtet, fügt hinzu: »Ich glaube, daß Herr Franklin, sollte er je eine Reise nach Paris unternehmen, es nicht versäumen würde, seine prächtige Mahlzeit durch einen guten und stark elektrisierten Kaffee zu krönen« (Bachelard 1972:33). Die mikroskopischen und Insekten-Belustigungen, um nur zwei Beispiele zu nennen, sind für die Wissenschaft des 18. Jahrhunderts typisch, aber noch 1836 hält Carl Gustav Carus mit François Magendie in Paris ein sogenanntes ›déjeuner microscopique‹. Es wirkte »wie die Demonstration einer

erzwingt, erinnern die Auffassungen Bachelards an die Wissenschaftskonzeption Comtes. In einem Brief an Valat vom 8. September 1824 wird die ›histoire‹ einer Disziplin scharf von ihrer ›culture‹ unterschieden: »Erinnere Dich daran, daß man in der Physik niemals hinter Galilei, in der Chemie niemals hinter Black und Lavoisier zurückgeht, und Du wirst sehen, daß nicht für die Geschichte einer Wissenschaft, sehr wohl aber für ihre Kultur, was etwas ganz anderes ist, der Brauch, all jene Arbeiten, die dem positiven Stadium einer Wissenschaft vorausgegangen sind, als nichtig und nicht geschehen zu betrachten, ganz vernünftig ist; diese würden den Wissenschaftler nur behindern und sollten nur vom Wissenschaftshistoriker beachtet werden« (Comte 1973:130).

Während Comte in der Frühphase seines Denkens die Wissenschaftsgeschichte als museale Disziplin begreift, reinigt Bachelard sie von jeder Verstaubtheit, indem er die Vorgeschichte von der eigentlichen Geschichte einer Disziplin scharf trennt.

Liebhaberei und könnte das Motiv für eine ›nature morte‹ abgeben: auf einer Tafel standen Kaffee, Eier, Melonen, gebratenes Fleisch, Trauben und Wein, auf der anderen stand das Chevaliersche Mikroskop, und Carus zeigte einige Feinheiten der tierischen Organisation, die die deutschen Anatomen und Physiologen entdeckt hatten« (Heischkel-Artelt 1967:11/12).

Bachelards Analyse verlängert die zivilisationstheoretischen Annahmen von Norbert Elias in die Moderne: die Verfahrensweisen der Wissenschaft des 19. Jahrhunderts erscheinen als die Perfektion jener Affektmodellierung, die sich seit dem 17. Jahrhundert als Verhaltensideal durchsetzt.* Noch in einer anderen Hinsicht läßt sich die Theorie des Zivilisationsprozesses mit der Wissenschaftsgeschichte verbinden. Daß wachsende Herrschaft über die Natur, Langsicht und die geregelte Bewältigung kurzfristiger Affekte zu verstärkten Selbstzwängen des Individuums und zu einer Steigerung der inneren Angst

* Den mondänen Charakter der medizinischen Wissenschaft hat Bordeu in den *Recherches sur les maladies chroniques* bereits mit ähnlichen Worten beschrieben wie später Bachelard, doch hat er den Ausweg zunächst nicht im Fortschritt der Medizin, sondern in der Rückwendung zur Antike gesehen: »Gegenüber den modernen hatten die alten Systeme der Medizin viele glückliche Seiten. Die modernen Systeme glänzen nur in den Akademien und auf den Lehrstühlen, die von Kindern und Neugierigen umgeben sind, bei den Treffen der großen Welt, selbst auf den Brettern der Bühne und schließlich in Büchern, über die jedermann sich ein Urteil anmaßt. Die Grundsätze der alten Medizin werden am Krankenbett gelernt und erhellen sich dabei immer mehr, man gewinnt sie in den Hospitälern und im Umgang mit denen, die kränkeln, schließlich in der Meditation und in der Untersuchung derjenigen Eigenschaften, die für bestimmte Altersstufen, Temperamente, Passionen, Talente, Stellungen, die die Menschen einnehmen, und Gewohnheiten charakteristisch sind; endlich lernt man die Wissenschaft aus den alten Autoren, die man lesen muß, um sie zu verstehen und die unseren Wissenschaftlern daher langweilig erscheinen; hier kann man weder Kalkül noch Zirkel benutzen und auch nicht jene amüsanten Experimente durchführen, die die Passanten dazu veranlassen, stehenzubleiben« (Bordeu 1818:800). Bordeu macht sehr deutlich, daß eine wachsende empirische Orientierung noch nicht einen Fortschritt im Wissen zu bedeuten hat: gerade der frühe Empirismus verführte die Naturwissenschaften wie die Medizin zu amüsant-mondänen Demonstrationen, für die das Diner Franklins und das Déjeuner von Carus und Magendie Beispiele sind.

führen, gehört auf die Kostenseite des Zivilisationsprozesses: zur Bewältigung dieser Zwänge und Ängste müssen neue Techniken und Abhilfen entwickelt werden. Gaston Bachelard hat die *Formation de l'esprit scientifique* im Untertitel als Beitrag zu einer Psychoanalyse der objektiven Erkenntnis bezeichnet. Er hat sich dabei vor allem mit den unbewußten Voraussetzungen wissenschaftlichen Handelns beschäftigt, wobei ihm die moderne Wissenschaft gleichsam das Musterbeispiel einer gelungenen Sublimierung in großem Maßstab zu sein schien. Georges Devereux *(Angst und Methode in den Verhaltenswissenschaften)* hat die Entwicklung wissenschaftlicher Theorien, Methoden und Techniken als einen Versuch zur Neutralisierung angsterregenden Materials interpretiert; der wissenschaftliche Fortschritt läuft über die Stationen Kopernikus-Darwin-Freud, weil die Angstbewältigung den Weg des geringeren Widerstandes nimmt, mit den Himmelskörpern sind wir affektiv weniger verstrickt als mit den Organismen und mit diesen wiederum weniger als mit anderen Menschen. Erst mit der Neudefinition des Platzes, den der Mensch im Kosmos und im System der Lebewesen einnimmt, wurde der Versuch möglich und aussichtsreich, die Ängste im Inneren des Menschen zu bewältigen: »Begriffene Angst ist eine Quelle der Gelassenheit und der Kreativität und damit auch guter Wissenschaft« (Devereux 1973:124). Die Bewältigung von Angst mit den Mitteln der Wissenschaft bezeichnet einen entscheidenden Abschnitt des Zivilisationsprozesses; hierbei ist zwar vor allem von den Verhaltenswissenschaften die Rede, doch lassen sich Zusammenhänge von Angst und Methode auch in den Naturwissenschaften aufzeigen, nicht zuletzt weil es genügend Vorgänge gibt, die sich sowohl natur- wie verhaltenswissenschaftlich deuten lassen. Die Einbeziehung einer solchen Betrachtungsweise in die Geschichte der Medizin erscheint mir unerläßlich; ich beschränke mich auf Beispiele aus der Anatomie, die insbesondere die Frage der Leichensektionen betreffen.

Der Vater Johann Friedrich Meckels, Philipp Meckel (1756–1803), sezierte und skelettierte drei eigene, frühverstorbene Kinder; seinen Neffen, Ludwig Wucherer, zog er schon als Achtjährigen zur Sektion eines dieser Kinder heran und veranlaßte ihn zu eigenen zootomischen Übungen: »Sein Lieblingsaufenthalt war ihm die Galerie seiner Toten, wie dem Dichter ein romantisches Thal« (Reil). In seinem Testament heißt es: »Ich will durchaus nicht begraben sein und mache es den Meinigen zur unverbrüchlichen Pflicht, mich sezieren zu lassen. Mein Knochengerippe soll künstlich zusammengesetzt werden und einen eigenen Schrank zur Aufbewahrung erhalten. Sollte sich irgend etwas Merkwürdiges in meinen Eingeweiden finden, so wird es nach gewöhnlichen Methoden aufbewahrt, so wie ich meine beiden Kinder – ach Gott! – aufbewahrt habe« (Beneke 1934:6,127). Am 5. Juni 1784 schreibt Georg Forster nach einem Besuch bei Meckel mit großer Gelassenheit an Sömmering über dessen Anatomenkollegen: »Er hat 14 zinnerne Särge groß und klein, in hölzernen Kasten, und oben mit Glas, daß man die pp. durchsieht. Sie sind noch mit pp. theils von seinem seligen Vater angefüllt. So groß als Dein größter Sarg ist keiner, aber größer als der kleine, sind verschiedene ...« Meckels Haltung ist keine Ausnahme, eher typisch für seine Zeit; ebenfalls Sömmering gegenüber spricht Johann Heinrich Merck vom »Heiligthum der Eingeweide«, sein liebster und bester Spaziergang führt ihn auf den Schindanger (25. Okt. und 7. Nov. 1782). Gerade am Beispiel der Autopsie läßt sich zeigen, wie im Übergang zur Moderne Techniken der Angstbewältigung variieren, wobei deren Gelingen keineswegs kontinuierlich zunimmt. Als 1777 das von der Marquise du Deffand erstellte Porträt der gerade verstorbenen Marquise du Châtelet bekannt wird, sagt Thomas über die Autorin: »Elle me rappelle les paroles d'un médecin de ma connaissance: Mon ami tomba malade, je le traitai; il en mourut, je le disséquai« (*Correspondance littéraire* XI:436–437). Als Edmond de Goncourt das Zitat von Thomas widergibt, ist unübersehbar, wie es von ihm unbewußt entschärft worden ist: »J'avais un ami. Il tomba malade: je le soignai. Il mourut: je le disséquai« (*Journal*, 26. August 1882).

Zwar ist auch Johann Friedrich Meckels Tätigkeit noch weitgehend von der Schwierigkeit bestimmt, genügend Leichen zu anatomischen Zwecken zu erhalten – auf der einen Seite verweigert ihm ein Findelhausdirektor die Überlassung dringend erbetener Fötus-

*Elle me...* Sie erinnert mich an die Worte eines mir bekannten Arztes: Mein Freund wurde krank, ich behandelte ihn; daran starb er, ich sezierte ihn.

*J'avais...* Ich hatte einen Freund. Er wurde krank: ich pflegte ihn. Er starb: ich sezierte ihn.

leichen und zum Tode Verurteilte erbitten als letzte Gnade, nach der Hinrichtung nicht obduziert zu werden; auf der anderen Seite bestimmt seit 1781 ein königliches Dekret, daß die Leichen der Personen, die vom Staat unterstützt werden (›Almosenleichen‹) der Anatomie zur Verfügung gestellt werden, in Leipzig müssen Hebammen Totgeburten der Anatomie einliefern, in Jena und Braunschweig werden die Leichen sämtlicher unehelichen Früchte und Kinder der Anatomie überwiesen (Beneke 1934:37). Die Sezierung von Verwandten bleibt aber auch dann noch ein Thema, als die Schwierigkeiten der Leichenbeschaffung weit geringer geworden sind, weil es zum langdauernden Selbstverständnis der Anatomen gehört hatte, Experimente nur an ›wohlfeilen‹, d. h. wertlosen Körpern zu machen.

Hebbel berichtet am 26. November 1862 in seinem Tagebuch von einem gesellschaftlichen Zusammentreffen mit dem Physiologen Karl Ludwig: »Dieser erzählte köstliche medizinische Geschichten. In Marburg zog der Prosektor allen Leichen, die aufs anatomische Theater kamen, vom Nabel angefangen, die Haut ab, ließ die Häute gerben und verkaufte sie an die Landleute als lederne Hosen. Ein Anatom Aßmann hat seinen alter Vater zu ernähren und bewerkstelligt es dadurch, daß er für andere Präparate macht. Seine Kollegen bedauern ihn, daß er sich so anstrengen muß, endlich stirbt sein Vater, und einer von ihnen geht zu ihm, um ihn wegen des Verlustes zu trösten. Dieser trifft den Sohn, wie er gerade beschäftigt ist, den Vater zu zergliedern, und wie der Besuchende ein entsetztes Gesicht zeigt, antwortet der Professor: ›Ich habe so viel für meinen Alten getan, und nun soll ich wohl gar erst um Erlaubnis fragen, ob ich ihn präparieren darf!‹ Ein anderer bewahrt den Abortus seiner Frau in Spiritus auf und sagt: ›Dort steht meine Familie!‹« In den *Jugenderinnerungen eines alten Arztes* schreibt Adolf Kußmaul, sein Vater habe ihm aufgetragen, ihn nach seinem Tode zu sezieren: »Du glaubst nicht, fügte er bei, wie sehr dein Befund mich interessiert« (Kußmaul 1912:16).* Wilhelm von Kügelgen (*Jugenderinnerungen*

* Im April 1871 notiert Edmond de Goncourt folgenden Vorfall in seinem Tagebuch: In der Ambulanz der Champs-Elysées stirbt ein junger Mann an einer kaum sichtbaren Brustwunde. Da diese auf erhebliche innere Verletzungen schließen läßt, ist das Interesse an einer Autopsie groß, die auch sofort von drei Ärzten vorgenommen wird. Der Vater des Toten, der sich am Kopfende des Sterbebettes befand, ist unterdessen verschwunden. Als die Autopsie

*eines alten Mannes)* wurde als Kind zu einem Abendessen bei Senff, dem ehemaligen Studienfreund und späteren Konkurrenten Meckels, in Halle eingeladen: »Was mir zuerst auffiel, war ein gewisses süßlich widerliches *jenesaisquoi*, das mir schon auf der Treppe auffiel und alle Räume der Wohnung durchwebte. Die Ursache lag übrigens zutage, denn an den Wänden des Vorsaales prangte eine reiche Sammlung anatomischer Präparate, die in wasserhellem Spiritus alle Gattungen und Arten des Unaussprechlichen enthielt ... Was einen erwachsenen Mann bewogen haben konnte, dergleichen ekelhafte Mißgeburten, Geschwülste und Geschwüre, nicht nur sorgfältig zu bewahren, sondern obendrein noch damit zu prunken, wie das hier der Fall schien, war mir unverständlich ... Schon etwas übelig ward ich zum Essen gerufen, wo meiner eine neue Prüfung wartete. Man war glücklicherweise schon beim Nachtisch, als ein Bürgersmann hereintrat und dem Professor ein ansehnliches Paket in blauem Zuckerpapier überreichte. Dieser schien darüber in so hohem Grade erfreut, daß ich auf einen tüchtigen Pfefferkuchen oder Stollen schloß, den vielleicht ein dankbarer Bäcker für empfangenen ärztlichen Beistand spende. Statt dessen lag nach Entfernung aller Emballagen ein kleiner, nackter Kinderleichnam auf dem Tische, mit grünem, hochaufgetriebenem Bauche. Sichtlich befriedigt befühlte und bestreichelte der Gelehrte diesen ohne Zweifel nicht wenig instruktiven Leib, gab dem Manne Geld und sprach zur Magd: ›Trag's in den Keller‹« (v. Kügelgen 1907:96).

In wie ausgeprägtem Maße die Angstbewältigung zur Program-

in vollem Gange ist, stürzt der Vater in den Sektionsraum, macht seinen Schmerz durch lautes Schreien deutlich und bedroht die Ärzte. Der im Amphitheater beschäftigte Diener hat gerade noch Zeit, die Ärzte vor dem Wütenden in einem anderen Raum in Sicherheit zu bringen. Als er in den Sektionsraum zurückkehrt, findet er den Vater über die geöffnete Leiche seines Sohnes gebeugt, schreiend, seine Drohungen noch verstärkend: »›Willst Du zwanzig Francs?‹, fragt der Diener. ›Zwanzig Francs! Es war mein einziger Sohn!‹ ›Fünfundzwanzig also!‹ Der Vater beruhigt sich, nimmt das Geld und verschwindet. Später erfährt man, daß der Vater früher selbst Diener im Amphitheater gewesen ist, daß er das Verlangen der Ärzte nach einer Autopsie gespürt habe, sich in der Ambulanz versteckte ... den Ärzten Zeit ließ, mit der Autopsie zu beginnen, um erst dann aus seinem Hinterhalt hervorzustürzen« (Goncourt 1956 IX:223).

matik der neuzeitlichen Medizin gehört, machen diese Berichte deutlich. Hindenberg, ein Jugendfreund Meckels, hat erzählt, wie sehr dieser von Abscheu gegen die Medizin erfüllt war und zur Beschäftigung mit der Anatomie geradezu gezwungen werden mußte, um sich die Gunst des Vaters, Philipp Meckel, zu bewahren.* Die Entwicklung der Anatomie hängt mit Veränderungen der Einstellung zum Körper, zum Tode, zur Familie zusammen. Philipp Meckels erschütternder Einschub – Ach Gott! – bei der Sektionsbeschreibung seiner eigenen Kinder zeigt, in welcher Umbruchphase sich die Familiarität zu dieser Zeit befindet: die Intimisierung der innerfamilialen Beziehungen ist schon so weit fortgeschritten, daß die Erinnerung an den Vorgang des Sezierens nicht ohne Emotion geschehen kann, doch noch nicht soweit, daß die Sektion ganz unterbleiben müßte und nur noch zum Gegenstand eines, wenn auch höchst aufschlußreichen, Scherzes werden kann wie später bei Kußmaul in der Unterhaltung zwischen Vater und Sohn. Zweifellos spielen hier auch Vorstellungen vom Tode eine entscheidende Rolle. Für die Anatomie erscheint es dabei besonders prekär, daß sich die Todesvorstellungen nicht in allen Schichten gleichmäßig wandeln. Nur so ist es erklärbar, daß ein Anatom wie Meckel zur gleichen Zeit seine eigenen Kinder sezieren und skelettieren kann, während zum Tode Verurteilte sich den Schutz vor der Sektion als letzte Gnade ausbedingen.

* Jean Paul hat in *Dr. Katzenbergers Badereise* (1808) die auf die Spitze getriebene Selbsterfahrung des anatomischen Professors persifliert. Dr. Katzenberger war geizig, »beide Meckel hingegen, die Anatomen, Vater und Sohn zugleich, hätte der Doktor tagelang mit Lust bewirtet«. 1815 widmete Johann Fr. Meckel Jean Paul seinen *De duplicitate monstrosa commentarius.*

Die Marquise de Créquy, die zeigen will, wie am Hofe Ludwigs XIV. die Portugiesen gegenüber den bescheidenen und zeremoniellen Spaniern wie Wesen aus einer anderen Welt erscheinen, wählt sich einen gewissen Gomès de Perès de Cortès als Musterbeispiel barbarischen und ungeschliffenen Verhaltens: er hat die Gewohnheit, den Autopsien seiner Verwandten beizuwohnen (*Souvenirs* I,189). Dies ist die traditionelle und nicht-professionelle Einstellung zur Anatomie, wie sie auch in Merciers *Tableau de Paris* erscheint: »Nähme man eine Gratislektion in Anatomie, so könnte man – schrecklich daran zu denken – auf dem schwarzen Marmor seinem eigenen Vater, seinem Bruder, seinem Freunde begegnen, den man am Vortag begraben und beweint hätte« (I,LXXXII ›Anatomie‹).

Georges Devereux hat unter den professionellen Abwehrstrategien, die in den Wissenschaften gegen angsterregendes Material entwikkelt werden, eine bewußt-sublimatorische und eine unbewußt-defensive Angstabwehr unterschieden. Die chirurgische Draperie gehört wohl zur ersten Kategorie, doch lassen sich die Verhaltensweisen der Anatomen, wie sie so ausführlich im 18. und 19. Jahrhundert beschrieben werden, keiner der beiden Kategorien eindeutig zuordnen. Weder das Verhalten Philipp Meckels, der seinen Sohn zur Anatomie und einen Achtjährigen zur zootomischen Mitarbeit zwingt, noch der Exhibitionismus Senffs oder die Bemerkung des Vaters bei Kußmaul dürfen als wirkliche Sublimationsleistung gelten. Wir haben es hier – jenseits der Ebene anatomischer Anekdoten – mit einem Grundzug der modernen Wissenschaftsentwicklung zu tun. Die wissenschaftliche Einstellung nämlich hat die Distanzierung vom Alltäglichen zur Voraussetzung und die Veralltäglichung des Außerordentlichen zur Folge. In den Frühphasen wissenschaftlicher Professionalisierung – der ältere Meckel und Senff sind dafür ebenso Beispiele wie das ›dîner électrique‹ und das ›déjeuner microscopique‹ – wird diese Veralltäglichung in publikumswirksamen und meist öffentlichen Inszenierungen dargestellt. Dabei handelt es sich aber nur um eine kurze Übergangsphase. Bleiben Inszenierungen dieser Art zu lange im Repertoire einer wissenschaftlichen Disziplin, gerät deren Reputation in Gefahr. Der Ausdruck ›Veralltäglichung des Außerordentlichen‹ wird hier in ausdrücklicher Anlehnung an Max Webers ›Veralltäglichung des Charisma‹ gewählt. Charismatische Herrschaft ist spezifisch ›außeralltäglich‹; ihre Geltung wird durch Veralltäglichung infrage gestellt. Anders verhält es sich in der Wissenschaftsentwicklung: im Übergang zur Moderne ist in den einzelnen Disziplinen die Veralltäglichung des Außerordentlichen in inszenatorischer Form Voraussetzung des Reputationserwerbs, als dauerhaftes Alltagshandeln Vorbedingung der Reputationssicherung. Max Weber beschreibt nur die Kehrseite dieses Prozesses, wenn er als spezifische Funktion der Wissenschaft die Problematisierung des konventionell Selbstverständlichen benennt. Schon Diderot formulierte programmatisch, in einer Vorlesung über experimentelle Philosophie komme es darauf an, den Hörer aufgeklärter, nicht aber noch verblüffter zu entlassen; Sache der Philosophie sei es, »das Erstaunen aufzuheben« (*Gedanken zur Interpretation der Natur*, X).

Die Folge ist, daß alle wichtigen Wahrheiten der Wissenschaft »alltäglich und gemein werden« und das Vergnügen in der Wissenschaft aufhört. Für Nietzsche, der diese Entwicklung bedauert, ist demgegenüber die höhere Bildung durch eine »Zunahme des Interessanten« gekennzeichnet; für den Menschen »verschwindet immer mehr die Langeweile, dabei auch die übermässige Erregbarkeit des Gemüthes. Er geht zuletzt wie ein Naturforscher unter Pflanzen, so unter Menschen herum und nimmt sich selber als ein Phänomen wahr, welches nur seinen erkennenden Trieb stark anregt« (*Menschliches, Allzumenschliches* I,254). Daß Nietzsche dieses Beispiel wählt und wenig später die Naturgeschichte mit dem Unternehmungs-Bedürfnis verknüpft, ist nicht zufällig, denn die von Novalis ausgesprochene Überzeugung, daß die ›amüsirende Ansicht der Wissenschaft‹ eine legitime Spielart des wissenschaftlichen Handelns darstelle, kennzeichnet die gesamte Naturgeschichte.

# Literaturverzeichnis


Ackerknecht, Erwin H.

1953 . Broussais, or a forgotten medical revolution
in: *Bulletin of the History of Medicine* 27:320–343.

1967 . *Medicine at the Paris Hospital 1794–1848.* Baltimore, The Johns Hopkins Press

Adams, Frank Dawson

1954 . *The birth and development of the geological sciences.* New York, Dover

Adelung, Johann Christoph

1796 . *Grammatisch-kritisches Wörterbuch der hochdeutschen Mundart,* Zweiter Teil. 2. vermehrte und verbesserte Aufl. Leipzig, Breitkopf

Adorno, Theodor W.

1973 . Negative Dialektik
in: *Gesammelte Schriften* 6:7–412. Frankfurt a. M., Suhrkamp

Agassiz, Louis

1962 . *Essay on classification* [1859], ed. Edward Lurie. Cambridge, Mass., Harvard University Press

Alembert, Jean le Rond d'

1956 . *Essai sur les éléments de philosophie.* Hildesheim, Olms [Reprint der Ausg. 1759]

1958 . *Einleitende Abhandlung zur Enzyklopädie* [1751], ed. Georg Klaus. Berlin (DDR), Akademie Verlag

Alff, Wilhelm

1966 . *Michelets Ideen.* Genf, Droz; Paris, Minard

Alker, Ernst

1940 . Linnés Nemesis Divina
in: *Deutsche Vierteljahrsschrift für Literaturwissenschaft und Geistesgeschichte* 18:351–370.

Arago, François

1854 . *Histoire de ma jeunesse.* Précédée d' une préface par Alex. de Humboldt. Bruxelles/Leipzig; Kiessling, Schnée

Arbousse-Bastide, Paul
1972 . Auguste Comte et la folie
in: Bastide 1972:47–71.
Ariès, Philippe
1960 . Interprétation pour une histoire des mentalités
in: Institut National . . . 1960:311–327.
1971 . *Histoire des populations françaises et de leurs attitudes devant la vie depuis le XVIIIe siècle.* Paris, Editions du Seuil
1975 a. *Essais sur l'histoire de la mort en occident du moyen âge à nos jours.* Paris, Editions du Seuil
1975 b. *Geschichte der Kindheit.* München, Hanser
Aristoteles
1816 . *Naturgeschichte der Thiere*, übersetzt und mit Anmerkungen begleitet von Dr. Friedrich Strack. Frankfurt a. M., Hermann
1910 . *Historia animalium*, übersetzt von D'Arcy Wentworth Thompson. Oxford, The Clarendon Press
Arnold, Konrad
1959 . *Die Geschichte der französischen Physiologie zwischen 1750 und 1850.* Münster i. W., Diss. med.
Aron, Jean-Paul
1962 . Biologie, histoire et histoire de la biologie, in: *Annales. E. S. C.* XVII, 6:1131–1136.
1969 . *Essais d'épistémologie biologique.* Paris, Christian Bourgois
Artelt, Walter u. Walter Rüegg (Ed.)
1967 . *Der Arzt und der Kranke in der Gesellschaft des 19. Jahrhunderts.* Stuttgart, Enke
Arthos, John
1949 . *The language of natural description in eighteenth-century poetry.* Ann Arbor, University of Michigan Press
Atkinson, Geoffroy
1927 . *Les relations de voyages du XVIIe siècle et l'évolution des idées. Contribution à l'étude de la formation de l'esprit du XVIIIe siècle.* Paris, Champion

Bachelard, Gaston
1972 . *La formation de l'esprit scientifique. Contribution à une psychanalyse de la connaissance objective* [1938] 8. Aufl. Paris, Librairie Philosophique J. Vrin
Bachmann, Rudolf
1972 . Anthropologische Relevanz der allgemeinen Ontogenie
in: *Neue Anthropologie*, ed. Hans-Georg Gadamer u. Paul Vogler.

Band 1. Biologische Anthropologie. Erster Teil, S. 195–229. Stuttgart, dtv

Bacon, Francis

1960 . Neu-Atlantis [1638] in: *Der utopische Staat*, ed. Klaus J. Heinisch, S. 171–215. Reinbek, Rowohlt

Bader, Karl Siegfried

1965 . Das Wertproblem in der Rechtsgeschichte. Zum Standort einer historischen Disziplin in den modernen Geisteswissenschaften in: *Speculum Historiale*, ed. Clemens Bauer u. a., S. 639–657. Freiburg/München, Alber

Baer, Karl Ernst von

1828 . *Ueber Entwickelungsgeschichte der Thiere. Beobachtung und Reflexion.* Königsberg, Borntrager

1864 . *Reden gehalten in wissenschaftlichen Versammlungen und kleinere Aufsätze vermischten Inhalts*, 3 Bde. St. Petersburg, H. Schmitzdorff

1866 . *Nachrichten über Leben und Schriften des Herrn Geheimraths Dr. Karl Ernst von Baer, mitgetheilt von ihm selbst.* St. Petersburg, H. Schmitzdorff

Ballauff, Theodor

1954 . *Die Wissenschaft vom Leben. Eine Geschichte der Biologie. Band 1: Vom Altertum bis zur Romantik.* Freiburg/München, Alber

Balzac, Honoré de

1842 ff. *Œuvres complètes*
Paris; Furne, Dubochet, Hetzel

1950/51 . *La Comédie humaine*
Paris, Bibliothèque de la Pléiade

1952 . *Glanz und Elend der Kurtisanen* [Splendeurs et misères des courtisanes, 1838–1847]. Reinbek, Rowohlt

1953 . *Die tödlichen Wünsche* [La Peau de chagrin, 1831]. Reinbek, Rowohlt

1956 . *Œuvres complètes.* Paris, Club de l'honnête homme

1966 . *L'Œuvre.* Paris, Le Club français du livre

1968 . *Œuvres complètes.* Paris, Les bibliophiles de l'originale

Baron, Walter

1961 . Zur Stellung von Heinrich Georg Bronn (1800–1862) in der Geschichte des Evolutionsgedankens
in: *Sudhoffs Archiv* 45:97–109.

1966 . Gedanken über den ursprünglichen Sinn der Ausdrücke Botanik, Zoologie und Biologie
in: *Medizingeschichte im Spektrum.* Festschrift zum fünfundsechzigsten Geburtstag von Johannes Stendel, ed. Gernot Rath u. Heinrich Schipperges, S. 1–10. Wiesbaden, Steiner

1967. Die Entwicklung der Biologie im 19. Jahrhundert und ihre geistesgeschichtlichen Voraussetzungen
in: *Beiträge zur Methodik der Wissenschaftsgeschichte*, ed. Walter Baron, S. 7–11. Wiesbaden, Steiner
1968 a. Wissenschaftsgeschichtliche Analyse der Begriffe Entwicklung, Abstammung und Entstehung im 19. Jahrhundert
in: *Technikgeschichte in Einzeldarstellungen* 7:223–241.
1968 b. Methodologische Probleme der Begriffe Klassifikation und Systematik sowie Entwicklung und Entstehung in der Biologie
in: Diemer 1968 b:15–31.

Baron, Walter u. Bernhard Sticker
1963. Ansätze zur historischen Denkweise in der Naturforschung an der Wende vom 18. zum 19. Jahrhundert
in: *Sudhoffs Archiv* 47:19–35.

Barrett, John T.
1942. The inoculation controversy in puritan New England
in: *Bulletin of the History of Medicine* XII:169–190.

Barthez, Paul-Joseph
1806. *Nouveaux élémens de la science de l'homme* [1778]. 2 Bde. Seconde Edition. Revue et considérablement augmentée. Paris, Goujon et Brunot

Bastide, Roger (Ed.)
1972. *Les sciences de la folie*. Paris/La Haye, Mouton

Bayle, Pierre
1974. *Dictionnaire historique et critique* [1695/97]. Préface et notes par Alain Niderst. Paris, Editions Sociales (Les classiques du peuple)

Beneke, Rudolf
1934. *Johann Friedrich Meckel der Jüngere*. Halle, Niemeyer

Benjamin, Walter
1974. *Gesammelte Schriften I*. Frankfurt a. M., Suhrkamp

Benn, Gottfried
1968. *Essays und Aufsätze* (Gesammelte Werke, Bd. 3). Wiesbaden, Limes

Benot, Yves
1970. *Diderot, de l'athéisme à l'anticolonialisme*. Paris, François Maspéro

Berg, Fredrik
1956. Linné et Sauvages. Les rapports entre leurs systèmes nosologiques
in: *Lychnos* (Jahrbuch der Schwedischen Gesellschaft für Geschichte der Wissenschaften), S. 31–54.

Bernard, Claude
1856. *Leçons de physiologie expérimentale appliquée à la médecine*. Paris, Baillière

1867 . *Rapport sur les progrès et la marche de la physiologie générale en France.* Paris, Hachette
1878 . *La science expérimentale.* Paris, Baillière
1937 . *Pensées. Notes détachées,* publiées par L. Delhoume. Paris, Baillière
1952 . *Introduction à l'étude de la médecine expérimentale* [1865]. Présentation de Constant Bourquin. Paris, Flammarion
1961 a. *Einführung in das Studium der experimentellen Medizin.* Leipzig, J. A. Barth
1961 b. *Pages choisies.* Introduction et notes par Ernest Kahane. Paris, Editions Sociales (Les classiques du peuple)
1965 . *Cahier de notes 1850–1860.* Présenté et commenté par Mirko Dražen Grmek. Préface de Robert Courrier. Paris, Gallimard
1966 . *Ausgewählte physiologische Schriften,* ed. Nikolaus Mani. Bern/ Stuttgart, Huber

Bernouilli, Christoph u. Hans Kern (Ed.)
1926 . *Romantische Naturphilosophie.* Jena, Diederichs

Bertin, Léon
1952 . Buffon homme d'affaires
in: Muséum National... 1952, S. 87–104.

Bichat, François Xavier
1912 . *Physiologische Untersuchungen über den Tod* [Recherches physiologiques sur la vie et la mort, 1802]. Ins Deutsche übersetzt und eingeleitet von Rudolf Boehm. Leipzig, J. A. Barth

Bilikiewicz, Tadeusz
1932 . *Die Embryologie im Zeitalter des Barock und des Rokoko.* Leipzig, Thieme

Binet, Léon
1952 . *Esquisses et notes de travail inédites de Claude Bernard.* Paris, Masson

Biot, Jean-Baptiste
1803 . *Essai sur l'histoire générale des sciences pendant la révolution française.* Paris; Duprat, Fuchs

Blumenbach, Johann Friedrich
1821 . *Handbuch der Naturgeschichte* [1807]. Zehnte Ausgabe. Göttingen, Dieterich

Blumenberg, Hans
1960 . *Paradigmen zu einer Metaphorologie.* Bonn, Bouvier
1973 . *Der Prozeß der theoretischen Neugierde.* Frankfurt a. M., Suhrkamp
1974 . *Säkularisierung und Selbstbehauptung.* Frankfurt a. M., Suhrkamp

Blunt, Wilfrid
1971 . *The art of botanical illustration.* London, Collins

Böhme, Gernot; W. van den Daele, W. Krohn
1973 . Die Finalisierung der Wissenschaft
in: *Zeitschrift für Soziologie* II,2 :128–144.
Börne, Ludwig
1964 . *Sämtliche Schriften.* 5 Bde. Frankfurt a. M., Melzer
Boitard, Pierre
1842 . *Le jardin des plantes. Description et mœurs des mammifères de la ménagerie et du Muséum d'Histoire naturelle.* Précédé d'une introduction historique, descriptive et pittoresque par M. Janin. Paris, Dubochet
Bonald, Louis Gabriel Ambroise de
1859 . *Œuvres complètes.* 3. Bd. Paris, J.-P. Migne
Bonnet, Charles
1781 . *Œuvres d'histoire naturelle et de philosophie*
Bd. VII–IX; Contemplation de la nature [1764]
Bd. XI; Ecrits et lettres d'histoire naturelle
Bd. XII; Lettres sur divers sujets d'histoire naturelle. Neuchatel, Samuel Fauche
Bonnet-Roy, F.
1944 . *Balzac, les médecins, la médecine et la science.* Paris, Horizons de France
Bordeu, Théophile de
1818 . Recherches sur les maladies chroniques
in: *Œuvres complètes.* Bd. 2 : 548–734. Paris, Caille et Ravier
Boswell, James
1958 . *Life of Johnson* [1791]. 2 Bde. London, Everyman's Library
*Botanische Zeitung*
1802 . Erster Jahrgang. Herausgegeben von der Botanischen Gesellschaft in Regensburg
*Botanische Zeitung*
1843 . Erster Jahrgang, ed. Hugo Mohl und D. F. L. von Schlechtendal. Berlin, Förstner
Bouchard, Georges
1938 . *Guyton-Morveau. Chimiste et conventionnel (1737–1816).* Paris, Librairie Académique Perrin
Bouchard, Marcel
1930 . *De l'humanisme à l'Encyclopédie. L'esprit public en Bourgogne sous l'Ancien Régime.* Paris, Hachette
Bouillaud, Jean
1832 . *Traité pratique, théorique et statistique du choléra-morbus de Paris* Paris, Baillière

Bourdier, Franck

1952 . Principaux aspects de la vie et de l'œuvre de Buffon in: Muséum National... 1952:15–86.

Boveri, Theodor

1906 . *Die Organismen als historische Wesen.* Würzburg, Stürtz

Bowler, Peter J.

1974 . Evolutionism in the enlightenment in: *History of Science* XII,3:159–183.

Branthome, Yves-Marie

1818 . *Ueberblick der Chemie nach ihrem gegenwärtigen Zustande...* Aus dem Französischen übersetzt und mit Anmerkungen versehen von D. J. B. Trommsdorff. Erfurt, G. A. Keyser

Braun, Lucien

1973 . *Histoire de l'histoire de la philosophie.* Paris, Editions Ophrys

Braunschvig, Marcel

1956 . *Notre littérature étudiée dans les textes.* 2 Bde. Dix-neuvième édition revue et augmentée. Paris, Armand Colin

Brednow, Walter

1966 . Beinamen in wissenschaftlichen Gesellschaften und Zirkeln. Ein Beitrag zur anthropologischen Bedeutung der cognomina in: *Archiv für Kulturgeschichte* 48:242–261.

Breitinger, Johann Jacob

1967 . *Critische Abhandlung von der Natur, den Absichten und dem Gebrauche der Gleichnisse.* Stuttgart, Metzler [Reprint der Ausg. 1740]

Breysig, Kurt

1962 . *Aus meinen Tagen und Träumen. Memoiren, Aufzeichnungen, Briefe, Gespräche.* Aus dem Nachlass herausgegeben von Gertrud Breysig und Michael Landmann. Berlin, de Gruyter

1964 . *Gedankenblätter.* Berlin, de Gruyter

Bricaire de la Dixmerie, Nicolas

1970 . *Les deux âges du goût et du génie français sous Louis XIV et sous Louis XV ou Parallèle des efforts du génie et du goût dans les sciences, dans les arts et dans les lettres, sous les deux règnes.* Genf, Slatkine [Reprint der Ausg. 1769]

Brisseau-Mirbel, Charles-François

1801 . *Histoire naturelle générale et particulière des plantes.* Ouvrage faisant suite aux Œuvres de Leclerc de Buffon, et partie du Cours complet d'Histoire naturelle rédigé par C. S. Sonnini... 1. Bd. Paris, Dufart

Broussais, Casimir

1840 . *De la statistique appliquée à la pathologie et à la thérapeutique*

(Thèse. Concours pour une chaire de pathologie interne). Paris, Baillière

Broussais, François-Joseph-Victor

1816 . *Examen de la doctrine médicale généralement adoptée, et des systèmes modernes de nosologie*... Paris, Gabon

1832 . *Le choléra-morbus épidémique, observé et traité selon la méthode physiologique*. Paris, Delaunay

1834 a. *Cours de pathologie et de thérapeutique générales*, 2 Bde. Paris, Delaunay

1834 b. *Traité de physiologie appliquée à la pathologie* [1822–23]. 2. Aufl. Paris, Baillière

1839 . *De l'irritation et de la folie*... [1828] 2 Bde. Deuxième édition considérablement augmentée par l'auteur, publiée par son fils, Casimir Broussais. Paris, Baillière

Brown, Harcourt

1934 . *Scientific organizations in seventeenth century France*. Baltimore, Williams and Wilkins

1946 . Buffon and the Royal Society of London in: *Studies and essays in the history of science and learning*, offered in homage to George Sarton, S. 136–165.

Brunn, Walter Albert Leopold von

1963 . *Medizinische Zeitschriften im neunzehnten Jahrhundert. Beiträge zur Geschichte der allgemein-medizinischen Fachpresse*. Stuttgart, Thieme

Brunner, Otto; Werner Conze, Reinhart Koselleck (Ed.)

1972 . *Geschichtliche Grundbegriffe. Historisches Lexikon zur politisch-sozialen Sprache in Deutschland*, 1. Bd. Stuttgart, Klett

1975 . *Geschichtliche Grundbegriffe*. 2. Bd.

Büchner, Georg

1948 . *Gesammelte Werke*, ed. Kasimir Edschmid. München, Desch

Buffon, Georges-Louis Leclerc, comte de

1750–1774 . *Allgemeine Historie der Natur nach allen ihren besondern Theilen abgehandelt; nebst einer Beschreibung der Naturalienkammer Sr. Majestät des Königes von Frankreich*. Mit einer Vorrede Herrn Doctor Albrecht von Haller. Hamburg/Leipzig, Georg Chr. Grund u. Adam H. Holle

1837 . *Sämmtliche Werke, sammt den Ergänzungen, nach der Klassifikation von G. Cuvier*. Einzige Ausgabe in deutscher Uebersetzung von H. J. Schaltenbrand. 9 Bde. Köln, Schlösser

1838 . *Büffons Sämmtliche Werke*... Siebenter Band: Vögel. Übersetzt von B. Rave. Düsseldorf, Stahl

1861 . *Œuvres choisies*. 2 Bde. Paris, Firmin Didot

1864 . *Chefs-d'œuvre littéraires.* Avec une introduction par M. Flourens. 2 Bde. Paris, Garnier
1903 . *Morceaux choisis,* ed. A. Edouard Dupré. Paris, Hachette
1954 . *Œuvres philosophiques,* ed. Jean Piveteau. Paris, Presses Universitaires de France
1962 . *Les Epoques de la nature* [1778]. Edition critique avec le manuscrit, une introduction et des notes par Jacques Roger. Paris, Editions du Muséum National d'Histoire naturelle
1971 a. *Correspondance générale.* Recueillie et annotée par H. Nadault de Buffon. 2 Bde. Genf, Slatkine [Reprint der Ausg. 1885]
1971 b. *De l'homme.* Présentation et notes de Michèle Duchet. Paris, François Maspéro
1971 c. *Des époques de la nature.* Introduction et notes de Gabriel Gohan. Paris, Editions rationalistes

Burchfield, Joe D.
1974 . Darwin and the dilemma of geological time
in: *Isis* 65:302–321.

Burckhardt, Carl Rudolf
1905 . Zoologie und Zoologiegeschichte
in: *Zeitschrift für wissenschaftliche Zoologie* 83:376–383.
1908 . Aristoteles und Cuvier
in: *Zoologische Annalen. Zeitschrift für Geschichte der Zoologie* III,1:69–77.

Burckhardt, Jacob
1929 . *Weltgeschichtliche Betrachtungen* [1868]. Gesamtausgabe, ed. Albert Oeri u. Emil Dürr, Bd. VII:1–208. Stuttgart, Deutsche Verlagsanstalt

Burdach, Karl Friedrich
1835–1840 . *Die Physiologie als Erfahrungswissenschaft.* Bearbeitet von Karl Friedrich Burdach. 6 Bde. Zweite berichtigte und vermehrte Auflage. Leipzig, Leopold Voß

Burkhardt jr., R. W.
1970 . Lamarck, evolution, and the politics of science
in: *Journal of the History of Biology* III,2:275–298.

Butler, Samuel
1924 . *Evolution, Old & New* [1882]. London, Jonathan Cape; New York, Dutton

Butterfield, Herbert
1961 . *The origins of modern science. 1300–1800.* New York, Macmillan

Cabanis, Pierre-Jean-Georges
1956. *Œuvres philosophiques.* Paris, Presses Universitaires de France
Callot, Emile
1965. *La philosophie de la vie au XVIIIe siècle.* Paris, Editions Marcel Rivière et Cie.
Canguilhem, Georges
1958. Pathologie et physiologie de la thyroïde au XIXe siècle in: *Thalès* IX:77–92.
1968. Art. ›Régulation (Epistémologie)‹; ›Physiologie animale‹; ›Vie‹ in: *Encyclopaedia Universalis France*
1969. *La connaissance de la vie.* Deuxième édition revue et augmentée. Paris, Librairie Philosophique J. Vrin
1970. *Etudes d'histoire et de philosophie des sciences.* 2. Aufl. Paris, Librairie Philosophique J. Vrin
1972. Histoire de l'homme et nature des choses selon Auguste Comte, dans le *Plan* de 1822 [Manuskript]. Communication lue au Colloque sur le *Plan des travaux scientifiques nécessaires pour réorganiser la société* (1822). Colloque tenu à la Maison d'Auguste Comte le 27 juin 1972
1974. *Das Normale und das Pathologische.* München, Hanser
Canguilhem, Georges; G. Lapassade, J. Piquemal u. J. Ulmann
1960. *Du développement à l'évolution au XIXe siècle.* Thalès 11 (Sonderheft)
Cap, Paul Antoine
1854. *Le Muséum d'Histoire naturelle.* Paris, Curmer
Caron, Pierre
1905. *Concordance des calendriers républicain et grégorien.* Paris, Société nouvelle de Librairie et d'Edition
Carus, Carl Gustav
1841. *Zwölf Briefe über das Erdleben.* Stuttgart, P. Balz
1963. *Denkwürdigkeiten aus Europa.* Hamburg, Marion v. Schröder
1966. *Lebenserinnerungen und Denkwürdigkeiten.* Nach der zweibändigen Originalausgabe von 1865/66 neu herausgegeben von Elmar Jansen. 2 Bde. Weimar, Gustav Kiepenheuer
Carus, Julius Victor
1872. *Geschichte der Zoologie bis auf Joh. Müller und Charl. Darwin.* München, Oldenbourg
Cassedy, James H.
1969. Meteorology and medicine in colonial America: Beginnings of the experimental approach in: *Journal of the History of Medicine and Allied Sciences* XXIV: 193–204.

Cassirer, Ernst

1932 . *Die Philosophie der Aufklärung.* Tübingen, Mohr (Siebeck)

1973 . *Das Erkenntnisproblem in der Philosophie und Wissenschaft der neueren Zeit.* Vierter Band: Von Hegels Tod bis zur Gegenwart (1832–1932). Darmstadt, Wiss. Buchgesellschaft

Chamfort, Sébastien Roch Nicolas

1960 . *Œuvres.* Paris, Le Club français du livre

Chamisso, Adelbert von

1827 . *Uebersicht der nutzbarsten und der schädlichsten Gewächse, welche wild oder angebaut in Norddeutschland vorkommen. Nebst Ansichten von der Pflanzenkunde und dem Pflanzenreiche.* Berlin, Dümmler

1975 . *Sämtliche Werke.* 2 Bde. München, Winkler

Charlton, Donald Geoffrey

1959 . *Positivist thought in France during the second empire, 1852–1870.* Oxford, The Clarendon Press

Chateaubriand, François René de

1925 . *Etudes historiques* (Œuvres. Tome Neuvième). Paris; Legrand, Troussel et Pomey

1964 . *Mémoires d'outre-tombe* [1848]. Edition du Centenaire, ed. Maurice Levaillant. Deuxième edition revue et corrigée. Paris, Flammarion

1968 . *Erinnerungen. Mémoires d'outre-tombe.* München, Nymphenburger Verlagshandlung

Chevalier, Auguste

1934 . *Michel Adanson. Voyageur, naturaliste et philosophe* [Mémoires coloniaux, sous la direction de Georges Hardy]. Paris, Larose

Clagett, Marshall (Ed.)

1969 . *Critical problems in the history of science.* Madison, The University of Wisconsin Press

*Classification dans les sciences, La*

1963 . Gembloux, Editions J. Duculot

Coleman, William

1971 . *Biology in the nineteenth century: Problems of form, function and transformation.* London, Wiley

Collier, Katharine Brownell

1934 . *Cosmogonies of our fathers. Some theories of the seventeenth and the eighteenth centuries.* New York, Columbia University Press

Collingwood, Robin George

1957 . *The idea of nature.* Second Impression. Oxford, The Clarendon Press

Colp, Jr., Ralph

1974 . The contacts between Karl Marx and Charles Darwin in: *Journal of the History of Ideas* XXXV,2:329–338.

Comte, Auguste

1851 . *Système de politique positive ou traité de sociologie.* Paris; Mathias, Carilian-Gœury u. Dalmont

1908 . *Cours de philosophie positive.* Tome Troisième. Contenant la philosophie chimique et la philosophie biologique [1830]. Paris, Schleicher

1973 a. *Plan der wissenschaftlichen Arbeiten, die für eine Reform der Gesellschaft notwendig sind* [Plan des travaux scientifiques nécessaires pour réorganiser la société, 1822]. München, Hanser

1973 b. *Correspondance générale et confessions.* Tome I 1814–1840. Textes établis et présentés par Paulo E. de Berrêdo Carneiro et Pierre Arnaud. Paris/La Haye, Mouton

1974 . *Philosophie des sciences.* Textes choisis par Jean Laubier. Paris, Presses Universitaires de France

Condorcet, Marie-Jean-Antoine-Nicolas Caritat, marquis de

1847 . *Eloges I,II.* (Œuvres de Condorcet, publiées par A. Condorcet O'Connor et M. F. Arago, Bd. II,III). Paris, Firmin Didot

1963 . *Entwurf einer historischen Darstellung der Fortschritte des menschlichen Geistes* [Esquisse d'un tableau historique des progrès de l'esprit humain, 1794]. Frz.-Dt. Text. Ed. Wilhelm Alff. Frankfurt a. M., Europäische Verlagsanstalt

Conrad-Martius, Hedwig

1938 . *Ursprung und Aufbau des lebendigen Kosmos.* Salzburg/Leipzig, Otto Müller

1964 . *Schriften zur Philosophie.* 2. Bd. München, Kösel

Constant, Benjamin

1952 . *Journaux intimes.* Paris, Gallimard

Cowles, Thomas

1937 . Malthus, Darwin, and Bagehot: A Study in the transference of a concept
in: *Isis* XXVI, 2:341–348.

Créquy, Renée-Charlotte-Victoire de Froullay de Tessé, marquise de

o. J. *Souvenirs de la marquise de Créquy de 1710 à 1803* [1834]. Nouvelle Edition. Revue, corrigée et augmentée. 1. Bd. Paris, Garnier

Crocker, Lester Gilbert

1959 . *An age of crisis. Man and world in eighteenth century french thought.* Baltimore, The Johns Hopkins Press

Crombie, Alistair Cameron (Ed.)

1963 . *Scientific Change. Historical studies in the intellectual, social and technical conditions for scientific discovery and technical invention, from antiquity to the present.* London, Heinemann

Crosland, Maurice P.

1962 . *Historical studies in the language of chemistry.* London, Heinemann

1963 . The development of chemistry in the eighteenth century
in: *Studies on Voltaire and the Eighteenth Century* XXIV:369–441.
1972 . ›Nature‹ and measurement in eighteenth-century France
in: *Studies on Voltaire and the Eighteenth Century* XXXVII:277–309.
Cuvier, Georges
1798 . *Tableau élémentaire de l'histoire naturelle des animaux.* Paris, Baudouin
1812 . Art. ›Buffon‹
in: *Biographie universelle, ancienne et moderne.* Bd. 6:234–242.
1826–1828 . *Histoire des progrès des sciences naturelles, depuis 1789 jusqu'à ce jour.* Paris; Baudouin, Delangle
1831 . *Das Thierreich, geordnet nach seiner Organisation. Als Grundlage der Naturgeschichte der Thiere und Einleitung in die vergleichende Anatomie.* Nach der zweiten, vermehrten Ausgabe (1828) übersetzt und durch Zusätze erweitert von F. S. Voigt. Erster Band, die Säugthiere und Vögel enthaltend. Leipzig, Brockhaus
1841 . *Histoire des sciences naturelles depuis leur origine jusqu'à nos jours, chez tous les peuples connus.* 5 Bde. Paris; Fortin, Masson

Dagognet, François
1970 . *Le catalogue de la vie. Etude méthodologique sur la taxinomie.* Paris, Presses Universitaires de France
Daremberg, Georges
1907 . *Les grands médecins du XIXe siècle.* Paris, Masson
Darwin, Erasmus
1801 . *Zoonomie oder Gesetze des organischen Lebens* [Zoonomia or the laws of organic life, 1794–1796]. 4 Bde. Pesth, Joseph Leyrer
Darwin, Francis (Ed.)
1887 . *The life and letters of Charles Darwin.* 3 Bde. 3. Aufl. London, Murray
1958 . *The autobiography of Charles Darwin and selected letters.* New York, Dover
Dastre, Albert
1900 . Buffon et les critiques de l'*Histoire Naturelle*
in: *Revue des deux mondes* 157:202–217.
Daubenton, Louis-Jean-Marie
1765 . Art. ›Histoire naturelle‹
in: *Encyclopédie*... Tome Huitième, S. 225–230. Paris, Briasson u. a.

Daudet, Léon
1920. *Souvenirs des milieux littéraires, politiques, artistiques et médicaux.* 2 Bde. Paris, Nouvelle Librairie Nationale
1922. Dogmes et marottes scientifiques au XIXe siècle in: *Le stupide XIXe siècle.* Exposé des insanités meurtrières qui se sont abattues sur la France depuis 130 ans 1789–1919, S. 225–310. Paris, Nouvelle Librairie Nationale

Daudin, Henri
1926 a. *De Linné à Lamarck. Méthodes de la classification et idée de série en botanique et en zoologie (1740–1790).* Paris, Alcan
1926 b. *Cuvier et Lamarck. Les classes zoologiques et l'idée de série animale (1790–1830).* Paris, Alcan

Daumas, Maurice
1953. *Les instruments scientifiques aux XVIIe et XVIIIe siècles.* Paris, Presses Universitaires de France
1955. *Lavoisier. Théoricien et expérimentateur.* Paris, PUF
1963. Precision of measurement and physical and chemical research in the eighteenth century in: Crombie 1963:418–430.

Davie, Donald
1963. *The language of science and the language of literature, 1700–1740.* London/New York, Sheed and Ward

Davy de Virville, Adrien
1954. *Histoire de la botanique en France.* Paris, Société d'Edition d'Enseignement Supérieur

Deffand, Marie de Vichy-Chamrond, marquise du
1971. *Correspondance complète,* ed. M. de Lescure. 2 Bde. Genf, Slatkine [Reprint der Ausg. 1865]

Delacroix, Eugène
1960. *Journal.* 3 Bde. Paris, Plon

Deleuze, Joseph Philippe François
1823. *Histoire et description du Muséum Royal d'Histoire naturelle.* 2 Bde. Paris, M. A. Royer

Desaive, Jean Paul u. a.
1972. *Médecins, climat et épidémies à la fin du XVIIIe siècle.* Paris/La Haye, Mouton

Devereux, Georges
1973. *Angst und Methode in den Verhaltenswissenschaften.* München, Hanser

Diderot, Denis
1751. Art. ›Cabinet d'Histoire naturelle‹ in: *Encyclopédie* ... Tome Second, S. 489–492. Paris, Briasson u. a.

1875 . La botanique mise à la portée de tout le monde
in: *Œuvres complètes*, ed. Assézat, Bd. 6, S. 375–377.
1967 . *Philosophische Schriften*, ed. Theodor Lücke. 2 Bde. Frankfurt a. M., Europäische Verlagsanstalt
1968 . *Ästhetische Schriften*, ed. Friedrich Bassenge. 2 Bde. Frankfurt a. M., Europäische Verlagsanstalt

Dieckmann, Herbert
1973 . Naturgeschichte von Bacon bis Diderot. Einige Wegweiser
in: *Geschichte – Ereignis und Erzählung*, ed. Reinhart Koselleck u. Wolf-Dieter Stempel, S. 95–114. München, Fink

Diemer, Alwin (Ed.)
1968 a. *Beiträge zur Entwicklung der Wissenschaftstheorie im 19. Jahrhundert*. Meisenheim a. Glan, Hain
1968 b. *System und Klassifikation in Wissenschaft und Dokumentation*. Meisenheim a. Glan, Hain
1970 . *Der Wissenschaftsbegriff. Historische und systematische Untersuchungen*. Meisenheim a. Glan, Hain

Diepgen, Paul
1926 . Krankheitswesen und Krankheitsursache in der spekulativen Pathologie des 19. Jahrhunderts
in: *Archiv für Geschichte der Medizin* 18:302–327.
1941 . Die Stellung der nosologischen Systeme in der Geschichte der Medizin
in: *Sudhoffs Archiv für Geschichte der Medizin und der Naturwissenschaften* 34:61–67.

Dilthey, Wilhelm
1927 . Der Aufbau der geschichtlichen Welt in den Geisteswissenschaften. *Gesammelte Schriften*, Bd. VII. Leipzig/Berlin, Teubner
1962 . Das achtzehnte Jahrhundert und die geschichtliche Welt [1901]
in: *Gesammelte Schriften*, Bd. III:209–268. 3. Aufl. Stuttgart, Teubner; Göttingen, Vandenhoeck & Ruprecht

Dimier, Louis
1919 . *Buffon*. Paris, Nouvelle Librairie Nationale

Doellinger, Ignaz
1824 . *Von den Fortschritten, welche die Physiologie seit Haller gemacht hat*. München, Lindauer

Droysen, Johann Gustav
1974 . *Historik. Vorlesungen über Enzyklopädie und Methodologie der Geschichte*, ed. Rudolf Hübner. Darmstadt, Wiss. Buchgesellschaft

Du Bois-Reymond, Emil
1912 . *Reden*, ed. Estelle du Bois-Reymond. Zweite vervollständigte Aufl. Leipzig, Veit

Ducassé, Pierre
1939 . *La méthode positive et l'intuition comtienne. Bibliographie.* Paris, Alcan
Duchet, Michèle
1971 . *Anthropologie et histoire au siècle des lumières. Buffon, Voltaire, Rousseau, Helvétius, Diderot.* Paris, François Maspéro
Duclaux, Madame [Agnes Mary Frances Robinson]
1967 . Buffon in his garden
in: *The french ideal. Pascal, Fénelon and other essays*, S. 233–274. Freeport, Books for Libraries Press [Reprint der Ausg. 1911]
Ducrotay de Blainville, Henri Marie
1845 . *Histoire des sciences de l'organisation et de leurs progrès, comme base de la philosophie.* 3 Bde. Paris/Lyon, Librairie Classique de Perisse Frères
Duhem, Pierre
1908 . *Ziel und Struktur der physikalischen Theorien.* Leipzig, J. A. Barth
Dujarric de la Rivière, René
1971 . *Buffon. Sa vie, ses œuvres. Pages choisies.* Coll. Les maîtres de la biologie. Paris, J. Peyronnet
Dumas, Georges
1905 . *Psychologie de deux messies positivistes. Saint-Simon et Auguste Comte.* Paris, Alcan
Dutoit, Eugénie
1899 . *Die Theorie des Milieu.* Bern, Sturzenegger

Eble, Burkard
1837 . *Versuch einer pragmatischen Geschichte der Arzneikunde.* Enthaltend: Die Geschichte der theoretischen Arzneikunde vom Jahre 1800–1825 [Fortsetzung von Sprengel 1821]. Wien, Gerold'sche Buchhandlung
Ehrard, Jean
1963 . *L'Idée de nature en France dans la première moitié du XVIIIe siècle.* 2 Bde. Paris, Bibliothèque générale de l'Ecole Pratique des Hautes Etudes, VIe section
Eiseley, Loren
1961 . *Darwin's century. Evolution and the men who discovered it.* Garden City, N. Y., Anchor Books
1972 . *The firmament of time.* New York, Atheneum
Elias, Norbert
1969 . *Über den Prozess der Zivilisation. Soziogenetische und psychogene-*

*tische Untersuchungen* [1939] 2 Bde. Zweite, um eine Einleitung vermehrte Aufl. Bern/München, Francke

Eliot, Thomas Stearns

1936. *Essays ancient and modern.* London, Faber and Faber

Ellenberger, Henri Frédéric

1973. *Die Entdeckung des Unbewußten* [The Discovery of the unconscious. The history and evolution of dynamic psychiatry, 1970]. Bern, Hans Huber

Engelhardt, Dietrich von

1971. Grundzüge der wissenschaftlichen Naturforschung um 1800 und Hegels spekulative Naturerkenntnis
in: *Philosophia naturalis* 13:290–315.

Engelmann, Wilhelm

1960. *Bibliotheca Historico-Naturalis.* Weinheim, Engelmann; Codicote, Wheldon & Wesley [Reprint der Ausg. 1846]

Erxleben, Johann Christian Polykarp

1784. *Anfangsgründe der Naturlehre* [1777]. Mit Zusätzen von G. C. Lichtenberg. 3. Aufl. Göttingen, Dieterich

1791. *Anfangsgründe der Naturgeschichte*... [1767]. Zum viertenmahl herausgegeben von Johann Friedrich Gmelin. Göttingen, Dieterich

Esquirol, Jean Etienne Dominique

1838. *Des maladies mentales, considérées sous le rapport médical, hygiénique et médico-légal.* 2 Bde. Paris, Baillière

1968. *Von den Geisteskrankheiten.* Herausgegeben und eingeleitet von Erwin H. Ackerknecht. Bern/Stuttgart, Hans Huber [Dt. Übers. des 1. Kap. von Esquirol 1838]

Eulner, Hans-Heinz

1970. *Die Entwicklung der medizinischen Spezialfächer an den Universitäten des deutschen Sprachgebietes.* Stuttgart, Enke

Fabre, Joseph

1910. *Les pères de la révolution (De Bayle à Condorcet).* Paris, Alcan

Faguet, Emile

1890. Buffon
in: *Dix-huitième siècle. Etudes littéraires,* S. 425–487. Paris, Société Française d'Imprimerie et de Librairie

Farber, Eduard

1961. Early studies concerning time in chemical reactions
in: *Chymia. Annual Studies in the History of Chemistry* 7:135–148.

1969. *The evolution of chemistry. A history of its ideas, methods, and materials.* 2. Aufl. New York, The Ronald Press Company

Fayet, Joseph
1960. *La révolution française et la science 1789–1795*. Paris, Librairie Marcel Rivière

Fellows, Otis
1960. Buffon and Rousseau: Aspects of a relationship in: *Publications of the Modern Language Association of America* LXXV:184–196.
1963. Buffon's place in the enlightenment in: *Studies on Voltaire and the Eighteenth Century* XXV:602–629.
1971. Encore un détracteur de Buffon in: *Beiträge zur französischen Aufklärung und zur spanischen Literatur*. Festgabe für Werner Krauss zum 70. Geburtstag, ed. Werner Bahner, S. 83–95. Berlin (DDR), Akademie-Verlag

Fellows, Otis u. Stephen F. Milliken
1972. *Buffon*. New York, Twayne's World Authors Series

Feuerbach, Ludwig
1975. Zur Kritik der Hegelschen Philosophie [1839] in: *Werke*, Bd. 3:7–53. Frankfurt a. M., Suhrkamp

Fierz-David, Hans Eduard
1952. *Die Entwicklungsgeschichte der Chemie. Eine Studie*. 2., erweiterte Aufl. Basel, Birkhäuser

Fischer, Johann Carl
1801–1808. *Geschichte der Physik seit der Wiederherstellung der Künste und Wissenschaften bis auf die neuesten Zeiten*. Göttingen, Röwer

Fischer, Kurt von
1964. Das Zeitproblem in der Musik in: *Das Zeitproblem im 20. Jahrhundert*, ed. R. W. Meyer, S. 296–317. Bern/München, Francke

Flaubert, Gustave
1957. *Bouvard und Pécuchet*. Düsseldorf, Rauch
1966. *Le second volume de Bouvard et Pécuchet*. Etabli et présenté par Geneviève Bollème. Paris, Denoël
1973. Voyages et carnets de voyage. Œuvres de jeunesse. *Œuvres complètes*. Tome II. Paris, Club de l'honnête homme

Flourens, Pierre-Jean-Marie
1850. *Histoire des travaux et des idées de Buffon*. Seconde Edition, revue et augmentée. Paris, Hachette

Fontenelle, Bernard le Bovier de
1968. *Œuvres complètes*, ed. G.-B. Depping. 2. Bd. Genf, Slatkine [Reprint der Ausg. 1818]

Forster Georg
1877 . *Briefwechsel mit S. Th. Sömmering*, ed. Hermann Hettner. Braunschweig, Vieweg
1958 . Ansichten vom Niederrhein [1791], bearbeitet von Gerhard Steiner. *Werke*, herausgegeben von der Deutschen Akademie der Wissenschaften zu Berlin, Institut für Deutsche Sprache und Literatur. 9. Bd. Berlin (DDR). Akademie-Verlag
1973 . Tagebücher, bearbeitet von Brigitte Leuschner. *Werke*, herausgegeben von der Akademie der Wissenschaften der DDR, Zentralinstitut für Literaturgeschichte. 12. Bd. Berlin (DDR), Akademie-Verlag
1974 . Kleine Schriften zu Philosophie und Zeitgeschichte, bearbeitet von Siegfried Scheibe. *Werke*. 8. Bd. Berlin (DDR), Akademie-Verlag

Foucault, Michel
1969 . *Wahnsinn und Gesellschaft. Eine Geschichte des Wahns im Zeitalter der Vernunft*. Frankfurt a. M., Suhrkamp
1971 . *Die Ordnung der Dinge. Eine Archäologie der Humanwissenschaften*. Frankfurt a. M., Suhrkamp
1973 a. *Die Geburt der Klinik. Eine Archäologie des ärztlichen Blicks*. München, Hanser
1973 b. *Archäologie des Wissens*. Frankfurt a. M., Suhrkamp
1974 . *Die Ordnung des Diskurses*. Inauguralvorlesung am Collège de France – 2. Dezember 1970. München, Hanser

Fourier, Charles
1966 . *Theorie der vier Bewegungen und der allgemeinen Bestimmungen* [Théorie des quatre mouvements et des destinées générales, 1808]. Frankfurt/Wien; Europäische Verlagsanstalt, Europa Verlag

François, Yves
1950 . Notes pour l'histoire du Jardin des Plantes; sur quelques projets d'aménagement du Jardin du Roi au temps de Buffon
in: *Bulletin du Muséum National d'Histoire Naturelle* 22:675–681
1952 . Buffon au Jardin du Roi (1739–1788)
in: *Bulletin du Muséum National d'Histoire Naturelle* 22:675–681.

Fueßly, Johan Caspar
1781 . *Archiv der Insectengeschichte*. Erstes Heft. Zürich/Winterthur, Steiner

Galiani, Ferdinand
1914 . *Die Briefe des Abbé Galiani*. Mit Einleitung und Anmerkungen von Wilhelm Weigand. 2 Bde. Zweite veränderte Aufl. München/Leipzig, Georg Müller

Gardner, Eldon J.
1965. *History of Biology*. 2. Aufl. Minneapolis, Burgess

Garrod, Archibald Edward
1909. *Inborn errors of metabolism.* Oxford, Oxford Medical Publications

Gavin de Beer, Sir
1954. Jean-Jacques Rousseau: Botanist
in: *Annals of Science* 10,3:189–223. [= Weitgehend Übers. von Jansen 1885]

Gay, Peter
1968. *The enlightenment: An interpretation. The rise of modern paganism.* New York, Vintage Books

Geiger, Paul E.
1908. *Das Wort ›Geschichte‹ und seine Zusammensetzungen.* Freiburg i. Br., C. A. Wagner [Diss. phil.]

Geoffroy Saint-Hilaire, Etienne
1828. *Sur le principe de l'unité de composition organique.* Discours servant d'introduction aux leçons professées au Jardin du Roi. Paris, Pichon et Didier
1835. *Etudes progressives d'un naturaliste pendant les années 1834 et 1835.* Paris, Roret
1838. *Fragments biographiques, précédés d'études sur la vie, les ouvrages et les doctrines de Buffon.* Paris, Masson

Geoffroy Saint-Hilaire, Isidore
1854–1862. *Histoire naturelle générale des règnes organiques, principalement étudiée chez l'homme et les animaux.* 3 Bde. Paris, Masson

Giere, Ronald N. u. Richard S. Westfall (Ed.)
1973. *Foundations of scientific method: The nineteenth century.* Bloomington/London, Indiana University Press

Gillispie, Charles Coulston
1959. *Genesis and geology. A study in the relations of scientific thought, natural theology, and social opinion in Great Britain, 1790–1850.* New York, Harper Torchbooks

Girtanner, Christoph
1796. *Ueber das Kantische Prinzip für die Naturgeschichte. Ein Versuch diese Wissenschaft philosophisch zu behandeln.* Göttingen, Vandenhoek u. Ruprecht

Glass, Bentley
1963. The establishment of modern genetical theory as an example of the interaction of different models, techniques, and inferences
in: Crombie 1963:521–540.

Glass, Bentley; Owsei Temkin u. William L. Straus, jr.
1967 . *Forerunners of Darwin: 1745–1859.* Third Printing. Baltimore, The Johns Hopkins Press

Gley, Emile
1900 . *Essais de philosophie et d'histoire de la biologie.* Paris, Masson
1932 . Les sciences biologiques au Collège de France in: *Le Collège de France (1530–1930).* Livre jubilaire composé à l'occasion de son quatrième centenaire, S. 133–142. Paris, Presses Universitaires de France

Gmelig Meyling-Nijboer, Caro
1973 . Conrad Gesner (1516–1565) considered as a modern naturalist in: *Janus* LX, 1–2–3:41–52.

Gmelin, Johann Friedrich
1965 . *Geschichte der Chemie. Seit dem Wiederaufleben der Wissenschaften bis an das Ende des 18. Jahrhunderts.* 3 Bde. Hildesheim, Olms [Reprint der Ausg. 1797–99]

Gode-von Aesch, Alexander Gottfried Friedrich
1966 . *Natural science in German romanticism.* New York, AMS Press [Reprint der Ausg. 1941]

Goerke, Heinz
1966 . *Carl von Linné. Arzt – Naturforscher – Systematiker 1707–1778.* Stuttgart, Wiss. Verlagsgesellschaft

Goethe, Johann Wolfgang von
1832 . Principes de philosophie zoologique. Discutés en mars 1830 au sein de l'Académie Royale des Sciences par Mr. Geoffroy Saint-Hilaire. Paris [1830] in: *Werke*, 34. Theil:146–174. Berlin, Hempel
1948 . *Gedenkausgabe der Werke, Briefe und Gespräche.* Bd. 24; Johann Peter Eckermann, Gespräche mit Goethe in den letzten Jahren seines Lebens. Zürich, Artemis
1964 . *Die Schriften zur Naturwissenschaft.* Zehnter Band: Aufsätze, Fragmente, Studien zur Morphologie. Weimar, Hermann Böhlaus Nachfolger
1970 . *Die Schriften zur Naturwissenschaft.* Elfter Band: Aufsätze, Fragmente, Studien zur Naturwissenschaft im allgemeinen. Weimar, Hermann Böhlaus Nachfolger

Goldschmid, Edgar
1953 . Nosologia naturalis in: *Science, Medicine and History* (Festschrift für Ch. Singer) II:103–122. London, Oxford University Press

Goltz, Dietlinde
1972 . *Studien zur Geschichte der Mineralnamen in Pharmazie, Chemie*

*und Medizin von den Anfängen bis Paracelsus.* Wiesbaden, Steiner [= Sudhoffs Archiv, Beiheft 14]

Gombrich, Ernst Hans

1967 . *Kunst und Illusion. Zur Psychologie der bildlichen Darstellung.* Köln, Phaidon

Goncourt, Edmond und Jules de

1956 . *Journal. Mémoires de la vie littéraire* [1851–96]. 22 Bde. Monaco, Les Editions de l'Imprimerie Nationale

Gordon, Donald

1939 . ›Veritas filia temporis‹. Hadrianus Junius and Geoffrey Whitney in: *Journal of the Warburg and Courtauld Institutes* III:228–240.

Gosse, Isidore Salles de [Isidore Salles]

1847 . *Histoire naturelle drolatique et philosophique des professeurs du Jardin des Plantes*... Avec des annotations de... F. Gérard. Paris, Sandré

Gouhier, Henri

1933–1941 . *La jeunesse d'Auguste Comte et la formation du positivisme.* 3 Bde. Paris, Librairie Philosophique J. Vrin

1965 . *La vie d'Auguste Comte.* Deuxième édition revue. Paris, Librairie Philosophique J. Vrin

Grafton, Anthony T.

1975 . Joseph Scaliger and historical chronology: The rise and fall of a discipline in: *History and Theory* XIV,2:156–185.

Granel, François

1964 . *Pages médico-historiques montpelliéraines.* Montpellier, Causse et Castelnau

Grassé, Pierre-P.

1940–1945 . ›Biologie‹ (Projets d'articles du vocabulaire) in: *Revue de Synthèse* 19:130–135.

Greene, John C.

1969 . Biology and social theory in the nineteenth century: Auguste Comte and Herbert Spencer in: Clagett 1969:419–446.

1971 . The Kuhnian paradigm and the Darwinian revolution in natural history in: Roller 1971:3–25.

Grene, Marjorie

1974 . *The understanding of nature. Essays in the philosophy of biology.* Dordrecht/Boston, Reidel

Grimm, Jacob u. Wilhelm Grimm

1897 . Art. ›Geschichte‹

in: *Deutsches Wörterbuch.* Vierten Bandes erste Abtheilung. Zweiter Theil, S. 3857–3866. Leipzig, Hirzel

Grimm, Melchior u. a.

1877 . *Correspondance littéraire, philosophique et critique par* Grimm, Diderot, Raynal, Meister, etc. ... Notices, notes, table générale par Maurice Tourneux. 16 Bde. Paris, Garnier

Grmek, Mirko Dražen

1962 . *Introduction de l'expérience quantitative dans les sciences biologiques.* Paris, Palais de la Découverte

1963 . Quelques notes intimes de Claude Bernard
in: *Archives Internationales d'Histoire des Sciences* 16:339–352.

1964 . La conception de la maladie et de la santé chez Claude Bernard
in: *Mélanges Alexandre Koyré.* I. L'aventure de la science, S. 208–227. Paris, Hermann

1967 . *Catalogue des manuscrits de Claude Bernard.* Avec la bibliographie des ses travaux imprimés et des études sur son œuvre. Paris, Masson

Gusdorf, Georges

1966 . *Les sciences humaines et la pensée occidentale. I. De l'histoire des sciences à l'histoire de la pensée.* Paris, Payot

1971 . *Les sciences humaines et la pensée occidentale. IV. Les principes de la pensée au siècle des lumières.* Paris, Payot

Guthke, Karl Siegfried

1962 . *Haller und die Literatur.* Göttingen, Vandenhoeck u. Ruprecht

1970 . *Hallers Literaturkritik*, ed. K. S. Guthke. Tübingen, Niemeyer

Guyénot, Emile

1957 . *Les sciences de la vie au XVIIe et XVIIIe siècles. L'idée d'évolution.* 2. Aufl. Paris, Albin Michel

Haber, Francis C.

1967 a. Fossils and early cosmology
in: Glass u. a. 1967:3–29.

1967 b. Fossils and the idea of a process of time in natural history
in: Glass u. a. 1967:222–261.

Haeckel, Ernst

1866 . *Generelle Morphologie der Organismen.* 2 Bde. Berlin, Reimer

Hagberg, Knut

1940 . *Carl Linnaeus. Ein großes Leben aus dem Barock.* Hamburg, Goverts

Hahn, Roger

1971 . *The anatomy of a scientific institution. The Paris academy of sciences, 1666–1803.* Berkeley, University of California Press

Haller, Albrecht von
1758. *Gedichte*. 7. Aufl. Zürich, Heidegger
1971 . *Tagebuch seiner Beobachtungen über Schriftsteller und über sich selbst*. Ed. Johann Georg Heinzmann. 2. Bd. Frankfurt a. M., Athenäum [Reprint der Ausg. 1787]
Hamann, Johann Georg
1950 . *Sämtliche Werke*. II. Band (Schriften über Philosophie/Philologie/ Kritik 1758–1763)
1952 . *Sämtliche Werke*. IV. Band (Kleine Schriften 1750–1788). Wien, Thomas-Morus-Presse im Verlag Herder
Hampson, Norman
1968 . *A cultural history of the enlightenment*. New York, Pantheon
Hamy, Ernest-Théodore
1893 . Les derniers jours du Jardin du Roi et la fondation du Muséum d'Histoire naturelle
in: *Centenaire de la fondation du Muséum d'Histoire naturelle 10 juin 1793–10 juin 1893*. Volume commémoratif publié par les professeurs du muséum, S. 1–162. Paris, Imprimerie Nationale
Hanks, Lesley
1966 . *Buffon. Avant L'›Histoire Naturelle‹*. Paris, Presses Universitaires de France
Harms, Ernest
1967 . *Origins of modern psychiatry*. Springfield, Ill., Thomas
Haudricourt, André
1973 . Botanical nomenclature and its translation
in: Teich und Young 1973:265–273.
Hazard, Paul
1939 . *Die Krise des europäischen Geistes* [La crise de la conscience européenne]. Hamburg, Hoffmann und Campe
Hebbel, Friedrich
o. J. . *Tagebücher*. Band 3 und 4, ed. Hermann Krumm. Leipzig, Hesse & Becker
Hegel, Gottfried Wilhelm Friedrich
1970 a. *Enzyklopädie der philosophischen Wissenschaften I–III*. Theorie-Werkausgabe Bd. 8–10
1970 b. *Vorlesungen über die Philosophie der Geschichte*. Theorie-Werkausgabe Bd. 12
1971 . *Vorlesungen über die Geschichte der Philosophie I*. Theorie-Werkausgabe Bd. 18. Frankfurt a. M., Suhrkamp
Heilbrun, Georges
1952 . Essai de bibliographie [de l'œuvre de Buffon]
in: Muséum National... 1952:225–237.

Heilmann, Karl Eugen
1966 . *Kräuterbücher in Bild und Geschichte.* München-Allach, Kölbl
Heim, Roger
1952 . Préface à Buffon
in: Muséum National... 1952:5–13.
Heine, Heinrich
1964 a. Die Romantische Schule [1832/33]
in: *Sämtliche Werke* VII:5–152.
1964 b. Französische Zustände [1832]
in: *Sämtliche Werke* VIII:65–255. München, Kindler
Heinroth, Johann Christian August
1822 . *Lehrbuch der Anthropologie.* Leipzig, Vogel
Heischkel, Edith
1931 . *Die Medizinhistoriographie im XVIII. Jahrhundert.* Leiden, Brill [Diss. med. Freiburg 1931]
Heischkel-Artelt, Edith
1967 . Die Welt des praktischen Arztes
in: Artelt u. Rüegg 1967:1–16.
Hennig, J.
1938 . Die Geschichte des Wortes ›Geschichte‹
in: *Deutsche Vierteljahrsschrift für Literaturwissenschaft und Geistesgeschichte* XVI,4:511–521.
Henningsen, Manfred
1967 . *Menschheit und Geschichte. Untersuchungen zu Arnold Joseph Toynbees ›A Study of History‹.* München, List
Hérault de Séchelles, Marie-Jean
1907 . *Œuvres littéraires.* Publiées avec une préface et des notes par Emile Dard. Paris, Perrin
Herder, Johann Gottfried
1967 . Ideen zur Philosophie der Geschichte der Menschheit. Erster und zweiter Teil [1784–85]. *Sämtliche Werke*, ed. Suphan, Bd. XIII. Hildesheim, Olms [Reprint der Ausg. 1887]
Hervé, Georges
1918- Buffon et son œuvre ethnologique
1920 . in: *Revue anthropologique* 28:195–218; 30:1–19.
Hervier, Marcel
1931 . *Les écrivains français jugés par leurs contemporains. II. Le Dix-Huitième Siècle.* Paris, Mellottée
Heuß, Alfred
1959 . *Verlust der Geschichte.* Göttingen, Vandenhoeck u. Ruprecht

Hillemand, Constant
1926 . Auguste Comte et Claude Bernard
in: *Le Progrès Médical* 50:1910–1917; 52:1981–1999.
Hirsch, August
1893 . *Geschichte der medicinischen Wissenschaften in Deutschland.* München/Leipzig, Oldenbourg
Hirschfeld, Ernst
1929 . Virchow
in: *Kyklos* Bd. 2:106–116.
1930 . *Romantische Medizin. Zu einer künftigen Geschichte der naturphilosophischen Ära*, Kyklos Bd. 3. Leipzig, Thieme
Hjelt, Otto E. A.
1909 . *Carl von Linné als Arzt und medizinischer Schriftsteller.* Jena, Gustav Fischer
Höhne, Ernst
1914 . *Der Stil Buffons. Eine stilistische Untersuchung der ›Histoire naturelle, générale et particulière‹.* Marburg, Chr. Schaaf [Diss. phil.]
Hölder, Helmut
1960 . *Geologie und Paläontologie in Texten und ihrer Geschichte.* Freiburg/München, Alber
Hörz, Herbert u. a. (Ed.)
1969 . *Naturphilosophie – Von der Spekulation zur Wissenschaft.* Berlin (DDR), Akademie-Verlag
Hoffmann, Ernst Theodor Amadeus
1922 . Datura fastuosa. Der schöne Stechapfel [1823]
in: *Sämmtliche Werke* (Serapions-Ausgabe), Bd. 12:1–56. Berlin/Leipzig, de Gruyter
Hooykaas, Reyer
1957 . The parallel between the history of the earth and the history of the animal world
in: *Archives Internationales d'Histoire des Sciences* X:3–18.
1963 . *Natural law and divine miracle. The principle of uniformity in geology, biology and theology.* 2. Aufl. Leiden, Brill
Houssaye, Arsène
1861 . *Histoire du 41e fauteuil de l'Académie française.* Sixième edition. Revue et considérablement augmentée. Paris, Henri Plon
Hünermann, Peter
1967 . *Der Durchbruch des geschichtlichen Denkens im 19. Jahrhundert.* Freiburg, Herder
Hulth, Johan Markus
1907 . *Bibliographia Linnaeana. Matériaux pour servir à une bibliographie linnéenne.* Upsala, Almqvist & Wiksell

Humboldt, Alexander von

1845. *Kosmos. Entwurf einer physischen Weltbeschreibung.* 1. Bd. Stuttgart, Cotta

1849. *Ansichten der Natur* [1807]. 2 Bde. 3. Aufl. Stuttgart/ Tübingen, Cotta

1863. *Briefwechsel mit Heinrich Berghaus aus den Jahren 1825 bis 1858.* Leipzig, Costenoble

1959. *Ideen zu einer Physiognomik der Gewächse* [1809], ed. Mauritz Dittrich. Leipzig, Akademische Verlagsgesellschaft

Institut National d'Etudes Démographiques

1960. *La prévention des naissances dans la famille. Ses origines dans les temps modernes.* Paris, Presses Universitaires de France

Jacob, François

1972. *Die Logik des Lebenden. Von der Urzeugung zum genetischen Code.* Frankfurt a. M., Fischer

Jahn, Ilse

1973. Etienne Geoffroy Saint-Hilaire an Alexander von Humboldt über Goethes Stellungnahme zum Pariser Akademie-Streit
in: *NTM. Schriftenreihe für Geschichte der Naturwissenschaften, Technik und Medizin* X,2:59–67.

Jansen, Albert

1885. *Jean-Jacques Rousseau als Botaniker.* Berlin, Reimer

Jauss, Hans Robert

1965. Literarische Tradition und gegenwärtiges Bewußtsein der Modernität. Wortgeschichtliche Betrachtungen
in: Steffen 1965:150–197.

1973. Geschichte der Kunst und Historie
in: *Geschichte – Ereignis und Erzählung,* ed. Reinhart Koselleck u. Wolf-Dieter Stempel, S. 175–209. München, Fink

Jean Paul

1960 ff. *Werke.* 6 Bde. München, Hanser

Joubert, Joseph

1938. *Les Carnets.* Textes recueillis sur les manuscrits autographes par André Beaunier. 2 Bde. Paris, Gallimard

*Journal für die Botanik*

1799. Erster Band, ed. Medicinalrath Heinrich Adolph Schrader. Göttingen, Dieterich

Jouy, Victor Joseph Etienne de
1815 . *L'Hermite de la Chaussée-d'Antin ou observations sur les mœurs et les usages parisiens au commencement du XIXe siècle* [1811–1814] 5 Bde. Sixième Edition. Paris, Pillot
1817 . *Guillaume le Franc-Parleur, ou observations sur les mœurs françaises au commencement du dix-neuvième siècle;* Suite de l'Hermite de la Chaussée-d'Antin. 2 Bde. Sixième Edition. Paris, Pillot
Jünger, Ernst
1939 . *Auf den Marmor-Klippen.* Hamburg, Hanseatische Verlagsanstalt
1956 . *Rivarol.* Frankfurt a. M., Klostermann
1960 . *Sgraffiti.* Stuttgart, Klett
1960–62. *Tagebücher II–IV.* Stuttgart, Klett
1963 . *Typus. Name. Gestalt.* Stuttgart, Klett
1967 . *Subtile Jagden.* Stuttgart, Klett
Jünger, Friedrich Georg
1969 . *Die vollkommene Schöpfung. Natur oder Naturwissenschaft?* Frankfurt a. M., Klostermann
Jüttner, Guido
1971 . Die Signatur in der Pflanzenabbildung in: *Pharmazeutische Zeitung* 116:1998–2001.
Jusatz, Helmut J.
1967 . Die Bedeutung der medizinischen Ortsbeschreibungen des 19. Jahrhunderts für die Entwicklung der Hygiene in: Artelt u. Rüegg 1967:179–200.

Kästner, Abraham Gotthelf
1841 . *Gesammelte politische und prosaische schönwissenschaftliche Werke.* Berlin, Enslin
Kant, Immanuel
1968 . *Werke,* ed. Wilhelm Weischedel. 10 Bde. Darmstadt, Wiss. Buchgesellschaft
Kerner, Justinus
1849 . *Das Bilderbuch aus meiner Knabenzeit. Erinnerungen aus den Jahren 1786 bis 1804.* Braunschweig, Vieweg
Kesting, Hanno
1959 . *Geschichtsphilosophie und Weltbürgerkrieg. Deutungen der Geschichte von der französischen Revolution bis zum Ost-West-Konflikt.* Heidelberg, Winter
Kierkegaard, Sören
1953 . *Die Tagebücher. 1834–1855.* 4. Aufl. München, Kösel

Kieser, Dietrich Georg
1817–1819. *System der Medicin, zum Gebrauche bei akademischen Vorlesungen und für practische Aerzte.* 2 Bde. Halle, Hemmerde u. Schwetschke
King, Donald L.
1929. *L'influence des sciences physiologiques sur la littérature française, de 1670 à 1870.* Paris, Les Belles Lettres
King, Lester S.
1966. Boissier de Sauvages and 18th century nosology in: *Bulletin of the History of Medicine* XL:43–51.
Klein, Marc
1955. Sur l'origine du vocable ›Biologie‹ in: *Archives d'Anatomie, d'Histologie et d'Embryologie* XXXVII,2: 105–114.
Klempt, Adalbert
1960. *Die Säkularisierung der universalhistorischen Auffassung.* Göttingen, Musterschmidt
Koselleck, Reinhart
1967. Historia magistrae vitae. Über die Auflösung des Topos im Horizont neuzeitlich bewegter Geschichte in: *Natur und Geschichte.* Karl Löwith zum 70. Geburtstag, S. 196 bis 219. Stuttgart, Kohlhammer
1968. Vergangene Zukunft der frühen Neuzeit in: *Epirrhosis.* Festgabe für Carl Schmitt, ed. Hans Barion u. a., Bd. 2:549–566. Berlin, Duncker & Humblot
1969. Der neuzeitliche Revolutionsbegriff als geschichtliche Kategorie in: *Studium Generale* 22:825–838.
1973 a. *Kritik und Krise. Eine Studie zur Pathogenese der bürgerlichen Welt.* Neudruck. Frankfurt a. M., Suhrkamp
1973 b. Geschichte, Geschichten und formale Zeitstrukturen in: *Geschichte – Ereignis und Erzählung*, ed. Reinhart Koselleck u. Wolf-Dieter Stempel, S. 211–222. München, Fink
1975 a. Art. ›Fortschritt‹ [mit Christian Meier] in: Brunner, Conze u. Koselleck 1975, Bd. 2:351–423.
1975 b. Art. ›Geschichte‹ in: Brunner, Conze u. Koselleck 1975, Bd. 2:647–717.
Kraus, Andreas
1963. *Vernunft und Geschichte. Die Bedeutung der deutschen Akademien für die Entwicklung der Geschichtswissenschaft im späten 18. Jahrhundert.* Freiburg, Herder
Krauss, Werner
1963. *Studien zur deutschen und französischen Aufklärung.* Berlin (DDR), Rütten & Loening

1968 . *Essays zur französischen Literatur.* Berlin (DDR)/Weimar, Aufbau-Verlag

Krauss, Werner u. Hans Mayer (Ed.)

1955 . *Grundpositionen der französischen Aufklärung.* Berlin (DDR), Rütten & Loening

Kronick, David A.

1962 . *A history of scientific and technical periodicals. The origins and development of the scientific and technological press 1665–1790.* New York, The Scarecrow Press

Kügelgen, Wilhelm von

1907 . *Jugenderinnerungen eines alten Mannes* [1870]. Ebenhausen, Langewiesche-Brandt

Kuhn, Thomas S.

1967 . *Die Struktur wissenschaftlicher Revolutionen.* Frankfurt a. M., Suhrkamp

Kußmaul, Adolf

1912 . *Jugenderinnerungen eines alten Arztes* [1899]. 9. Aufl. Stuttgart, Bonz

Labbé, Alphonse

1929 . *Le conflit transformiste.* Paris, Alcan

La Bruyère, Jean de

1947 . *Die Charaktere oder Die Sitten des Jahrhunderts* [Les caractères de Théophraste ... avec les caractères ou les mœurs de ce siècle, 1688]. Neu übertragen und herausgegeben von Gerhard Hess. Wiesbaden, Dieterich

Lacépède, Bernard-Germain-Etienne de Laville, comte de

1839 . *Histoire naturelle* [1826/33]. 2 Bde. Nouvelle Edition. Paris, Furne

1975 . Notice de ma vie [1816]. Présentation de Roger Hahn in: *Dix-Huitième Siècle* 7:49–85.

Laehr, Heinrich

1893 . *Gedenktage der Psychiatrie und ihrer Hülfsdisciplinen in allen Ländern* [1885]. Vierte vermehrte und umgearbeitete Aufl. Berlin, Reimer

Laissus, Yves

1964 . Le Jardin du Roi in: Taton 1964:287–341.

Lamarck, Jean-Baptiste

1876 . *Zoologische Philosophie* [Philosophie zoologique, 1809]. Nebst einer biographischen Einleitung von Charles Martins. Jena, Dabis

1957 . *Pages choisies.* Introduction, notes et commentaires par Lucien Brunelle. Paris, Editions Sociales (Les Classiques du peuple)

Lamennais, Félicité de

1836–37. *Œuvres complètes.* Tome VI. Réflexions sur l'état de l'église en France pendant le XVIIIe siècle, et sur sa situation actuelle, suivies de mélanges religieux et philosophiques. Paris, Cailleux

Lamy, Edouard

1930 . *Les cabinets d'histoire naturelle en France au XVIIIe siècle et le Cabinet du Roi (1635–1793).* Paris, Chez l'Auteur

Larcher, P.-L.

1963 . Un jardin du paradis ou Marcel Proust et la botanique in: *Bulletin de la Société des Amis de Marcel Proust et des Amis de Combray* 13:64–69.

Larson, James L.

1971 . *Reason and experience. The representation of natural order in the work of Carl von Linné.* Berkeley, University of California Press

Lavoisier, Antoine-Laurent

1965 . *Œuvres.* Tome Premier:Traité élémentaire de chimie [1789]. Opuscules physiques et chimiques. New York, Johnson [Reprint der Ausg. 1864]

Le Blond, Guillaume

1756 . Art. ›Evolutions‹ in: *Encyclopédie* . . . Tome Sixième, S. 169–201. Paris, Briasson u. a.

Leclerc, Gérard

1973 . *Anthropologie und Kolonialismus.* München, Hanser

Leibbrand, Werner

1953 . *Heilkunde. Eine Problemgeschichte der Medizin.* Freiburg/München, Alber

1956 . *Die spekulative Medizin der Romantik.* Hamburg, Claassen

Leibbrand, Werner u. Annemarie Wettley

1961 . *Der Wahnsinn. Geschichte der abendländischen Psychopathologie.* Freiburg/München, Alber

Leibbrand, Werner u. Annemarie Leibbrand-Wettley

1964 . *Kompendium der Medizin-Geschichte.* München-Gräfelfing, Banaschewski

Leibniz, Gottfried Wilhelm

1962 . Nouveaux essais sur l'entendement humain [1703–1705]. *Philosophische Schriften,* ed. Leibniz-Forschungsstelle der Universität Münster. Berlin (DDR), Akademie-Verlag

1967 . *Politische Schriften II.* Frankfurt, Europ. Verlagsanstalt; Wien, Europa Verlag

1971 . *Leibniz-Faksimiles.* Bekanntes und Unbekanntes aus seinem Nachlaß, ed. Stiftung Volkswagenwerk. Hildesheim/New York, Olms

Lenz, Max

1896 . Lamprechts Deutsche Geschichte, 5. Band in: *Historische Zeitschrift* N. F. 41:385–447.

Lévi-Strauss, Claude

1968 . *Das wilde Denken.* Frankfurt a. M., Suhrkamp

Lichtenberg, Georg Christoph

1968 ff. *Schriften und Briefe.* 6 Bde. München, Hanser

Lignac, Abbé J.-A. Lelarge de

1756 . *Lettres à un Amériquain, sur l'histoire naturelle, générale & particulière de monsieur* DE BUFFON. 9 Teile in drei Bänden. Nouvelle edition rêvue et corrigée par l'Auteur. Hamburg

Ligne, Charles-Joseph, prince de

1827–1829 . *Mémoires et mélanges historiques et littéraires.* 5 Bde. Paris; Dupont, Denain

Lindman, Carl Axel Magnus

1908 . *Carl von Linné als botanischer Forscher und Schriftsteller.* Jena, Gustav Fischer

Lindroth, Sten

1944 . *Adam Afzelius. En Linnean i England och Sierra Leone* (Adam Afzelius. A Linnean in England and Sierre Leone) in: *Lychnos* (Jahrbuch der Schwedischen Gesellschaft für Geschichte der Wissenschaften):1–54.

Linné, Carl von

1749 . *Amoenitates academicae, seu dissertationes varie physicae, medicae, botanicae* ... 1. Bd. Lugduni Batavorum, Cornelius Haak

1789 . *Amoenitates academicae* ... 6. Bd. 2. Aufl. Erlangen, Palm

1751 . *Philosophia botanica* ... Stockholm, G. Kiesewetter

1773–1780 . *Des Ritters Carl von Linné ... vollständiges Natursystem* ... Mit einer ausführlichen Erklärung ausgefertigt von Philipp Ludwig Statius Müller ... Nürnberg, Raspe

1775 . *Gattungen der Pflanzen.* Nach der sechsten Ausgabe [1763] übers. von Johann Jakob Planer. 1 Bd. Gotha, Ettinger

1826 . *Linnés eigenhändige Aufzeichnungen über sich selbst*, mit Anmerkungen und Zusätzen von Afzelius. Aus dem Schwedischen übersetzt von Karl Lappe. Mit einer Vorrede von Dr. K. A. Rudolphi. Berlin, Reimer

1975 . *Lappländische Reise* [1811]. Frankfurt a. M., Insel

Linton, Olof

1937 . Skapelsens år, månad och dag. Till den kristna tideräkningens historia (L'année, le mois et le jour de la création. Contribution à

l'histoire de la chronologie chrétienne)
in: *Lychnos* (Jahrbuch der Schwedischen Gesellschaft für Geschichte der Wissenschaften):271–312.

*Literaturblätter für reine und angewandte Botanik*
1828 . Erster Band. Herausgegeben von der Königl. Botanischen Gesellschaft in Regensburg. Nürnberg, Riegel u. Wießner

Littré, Emile
1850 . *Application de la philosophie positive au gouvernement des sociétés et en particulier à la crise actuelle.* Paris, Librairie Philosophique de Ladgrange
1877 . *Auguste Comte et la philosophie positive.* Troisième Edition. Paris, Aux Bureaux de la Philosophie Positive

Löther, Rolf
1972 . *Die Beherrschung der Mannigfaltigkeit. Philosophische Grundlagen der Taxonomie.* Jena, VEB Gustav Fischer Verlag

Lotze, R. Hermann
1842 . *Allgemeine Pathologie und Therapie als mechanische Naturwissenschaften.* Leipzig, Weidmann

Lovejoy, Arthur Oncken
1959 . Buffon and the problem of species
in: Glass u. a. 1967:84–113.
1960 . *The great chain of being. A study of the history of an idea* [1936]. New York, Harper Torchbooks

Luhmann, Niklas
1970 . *Soziologische Aufklärung.* Köln/Opladen, Westdeutscher Verlag
1971 . Die Weltgesellschaft
in: *Archiv für Rechts- und Sozialphilosophie* LVII,1:1–35.
1972 a. *Rechtssoziologie.* 2 Bde. Reinbek, Rowohlt
1972 b. Weltzeit und Systemgeschichte. Über Beziehungen zwischen Zeithorizonten und sozialen Strukturen gesellschaftlicher Systeme
in: *Kölner Zeitschrift für Soziologie und Sozialpsychologie*, Sonderheft 16:81–115.

Mägdefrau, Karl
1973 . *Geschichte der Botanik. Leben und Leistung großer Forscher.* Stuttgart, Gustav Fischer

Magendie, François
1816 . *Précis élémentaire de physiologie.* 1. Bd. Paris, Méquignon-Marvis
1832 . *Leçons sur le choléra-morbus, faites au Collège de France.* Paris, Méquignon-Marvis

Mallet du Pan, Jacques
1851. *Mémoires et correspondance pour servir à l'histoire de la révolution française*... Recueillis et mis en ordre par A. Sayous. 2 Bde. Paris; Amyot, Cherbuliez
Malthus, Thomas Robert
1970. *An essay on the principle of population* [1798], ed. with an introduction by Anthony Flew. Harmondsworth, Penguin Books
Mandelbaum, Maurice
1957. The scientific background of evolutionary theory in biology in: *Journal of the History of Ideas* 18:342–361.
Mann, Gunter
1964. Medizinisch-naturwissenschaftliche Buchillustration im 18. Jahrhundert in Deutschland in: *Sitzungsberichte der Gesellschaft zur Beförderung der gesamten Naturwissenschaften zu Marburg* 86,1/2:3–48.
1973. *Biologismus im 19. Jahrhundert*, ed. Gunter Mann. Stuttgart, Enke
Manuel, Frank E.
1956. *The new world of Henri Saint-Simon*. Cambridge, Mass., Harvard University Press
Marx, Karl
1970. Zur Kritik der Hegelschen Rechtsphilosophie. Kritik des Hegelschen Staatsrechts, §§ 261–313 [1843] in: *MEW* 1:201–333. Berlin (DDR), Dietz
Marx, Karl u. Friedrich Engels
1953. *Ausgewählte Briefe*. Berlin (DDR), Dietz
Matignon, Camille
1932. La chimie générale au Collège de France in: *Le Collège de France (1530–1930)*. Livre jubilaire composé à l'occasion de son quatrième centenaire, S. 83–103. Paris, Presses Universitaires de France
Maupertuis, Pierre Louis Moreau de
1965. *Œuvres*. 4 Bde. Hildesheim, Olms [Reprint der Ausgaben 1758 und 1768]
Maury, Fernand
1971. *Etude sur la vie et les œuvres de Bernardin de Saint-Pierre*. Genf, Slatkine [Reprint der Ausg. 1892]
Mayer, André
1932. L'Histoire naturelle et la physiologie au Collège de France in: *Le Collège de France (1530–1930)*, S. 169–190.
Mc Kie, Douglas
1952. *Antoine Lavoisier. Scientist-Economist-Social Reformer*. New York, Schuman

Meckel, Johann Friedrich
1812–1816. *Handbuch der pathologischen Anatomie.* 2 Bde. Leipzig, Reclam

Meinecke, Friedrich
1959. *Zur Theorie und Philosophie der Geschichte.* Herausgegeben und eingeleitet von Eberhard Kessel. Stuttgart, Koehler

Mendelsohn, Everett
1964. The biological sciences in the nineteenth century: Some problems and sources
in: *History of Science* 3:39–59.
1965. Physical models and physiological concepts: Explanation in nineteenth-century biology
in: *The British Journal for the History of Science* II,7:201–219.

*Mendelssohn, Moses*
1926. Der Mensch und das Werk. Herausgegeben und eingeleitet von Bertha Badt-Strauss. Berlin, Welt Verlag

Mercier, Louis-Sébastien
1782/83. *Tableau de Paris.* 8 Bde. Nouvelle édition. Corrigée & augmentée. Amsterdam
1800. *Le nouveau Paris.* 6 in 3 Bänden. Paris; Fuchs, Pougens, Cramer
1971. *L'An deux mille quatre cent quarante. Rêve s'il en fut jamais* [1770 bis 1771]. Edition, introduction et notes par Raymond Trousson. Bordeaux, Ducros

Mercier, Roger
1960. *La réhabilitation de la nature humaine (1700–1750).* Villemomble (Seine), Editions ›La Balance‹

Merck, Johann Heinrich
1909. *Schriften und Briefwechsel.* In Auswahl herausgegeben von Kurt Wolff. 2 Bde. Leipzig, Insel
1968. *Briefe*, ed. Herbert Kraft. Frankfurt a. M., Insel

Mette, Alexander u. Irena Winter (Ed.)
1968. *Geschichte der Medizin. Einführung in ihre Grundzüge.* Berlin (DDR), VEB Verlag Volk und Gesundheit

Meurgey de Tupigny, Jacques
1961. Généalogie
in: *L'Histoire et ses méthodes*, S. 724–739. Paris, Gallimard (Encyclopédie de la Pléiade)

Meyer, Adolf
1935. *Krisenepochen und Wendepunkte des biologischen Denkens.* Jena, Gustav Fischer

Meyer, Ahlrich

1969 . Mechanische und organische Metaphorik politischer Philosophie in: *Archiv für Begriffsgeschichte*, S. 128–214.

Meyer, Jean

1972 . Introduction. L'enquête de l'Académie de Médecine sur les épidémies 1774–1794 in: Desaive u. a. 1972:9–20.

Miall, Louis Compton

1969 . *The early naturalists. Their lives and work (1530–1789)*. New York/London, Hafner [Reprint der Ausg. 1912]

Michelet, Jules

1882 . *L'Oiseau* [1856]. Paris, Calmann-Lévy

1947 . *Tableau de la France* [1833]. Paris, Société d'Edition ›Les Belles Lettres‹

1959 a. *Journal*. Tome 1 (1828–1848). Tome 2 (1849–1860). 4. Aufl. Paris, Gallimard

1959 b. *Ecrits de jeunesse*. Paris, Gallimard

Mignet, François-Auguste-Alexis

1854 . *Notices et portraits historiques et littéraires* [1843]. 2 Bde. 3. Aufl. Paris, Charpentier

Mill, John Stuart

1874 . *Auguste Comte und der Positivismus*. Leipzig, Fues

Millin, Aubin-Louis

1792 . *Discours sur l'origine et les progrès de l'histoire naturelle en France*, servant d'introduction aux Mémoires de la Société d'Histoire naturelle. Paris, Imprimerie de Creuze

Misch, Georg

1969 . *Zur Entstehung des französischen Positivismus*. Darmstadt, Wiss. Buchgesellschaft [Reprint der Ausg. 1901]

Mittelstraß, Jürgen

1970 . *Neuzeit und Aufklärung. Studien zur Entstehung der neuzeitlichen Wissenschaft und Philosophie*. Berlin/New York, de Gruyter

Moeschlin-Krieg, Beate

1953 . *Zur Geschichte der Regenerationsforschung im 18. Jahrhundert*. Basel, Schwabe & Co.

Montaigne, Michel Eyquem de

1965 . *Les Essais*, ed. Pierre Villey. Paris, Presses Universitaires de France

Montègre, Horace de

1839 . *Notice historique sur la vie, les travaux, les opinions médicales et philosophiques de F.-J.-V. Broussais*, précédée de sa confession de foi, et suivie des discours prononcés sur sa tombe... Paris, Baillière

Montesquieu, Charles de Secondat, baron de
1879 . *Œuvres complètes.* Tome Septième. Discours, lettres, voyage à Paphos. Paris, Garnier
1941 . *Cahiers (1716–1755).* Textes recueillis et présentés par Bernard Grasset. Paris, Grasset
Moravia, Sergio
1973 . *Beobachtende Vernunft. Philosophie und Anthropologie in der Aufklärung.* München, Hanser
Morazé, Charles
1974 . L'Histoire, science naturelle. Logique du vivant et logique de l'histoire
in: *Annales. E. S. C.* XIX,1:107–137.
Morellet, André
1822 . *Mémoires inédits de l'abbé Morellet, sur le dix-huitième siècle et sur la révolution.* 2 Bde. Deuxième édition, considérablement augmentée. Paris, Ladvocat
Mornet, Daniel
1910 . L'Enseignement des bibliothèques privées
in: *Revue d'Histoire Littéraire de la France* 17:449–496.
1911 . *Les sciences de la nature en France au XVIIIe siècle.* Paris, Armand Colin
Müller, Adam
1967 . Zwölf Reden über die Beredsamkeit und deren Verfall in Deutschland. Gehalten zu Wien im Frühlinge 1812
in: *Kritische/Ästhetische und Philosophische Schriften*, ed. Walter Schroeder u. Werner Siebert, Bd. 1:293–451. Neuwied/Berlin, Luchterhand
Müller, Johannes von
1833 . Versuch über die Zeitrechnungen der Vorwelt
in: *Sämmtliche Werke.* Fünfundzwanzigster Theil, Kleine historische Schriften, S. 152–178. Stuttgart/Tübingen, Cotta
1954 . *Briefe* in Auswahl, ed. Edgar Bonjour. Zweite, durchgesehene und erweiterte Aufl. Basel, Schwabe
Muséum National d'Histoire naturelle
1952 . *Buffon* [Les Grands Naturalistes Français 1]. Paris, Publications Françaises
Musset, Alfred de
1933 . *Poésies complètes.* Paris, Gallimard

Nathorst, Alfred Gabriel
1909 . *Carl von Linné als Geolog.* Jena, Gustav Fischer

Naumann, Johann Andreas
1822 ff. *Naturgeschichte der Vögel Deutschlands, nach eignen Erfahrungen entworfen.* Durchaus umgearbeitet... von dessen Sohne Johann Friedrich Naumann. Leipzig, Fleischer
Necker, Suzanne Curchod
1801 . *Nouveaux mélanges*, extraits des manuscrits de Mme. Necker. 2 Bde. Paris; Pougens, Genets
Neef, Fritz
1920 . Über das Problem der Naturgeschichte in: *Kant-Studien* 25:156–181.
Nietzsche, Friedrich
1967 . Menschliches, Allzumenschliches. Erster Band [1878]. Nachgelassene Fragmente, 1876 bis Winter 1877–1878. Zweiter Band [1879/80]. Nachgelassene Fragmente, Frühling 1878 bis November 1879. *Werke.* Kritische Gesamtausgabe. Ed. Giorgio Colli und Mazzino Montinari. Vierte Abteilung, zweiter und dritter Band. Berlin, de Gruyter & Co.
1971 . Morgenröthe [1887]. Nachgelassene Fragmente, Anfang 1880 bis Frühjahr 1881. *Werke.* Fünfte Abteilung, Erster Band.
1973 . Die fröhliche Wissenschaft [1887]. *Werke*, Fünfte Abteilung, Zweiter Band: 11–335.
Nissen, Claus
1970 . Ein unbekannter und unvollendet gebliebener Nachstich der ›Planches Enluminées‹ von Buffon und Daubenton in: *Essays in Biohistory* presented to Frans Verdoorn, S. 149–152. Utrecht, Oosthoek (International Association for Plant Taxonomy)
Nordenskiöld, Erik
1926 . *Die Geschichte der Biologie. Ein Überblick.* Jena, Gustav Fischer
Novalis (Friedrich von Hardenberg)
1968 . Das allgemeine Brouillon – Materialien zur Enzyklopädistik 1798/99 in: *Schriften.* 3. Bd. Das philosophische Werk II, ed. Richard Samuel, S. 205–478. Darmstadt, Wiss. Buchgesellschaft

Oken, Lorenz
1839 . *Allgemeine Naturgeschichte für alle Stände.* Stuttgart, Hoffmann
1965 . Kombinatorisches System der Pflanzenwelt. Mit einer ›Anleitung zum besseren Verständnis‹ von Hans Magnus Enzensberger in: *Kursbuch* 3:79–93.
Olmsted, James Montrose Duncan
1944 . *François Magendie, pioneer in experimental physiology and scientific medicine in XIX century France.* New York, Schuman

Olmsted, J. M. D. u. Evangelina Harris Olmsted
1952 . *Claude Bernard & the experimental method in medicine.* New York, Schuman
Ostoya, Paul
1951 . *Les théories de l'évolution.* Paris, Payot
Ouy, Achille
1948 . La jeunesse d'Auguste Comte d'après des lettres inédites in: *Mercure de France* CCCII:256–261.

Pagel, Walter
1931 . *Virchow und die Grundlagen der Medizin des XIX. Jahrhunderts.* Jena, Gustav Fischer
Pascal, Blaise
1946 . Fragment d'un traité du vide [1647] in: *Pensées et opuscules,* ed. Léon Brunschvicg, S. 74–84. Paris, Hachette
Peisse, Louis
1857 . *La médecine et les médecins: philosophie, doctrines, institutions critiques, mœurs et biographies médicales.* 2 Bde. Paris, Baillière
Perrault, Charles
1964 . *Parallèle des anciens et des modernes en ce qui regarde les arts et les sciences* [1688–96]. Mit einer einleitenden Abhandlung von H. R. Jauss und kunstgeschichtlichen Exkursen von M. Imdahl. München, Eidos
Peter, Jean-Pierre
1971 . Les mots et les objets de la maladie. Remarque sur les épidémies et la médecine dans la société française de la fin du XVIIIe siècle in: *Revue Historique* 2:13–38.
1972 . Malades et maladies à la fin du XVIIIe siècle in: Desaive u. a. 1972:135–170.
Peters, Hans M.
1960 . Soziomorphe Modelle in der Biologie in: *Ratio* III:22–37.
Piquemal, Jacques
1959 . Le choléra de 1832 en France et la pensée médicale in: *Thalès* X:27–73.
Pörksen, Uwe
1975 . Zur Wissenschaftssprache und Sprachauffassung bei Linné und Goethe in: *Freiburger Universitätsblätter* 49:43–63.
Probst, Christian
1972 . *Der Weg des ärztlichen Erkennens am Krankenbett. Herman Boer-*

*haave und die ältere Wiener medizinische Schule.* Band I (1701 bis 1787). Wiesbaden, Steiner [= Sudhoffs Archiv, Beiheft 15]

Proudhon, Pierre-Joseph
1960 . *Carnets.* Texte inédit et intégral établi sur les manuscrits autographes avec annotations et appareil critique de Pierre Haubtmann. 3 Bde. Paris, Marcel Rivière

Proust, Marcel
1964 . *Auf der Suche nach der verlorenen Zeit.* Werkausgabe edition suhrkamp. Frankfurt a. M., Suhrkamp

Rádl, Emanuel
1913 . *Geschichte der biologischen Theorien in der Neuzeit.* 1. Teil. Zweite gänzlich umgearbeitete Aufl. Leipzig/Berlin, Engelmann

Raumer, Friedrich von
1861 . *Lebenserinnerungen und Briefwechsel.* 2 Teile. Leipzig, Brockhaus

Raven, Charles
1968 . *English naturalists from Neckam to Ray. A study of the making of the modern world.* New York, Kraus [Reprint der Ausg. 1947]

Raynal, Guillaume-Thomas-François
1781 . *Histoire philosophique et politique des établissements et du commerce des européens dans les deux indes* [1770]. 3. Aufl. Genf, Peller

Remane, Adolf
1968 . System und Klassifikation in der Biologie
in: Diemer 1968 b:32–41.

Renan, Ernest
1883 . *Souvenirs d'enfance et de jeunesse.* Paris, Calmann-Lévy
1890 . *L'Avenir de la science. Pensées de 1848.* Paris, Calmann-Lévy
1947 . Discours de réception à l'Académie française [1879]
in: *Œuvres complètes.* Tome I:723–748. Paris, Calmann-Lévy

Ritter, Joachim (Ed.)
1971 ff. *Historisches Wörterbuch der Philosophie.* Basel/Stuttgart, Schwabe

Ritter, Johann Wilhelm
1806 . *Die Physik als Kunst. Ein Versuch, die Tendenz der Physik aus ihrer Geschichte zu deuten.* München, Lindauer
1808 . Versuch einer Geschichte der Schicksale der chemischen Theorie in den letzten Jahrhunderten
in: *Journal für die Chemie, Physik und Mineralogie* 7:1–66.

Ritterbush, Philip C.
1964 . *Overtures to biology. The speculations of eighteenth-century naturalists.* New Haven/London, Yale University Press

Robinet, Jean-Baptiste-René
1766. *De la nature* [1761]. 4 Bde. Troisième Edition. Amsterdam, van Harrevelt

Robinet, Jean-François-Eugène
1860. *Notice sur l'œuvre et sur la vie d'Auguste Comte*. Paris, Dunod

Rödiger, Johannes
1935. *Darstellung der geographischen Naturbetrachtung bei Fontenelle, Pluche und Buffon, in methodischer und stilistischer Hinsicht*. Leipzig, Max Fischer [Diss. phil.]

Roger, Jacques
1963 a. *Les sciences de la vie dans la pensée française du XVIIIe siècle. La génération des animaux de Descartes à l'Encyclopédie*. Paris, Armand Colin
1963 b. Diderot et Buffon en 1749
in: *Diderot Studies* IV:221–236.

Roller, Duane H. D. (Ed.)
1971. *Perspectives in the history of science and technology*. Norman, University of Oklahoma Press

Ronchi, Vasco
1963. Complexities, advances and misconceptions in the development of the science of vision: what is being discovered
in: Crombie 1963:542–561.

Rosin, Albert
1932. *Lebensversicherung und ihre geistesgeschichtlichen Grundlagen. Eine kultursoziologische Studie zum englischen 18. Jahrhundert*. Leipzig, Tauchnitz

Rostand, Jean
1932. *L'évolution des espèces. Histoire des idées transformistes*. Paris, Hachette

Rothschuh, Karl E.
1964. *Von Boerhaave bis Berger. Die Entwicklung der kontinentalen Physiologie im 18. und 19. Jahrhundert mit besonderer Berücksichtigung der Neurophysiologie*, ed. K. E. Rothschuh. Stuttgart, Gustav Fischer
1968. *Physiologie. Der Wandel ihrer Konzepte, Probleme und Methoden vom 16. bis 19. Jahrhundert*. Freiburg/München, Alber
1969. *Physiologie im Werden*. Stuttgart, Gustav Fischer

Roule, Louis
1924. *Buffon et la description de la nature*. Paris, Flammarion
1926. *Daubenton et l'exploitation de la nature*. Paris, Flammarion

Rousseau, Jean-Jacques
1802 . *La botanique de J. J. Rousseau*, contenant tout ce qu'il a écrit sur cette science. Paris, Louis
1826 a. Lettres élémentaires sur la botanique in: *Œuvres complètes*. Tome XIV:319–476.
1826 b. Fragment pour un dictionnaire des termes d'usage en botanique in: *Œuvres complètes*. Tome XIV:477–550. Paris, Baudouin
1967 . *Œuvres complètes. I. Œuvres autobiographiques*. Paris, Editions du Seuil
Rudolphi, Karl Asmund
1804– *Bemerkungen aus dem Gebiet der Naturgeschichte, Medicin und*
1805 . *Thierarzneykunde, auf einer Reise durch einen Theil von Deutschland, Holland und Frankreich gesammelt*. Berlin, Realschulbuchhandlung
1812 . *Beyträge zur Anthropologie und allgemeinen Naturgeschichte*. Berlin, Haude u. Spener
1830 . *Grundriss der Physiologie*. 3 Bde. Reutlingen, Mäcken
Rupp, Heinz u. Oskar Köhler
1951 . Historia-Geschichte in: *Saeculum* 2:627–638.

Sachs, Julius
1966 . *Geschichte der Botanik vom 16. Jahrhundert bis 1860*. New York, Johnson; Hildesheim, Olms [Reprint der Ausg. 1875]
de Sacy, Samuel
1948 . Balzac, Geoffroy Saint-Hilaire et l'unité de composition in: *Mercure de France* CCCIII:292–305;469–480.
1950 . Balzac et Geoffroy Saint-Hilaire. Problèmes de classification in: *Mercure de France* CCCX:519–534;642–666.
Sainte-Beuve, Charles-Augustin
1943–46. *Causeries du lundi*. Paris, Garnier
1973 . *Cahiers I. Cahier vert (1834–1847)*. Texte établi, présenté et annoté par Raphael Molho. Paris, Gallimard
Saint-Simon, Claude Henri de
1964 . Mémoire sur la science de l'homme. *Œuvres*. Bd. XI. Aalen, Zeller [Reprint der Ausg. 1865–1878]
Saxl, Fritz
1936 . Veritas filia temporis in: *Philosophy and History*. Essays presented to Ernst Cassirer,

ed. R. Klibansky u. H. J. Paton, S. 197–222. Oxford, The Clarendon Press

Shryock, Richard Harrison

1940. *Die Entwicklung der modernen Medizin in ihrem Zusammenhang mit dem sozialen Aufbau und den Naturwissenschaften.* Stuttgart, Enke

Simpson, George Gaylord

1961. *Principles of animal taxonomy.* New York, Columbia University Press

Sloan, Phillip R.

1972. John Locke, John Ray, and the problem of the natural system in: *Journal of the History of Biology* 5,1:1–53.

Smeaton, William Arthur

1962. *Fourcroy. Chemist and revolutionary (1755–1809).* Cambridge, Heffer

Smith, James Edward (Ed.)

1821. *A Selection of the correspondence of Linnaeus, and other naturalists, from the original manuscripts.* 2 Bde. London, Longman

Spengler, Oswald

1923. *Der Untergang des Abendlandes. Umrisse einer Morphologie der Weltgeschichte* [1916]. 2 Bde. 48.–52. Aufl. München, Beck

Spencer, Herbert

1966. *The study of sociology* [1872]. Introduction by Talcott Parsons. Second Printing. Ann Arbor, The University of Michigan Press

Spix, Johannes

1811. *Geschichte und Beurtheilung aller Systeme in der Zoologie nach ihrer Entwiklungsfolge von Aristoteles bis auf die gegenwärtige Zeit.* Nürnberg, Schrag

Sprengel, Kurt

1821. *Versuch einer pragmatischen Geschichte der Arzneykunde* [1792]. 3. umgearbeitete Aufl. Halle, Gebauer

Schalk, Fritz (Ed.)

1940. *Die französischen Moralisten.* Neue Folge. Galiani, Fürst von Ligne, Joubert. Wiesbaden, Dieterich

1974. *Die französischen Moralisten.* Bd. 2: Galiani, Rivarol, Joubert, Jouffroy. München, dtv

Scheler, Lucien

1957. *Lavoisier et la révolution française.* I. Le Lycée des arts. Edition revue et corrigée

1960. *Lavoisier et la révolution française.* II. Le journal de Fougeroux de Bondaroy. Edité avec la collaboration de W. A. Smeaton. Paris, Hermann

Schelling, Friedrich Wilhelm Joseph
1927. *Werke*, ed. Manfred Schröter. Zweiter Hauptband. Schriften zur Naturphilosophie 1799–1801. München, Beck u. Oldenbourg

Schiller, Joseph
1967. *Claude Bernard et les problèmes scientifiques de son temps.* Paris, Les Editions du Cèdre

Schlegel, Friedrich
1961. *Geschichte der alten und neuen Literatur* [1814], ed. Hans Eichner. Krit. Friedrich-Schlegel-Ausgabe, Sechster Band
1967. *Charakteristiken und Kritiken I* [1796–1801], ed. Hans Eichner. Krit. Friedrich-Schlegel-Ausgabe, Zweiter Band. München, Schöningh; Zürich, Thomas

Schmid, Günther (Ed.)
1939. *Carl Gustav Carus und Carl Fr. Ph. von Martius. Eine Altersfreundschaft in Briefen.* Halle, Hallescher Bibliophilen-Abend

Schneider-Carius, Karl
1955. *Wetterkunde. Wetterforschung. Geschichte ihrer Probleme und Erkenntnisse in Dokumenten aus drei Jahrtausenden.* Freiburg/München, Alber

Schofield, Robert E.
1971 a. The counter-reformation in eighteenth-century science – last phase in: Roller 1971:39–54.
1971 b. What is modern in the eighteenth century? – *Not* science in: *Studies in eighteenth-century culture. The modernity of the eighteenth century*, ed. Louis T. Milic, S. 61–66. Cleveland/London, The Press of Case Western Reserve University

Schrank, Franz de Paula von
1827. *Rede über die Urkunden der Vorwelt.* München, Lindauer

Stadler, Peter
1958. *Geschichtsschreibung und historisches Denken in Frankreich 1789 bis 1871.* Zürich, Verlag Berichthaus

Stafleu, Frans A.
1971. *Linnaeus and the Linnaeans. The spreading of their ideas in systematic botany, 1735–1789.* Utrecht, Oosthoek (The International Association for Plant Taxonomy)

Stahl, P.-J. (= Pierre-Jules Hetzel, Ed.)
1841–1842. *Scènes de la vie privée et publique des animaux*, 2 Bde. Paris, Hetzel

Starobinski, Jean
1964. Rousseau et Buffon in: *Gesnerus* 21:83–94.

Steffen, Hans (Ed.)
1965 . *Aspekte der Modernität.* Göttingen, Vandenhoeck u. Ruprecht
Steffens, Heinrich
1841–1844 . *Was ich erlebte. Aus der Erinnerung niedergeschrieben.* 10 Bde. 2., verbesserte Aufl. Breslau, Josef Max
Sternberger, Dolf
1974 . *Panorama oder Ansichten vom 19. Jahrhundert* [1938]. Frankfurt a. M., Suhrkamp
Storost, Jürgen
1972 . Zur Herausbildung der Grundsätze der modernen französischen Fachsprache der Chemie im ausgehenden 18. Jahrhundert unter Beachtung des philosophischen Einflusses von Condillac in: *Beiträge zur romanischen Philologie* XI,2:291–311.
Strindberg, August
1921 . *Natur-Trilogie* (Blumenmalereien und Tierstücke. Schwedische Natur. Sylva Sylvarum). München, Georg Müller
Ströker, Elisabeth
1967 . *Denkwege der Chemie. Elemente ihrer Wissenschaftstheorie.* Freiburg/München, Alber
Stubbe, Hans
1965 . *Kurze Geschichte der Genetik bis zur Wiederentdeckung der Vererbungsregeln Gregor Mendels.* 2., überarbeitete u. ergänzte Aufl. Jena, VEB Gustav Fischer Verlag
Stübler, Eberhard
1928 . *Leonhart Fuchs. Leben und Werk.* München, Verlag der Münchner Drucke

Taine, Hippolyte
1880 . *Nouveaux essais de critique et d'histoire.* Troisième Edition. Paris, Hachette
1885 . *Philosophie der Kunst.* Autorisierte dt. Übers.; zweite Ausgabe. Paris/Leipzig, H. Le Soudier
1902 . *Sa vie et sa correspondance. Correspondance de jeunesse 1847–1853.* Paris, Hachette
1917 . *Histoire de la littérature anglaise* [1863]. Paris, Hachette
Taton, René (Ed.)
1964 . *Enseignement et diffusion des sciences en France au XVIIIe siècle.* Paris, Hermann
Teich, Mikuláš u. Robert Young (Ed.)
1973 . *Changing perspectives in the history of science. Essays in honour of Joseph Needham.* London, Heinemann

Temkin, Owsei

1929 . Studien zum ›Sinn‹-Begriff in der Medizin
in: *Kyklos* 2:21–105.

1946 . Materialism in French and German physiology of the early nineteenth century
in: *Bulletin of the History of Medicine* XX:322–327.

1949 . Metaphors of human biology
in: *Science and Civilization*, ed. Robert Clinton Stauffer, S. 169–196. Madison, University of Wisconsin Press

1950 . German concepts of ontogeny and history around 1800
in: *Bulletin of the History of Medicine* XXIV:227–246.

Tetens, Johann Nicolas

1777 . *Philosophische Versuche über die menschliche Natur und ihre Entwickelung.* 2 Bde. Leipzig, Weidmann

Thienemann, August

1909 . Die Stufenfolge der Dinge, der Versuch eines natürlichen Systems der Naturkörper aus dem achtzehnten Jahrhundert. Eine historische Skizze. *Zoologische Annalen* III, 3

Tinland, Franck

1968 . *L'homme sauvage.* Paris, Payot

Tisserand, Roger

1936 . *Au temps de l'Encyclopédie: L'Académie de Dijon de 1740 à 1793.* Paris, Boivin

Tittmann, Julius

1965 . *Die Nürnberger Dichterschule. Harsdörffer, Klaj, Birken. Beitrag zur deutschen Literatur- und Kulturgeschichte des siebzehnten Jahrhunderts.* Wiesbaden, Sändig [Reprint der Ausg. 1847]

Toellner, Richard

1971 . *Albrecht von Haller. Über die Einheit im Denken des letzten Universalgelehrten.* Wiesbaden, Steiner

Torlais, Jean

1936 . *Réaumur. Un esprit encyclopédique en dehors de ›L'Encyclopédie‹. D'après des documents inédits.* Paris, Desclée de Brouwer

Toulmin, Stephen u. June Goodfield

1970 . *Entdeckung der Zeit.* München, Goldmann

Träger, Claus

1963 . Aufklärung und Jakobinismus in Mainz 1792/93
in: *Weimarer Beiträge. Zeitschrift für Literaturwissenschaft* IX,4:684–704.

Treviranus, Gottfried Reinhold

1802–1822 . *Biologie, oder Philosophie der lebenden Natur, für Naturforscher und Aerzte.* 6 Bde. Göttingen, Röwer

Trommsdorff, Johann Bartholomäus
1806 . *Versuch einer allgemeinen Geschichte der Chemie.* Erfurt, Henning

Valéry, Paul
1965 . *Herr Teste.* Frankfurt a. M., Suhrkamp

Vedrenne, Chanoine Prosper
1887 . *Fauteuils de l'Académie française. Etudes biographiques et littéraires.* Paris, Bloud et Barral

Venel, Gabriel-François
1753 . Art. ›Chymie‹ in: *Encyclopédie*... Tome Troisième, S. 408–437. Paris, Briasson u. a.

Vicq-d'Azyr, Félix
1805 . *Œuvres,* recueillis et publiées avec des notes et un discours sur sa vie et ses ouvrages, par Jacq. L. Moreau (de la Sarthe). 6 Bde. (u. 1 Bd. Tafeln). Paris, L. Duprat-Duverger

Villemain, Abel-François
1861 . *Cours de littérature française. Tableau de la littérature au dix-huitième siècle II.* Nouvelle Edition. Paris, Didier

Voegelin, Erich
1933 . *Die Rassenidee in der Geistesgeschichte von Ray bis Carus.* Berlin, Junker u. Dünnhaupt

Voget, Fred W.
1967 . Progress, science, history and evolution in eighteenth- and nineteenth-century anthropology in: *Journal of the History of the Behavioral Sciences* III,2:132–155.

Vogt, Carl
1851 . *Zoologische Briefe. Naturgeschichte der lebenden und untergegangenen Thiere, für Lehrer, höhere Schulen und Gebildete aller Stände.* 2 Bde. Frankfurt a. M., Literarische Anstalt (J. Rütten)

Voigt, Friedrich Siegmund
1823 . *System der Natur und ihre Geschichte.* Jena, August Schmid
1850 . *Geschichte des Pflanzenreichs.* 2 Bde. Jena, Mauke

Voltaire (François-Marie Arouet)
1765 . Art. ›Histoire‹ in: *Encyclopédie*.. Tome Huitième, S. 220–225. Paris, Briasson u. a.
1785 . Dictionnaire philosophique. *Œuvres complètes,* Bd. 37–43. Paris, De l'Imprimerie de la Société Littéraire-Typographique

Weber, Max
1968 . *Methodologische Schriften.* Studienausgabe. Mit einer Einführung besorgt von Johannes Winckelmann. Frankfurt a. M., S. Fischer

Weinert, Hermann Karl
1952 . Die Bedeutung des Abnormen in Diderots Wissenschaftslehre
in: *Festgabe Ernst Gamillscheg*, S. 228–244. Tübingen, Niemeyer
Weinrich, Harald
1973 . Wenn ihr die Fabel vertreibt
in: *Information und Imagination*, ed. Bayerische Akademie der schönen Künste, S. 61–83. München, Piper
Weizsäcker, Carl Friedrich von
1954 . *Die Geschichte der Natur.* 12 Vorlesungen. 2. Aufl. Göttingen, Vandenhoeck u. Ruprecht
Wenderoth, Georg Wilhelm Franz
1821 . *Lehrbuch der Botanik zu Vorlesungen und zum Selbststudium.* Marburg, Krieger
Wetzels, Walter D.
1973 . *Johann Wilhelm Ritter: Physik im Wirkungsfeld der deutschen Romantik.* Berlin/New York, de Gruyter
Whewell, William
1840–1841 . *Geschichte der inductiven Wissenschaften ...* 3 Bde. Stuttgart, Hoffmann
Wiegleb, Johann Christian
1792 . *Geschichte des Wachsthums und der Erfindungen in der Chemie in der ältesten und mittlern Zeit* [= Dt. Übersetzung von Bergman, De primordiis Chemiae, 1779 und Historiae Chemiae, 1782]. Berlin/Stettin, Nicolai
Wikman, Karl Robert Villehad
1970 . *Lachesis and Nemesis. Four chapters on the human condition in the writings of Carl Linnaeus.* Stockholm, Almqvist & Wiksell
Wilkie, J. S.
1959 . Buffon, Lamarck and Darwin: The originality of Darwin's theory of evolution
in: *Darwin's biological work*, ed. P. R. Bell, S. 262–307. Cambridge, Cambridge University Press
Wilson, J. Walter
1969 . Biology attains maturity in the nineteenth century
in: Clagett 1969:401–418.
Wittich, Dieter (Ed.)
1971 . *Vogt, Moleschott, Büchner. Schriften zum kleinbürgerlichen Materialismus in Deutschland.* 2 Bde. Berlin (DDR), Akademie-Verlag
Wohl, Robert
1960 . Buffon and his project for a new science
in: *Isis* 51: 186–199.

Woodfield, Andrew
1973 . Darwin, teleology and taxonomy
in: *Philosophy* 48:35–49.
Woolf, Harry (Ed.)
1961 . *Quantification. A history of the meaning of measurement in the natural and social sciences.* Indianapolis/New York, Bobbs-Merrill

Yates, Frances A.
1969 . *The art of memory.* Harmondsworth, Penguin

Zimmermann, Eberhard August Wilhelm
1778 . *Geographische Geschichte des Menschen, und der allgemein verbreiteten vierfüßigen Thiere ...*
1780 . *Geographische Geschichte des Menschen und der vierfüßigen Thiere* [= 2. Bd. von Zimmermann 1778]. Leipzig, Weygand
Zimmermann, Walter
1953 . *Evolution. Die Geschichte ihrer Probleme und Erkenntnisse.* Freiburg/München, Alber
Zinn, Karl Georg
1967 . Buffons Beitrag zur Sozialwissenschaft. Die Entdeckung der meßbaren Psyche im 18. Jahrhundert und die wertsubjektivistische Konsequenz
in: *Jahrbücher für Nationalökonomie und Statistik* 181:343–357.
Zittel, Karl Alfred von
1899 . *Geschichte der Geologie und Paläontologie bis Ende des 19. Jahrhunderts.* München/Leipzig, Oldenbourg
Zola, Emile
1880 . *Le roman expérimental.* Paris, Charpentier
1960 . *Les Rougon-Macquart. Histoire naturelle et sociale d'une famille sous le second empire.* Tome 1. Paris, Bibliothèque de la Pléiade

# Personenregister

Auf ein Sachregister wurde zugunsten von Seitenkolumnen verzichtet. Linné und Buffon werden im Personenregister nicht aufgeführt.

# Nachweise

*Das Ende der Naturgeschichte* geht auf einen Vortrag zurück, der im März 1973 auf Einladung des Arbeitskreises für moderne Sozialgeschichte in Heidelberg gehalten wurde. Eine kürzere Fassung erscheint in dem von Werner Conze und Reinhart Koselleck herausgegebenen Sammelband *Studien zum Beginn der modernen Welt*.

In *Der Wissenschaftler als Autor* ist eine Antrittsvorlesung ausgearbeitet, die ich 1973 als Fellow des Center for the Humanities der Wesleyan University, Middletown, Conn. gehalten habe.

*Normalität und Anormalität* ist in einer Kurzfassung im Heft 3/1974 der Kölner Zeitschrift für Soziologie und Sozialpsychologie erschienen. Grundlage war ein 1973 am History of Science Department der Harvard University, Cambridge, Mass. gehaltener Vortrag.

stw 125 Heinz Kohut
*Die Zukunft der Psychoanalyse*
Aufsätze zu allgemeinen Themen und zur Psychologie des Selbst
304 Seiten
Nach Kohuts Ansicht stellt die Ausbildung der Psychoanalyse einen bedeutsamen Schritt in der Geschichte der Wissenschaft und möglicherweise sogar einen entscheidenden Wendepunkt in der Entwicklung der Kultur dar: Mit der Ausbildung der Psychoanalyse ist es dem Menschen gelungen, Introspektion und Empathie in Werkzeuge einer empirischen Wissenschaft zu verwandeln.

stw 131 Vladimir Propp
*Morphologie des Märchens*
Herausgegeben von Karl Eimermacher
304 Seiten
Propp geht nicht vom Stoff aus, sondern von Formen und Strukturen des Märchens, um zu zeigen, daß die verschiedenen Elemente eines Märchentextes, seien sie inhaltlich auch noch so heterogen, nach einer spezifischen Logik einander zugeordnet sind und sich auf ein strukturelles Grundprinzip reduzieren lassen. Zur Erklärung der Morphologie des Zaubermärchens ist es gleichgültig, ob der Drache die Zarentochter oder der Teufel die Bauerntochter entführt – wichtig ist allein, daß sich beide Varianten einem Strukturprinzip verdanken, das sie hervorbringt.
Die Nähe dieses Verfahrens zu dem des Strukturalismus ist unübersehbar. Deshalb bringt der Anhang unter anderem einen Diskussionsbeitrag des französischen Ethnologen Claude Lévi-Strauss unter dem Titel »Die Struktur und die Form. Reflexionen über ein Werk von Vladimir Propp«.

stw 135 Johann Jakob Bachofen
*Das Mutterrecht*
472 Seiten
Eine Untersuchung über die Gynaikokratie der Alten Welt nach ihrer religiösen und rechtlichen Natur
Eine Auswahl. Herausgegeben von Hans-Jürgen Heinrichs

stw 136 *Materialien zu Bachofens ›Das Mutterrecht‹*
Herausgegeben von Hans-Jürgen Heinrichs
464 Seiten
»Die Erscheinung dieses Mannes ist faszinierend«, sagte Benjamin über ihn, und ein andermal: sein Name werde immer dort genannt, »wo die Soziologie, die Anthropologie, die Philosophie unbetretene Wege einzuschlagen sich anschickten«.

stw 137 Jacques Lacan
*Schriften I*
Ausgewählt und herausgegeben von Norbert Haas
256 Seiten
In der neueren wissenschaftlichen Diskussion über die Psychoanalyse vertritt Jacques Lacan einer der bedeutsamsten Positionen. Sein Werk hat Horizonte eröffnet, die die Arbeiten von Psychoanalytikern wie Pontalis, Laplanche, Leclaire und Mannonis, aber auch von Autoren wie Ricœur, Foucault, Derrida und Althusser ermöglicht haben.

stw 138 F. W. J. Schelling
*Philosophische Untersuchungen über das Wesen der menschlichen Freiheit und die damit zusammenhängenden Gegenstände*
Mit einem Essay von Walter Schulz:
Freiheit und Geschichte
in Schellings Philosophie
128 Seiten
Schellings Philosophie, zumal seine Spätphilosophie, die er zuerst in der Schrift *Philosophische Untersuchungen über das Wesen der menschlichen Freiheit und die damit zusammenhängenden Gegenstände* (1809) entfaltet hat, hebt die klassische Metaphysik des Geistes auf. Sie weist auf die philosophischen Systeme Schopenhauers und Nietzsches sowie auf deren wissenschaftliche Fortbildung in der modernen Anthropologie und Psychoanalyse voraus. Ebendies

arbeitet Walter Schulz in seinem Essay *Freiheit und Geschichte in Schellings Philosophie* heraus.

stw 139 *Materialien zu Schellings philosophischen Anfängen*
Herausgegeben von
Manfred Frank und Gerhard Kurz
480 Seiten
Schellings philosophische Anfänge sind noch weitgehend unaufgeklärt. Der vorliegende Materialienband macht daher in erster Linie auf ein Desiderat der Forschung aufmerksam: Welche Bedeutung hat Schellings Philosophie für die Entwicklung des Deutschen Idealismus? Welche politischen Implikationen hat seine Philosophie? – Der Band bietet unter zugleich chronologischen und systematischen Gesichtspunkten Quellen und Abhandlungen zu wesentlichen Aspekten der Frühphilosophie Schellings.

stw 141 Karl-Otto Apel
*Der Denkweg von Charles Sanders Peirce*
Eine Einführung in den amerikanischen Pragmatismus
384 Seiten
Apels Darstellung des philosophischen Hintergrundes der Entstehung des Pragmatismus bei Charles Sanders Peirce und von Peirces Denkweg vom Pragmatismus zum Pragmatizismus ist eine umfassende Auseinandersetzung mit dem Werk von Peirce, die den historischen Ort dieses Werkes bestimmt und seine vielfältigen fruchtbaren Wirkungen für das philosophische und wissenschaftstheoretische Denken der letzten Jahrzehnte aufweist. Sie ist zugleich eine Einführung in den Pragmatismus, den Apel – neben dem Marxismus und dem Existentialismus – als eine der heute wirklich funktionierenden Philosophien begreift, das heißt: als eine Philosophie, die Theorie und Praxis des Lebens faktisch vermittelt.

stw 144 *Seminar: Philosophische Hermeneutik*
Herausgegeben von Hans-Georg Gadamer und Gottfried Boehm
352 Seiten
Die philosophische Hermeneutik lehrt keine bestimmte Wahrheit, vielmehr repräsentiert sie ein kritisches Reflexionswissen, dem es darum geht, Erkenntnischancen offenzulegen, die ohne sie nicht wahrgenommen würden.

stw 145 G. W. F. Hegel
*Grundlinien der Philosophie des Rechts oder Naturrecht und Staatswissenschaft im Grundrisse*
Mit Hegels eigenhändigen Notizen und den mündlichen Zusätzen
544 Seiten
Hegels »Rechtsphilosophie – darin liegt das Geheimnis ihrer gedanklichen Provokationen und ein Schlüssel zu ihrer wechselvollen Wirkungsgeschichte – ist philosophisches Lehrbuch und politische Publizistik, gelehrter Traktat und aktuelle Kampfschrift in einem.« (Manfred Riedel)

stw 146 Shlomo Avineri
*Hegels Theorie des modernen Staats*
Übersetzt von R. und R. Wiggershaus
336 Seiten
Avineris Studie rekonstruiert die politische Philosophie Hegels. Sie macht deren Stellenwert – insbesondere den der Rechtsphilosophie – einerseits in Hegels philosophischem System, andererseits in den politischen Auseinandersetzungen seiner Zeit klar. Hegels politische Philosophie erscheint als der erste große Versuch, den ökonomischen und gesellschaftlichen Gegebenheiten der Moderne gerecht zu werden.

stw 147 Sören Kierkegaard
*Philosophische Brocken*
De omnibus dubitandum est
Übersetzt von Emanuel Hirsch
208 Seiten
Das zentrale Thema der Schrift *Philosophische Brocken* ist das Verhältnis von Wissen und Glauben. Ein vorläufiger Titel Kierkegaards lautete: »Die apologetischen Voraussetzungen der Dogmatik oder Annäherungen des Gedankens an den Glauben«. Der Titel *Philosophische Brocken* wendet sich ironisch gegen den Totalitätsanspruch der idealistischen (insbesondere der Hegelschen) Systemphilosophie.

stw 148 Fredrick C. Redlich/Daniel X. Freedman
*Theorie und Praxis der Psychiatrie*
Aus dem Amerikanischen von Hermann Schultz und Hilde Weller
1216 Seiten. 2 Bände

Dieses Lehrbuch wendet sich an Studenten und Ärzte, insbesondere Nervenärzte, an Psychologen, Soziologen und Sonderschulpädagogen, an Sozialarbeiter, medizinisches Pflegepersonal und interessierte Laien – kurz: an alle, die in ihrer Ausbildung oder in ihrer beruflichen Praxis mit den Problemen psychischer Gesundheit und Krankheit zu tun haben. Psychiatrie wird von den Verfassern als eine *angewandte Humanwissenschaft* verstanden, die sich mit Erforschung, Diagnose, Vorbeugung und Behandlung gestörten oder von der Norm abweichenden Verhaltens befaßt.

stw 149 Urs Jaeggi
*Theoretische Praxis*
224 Seiten
In der deutschen Strukturalismus-Debatte ist der strukturale Marxismus in die sozialphilosophische Fragestellung aufgesogen worden. Als Kritiker am Hyper-Empirismus, als Gegner der »Rhapsodie von Fakten«, steht er andererseits quer sowohl zu einem Spät- oder Neohegelianismus wie auch zu den Exerzitien einer wortgetreuen Marx/Engels-Exegese. Jaeggi versucht herauszuarbeiten, weshalb der strukturale Ansatz dabei nicht gegen die historisch-materialistische Methode ausgespielt werden kann, sondern im Rahmen des historischen Materialismus richtige Fragen formuliert und reformuliert.

stw 151 Clemens Lugowski
*Die Form der Individualität im Roman*
Mit einer Einleitung von Heinz Schlaffer
240 Seiten
Seit ihrem ersten Erscheinen (1932) ist Lugowskis Abhandlung nur wenigen Fachgelehrten bekanntgeworden: einer der bedeutendsten Beiträge zur Literaturwissenschaft ist noch zu entdecken. Seine Parallelen liegen außerhalb der zünftigen Germanistik: in Cassirers *Philosophie der symbolischen Formen*, in den kunsttheoretischen Arbeiten der Warburg-Schule, im russischen Formalismus.
In der gegenwärtigen Situation der Literaturwissenschaft, die sich in textlinguistische und sozialgeschichtliche Schulen getrennt hat, kann dieses Buch an vergessene Vermittlungen erinnern: an ästhetische Sinnformen, an die besondere Weise der Dichtung, Leben und Welt deutend darzustellen.

stw 154 Jürgen Habermas
*Zur Rekonstruktion des Historischen Materialismus*
352 Seiten
Die in diesem Band zusammengefaßten Arbeiten zielen alle auf die Rekonstruktion des Historischen Materialismus ab. Rekonstruktion heißt hier: eine Theorie auseinandernehmen und in neuer Form wieder zusammensetzen, um das Ziel, das sie sich gesetzt hat, besser zu erreichen.

stw 155 Peter Weingart
*Wissensproduktion und soziale Struktur*
256 Seiten
Die in diesem Band zusammengefaßten Arbeiten zielen alle auf die Begründung und Explikation eines neuen Ansatzes in der Wissenschaftssoziologie. Ihr systematischer Zusammenhang ergibt sich aus dem Versuch, Wissen als »soziale Kategorie« zu fassen. Damit eröffnet sich die Möglichkeit, die historische und aktuelle Analyse der Wissenschaftsentwicklung und -politik über die Beschränkungen der in diesem Feld vorherrschenden Begriffsraster hinauszutreiben.

stw 156 *Seminar: Kommunikation, Interaktion, Identität*
Herausgegeben von Manfred Auwärter, Edit Kirsch
und Klaus Schröter
Der Band enthält Arbeiten aus der Interaktions- und Kommunikationsforschung, die u. a. als Beiträge zur Klärung folgender Fragen gesehen werden können: Wie interpretieren Individuen wechselseitig ihre Äußerungen und Handlungen? Wie stimmen sie Erwartungen aufeinander ab? Wie verhalten sie sich im Fall der Enttäuschung von Erwartungen? Was folgt daraus für den Prozeß, in dem grundlegende interaktive und kommunikative Fähigkeiten erworben werden und Identitäten aufgebaut und bewahrt werden?

stw 157 Heinz Kohut
*Narzißmus*
Eine Theorie der psychoanalytischen Behandlung
narzißtistischer Persönlichkeitsstörungen
Aus dem Amerikanischen von Lutz Rosenkötter
400 Seiten

»Ohne Frage ist dieses Buch ein Meilenstein, nicht nur in der Fortentwicklung der Psychoanalyse über Freuds ursprüngliche Ansätze hinaus, sondern auch im so langsam und zäh fortschreitenden Erkenntnisprozeß des Menschen über seine eigene Natur.« *Jürgen vom Scheidt*

stw 158 Norbert Elias
*Über den Prozeß der Zivilisation*
Soziogenetische und psychogenetische Untersuchungen
Erster Band: Wandlungen des Verhaltens in den weltlichen Oberschichten des Abendlandes
350 Seiten

stw 159 Norbert Elias
*Über den Prozeß der Zivilisation*
Soziogenetische und psychogenetische Untersuchungen
Zweiter Band: Wandlungen der Gesellschaft. Entwurf zu einer Theorie der Zivilisation
508 Seiten
Die Soziologie des 20. Jahrhunderts konzentriert sich vor allem auf Zustände. Die langfristigen Transformationen der Gesellschaft und Persönlichkeitsstrukturen hat sie weitgehend aus den Augen verloren. Im Werk von Norbert Elias bilden diese langfristigen Prozesse das zentrale Interesse: Wie ging eigentlich die »Zivilisation« im Abendlande vor sich? Worin bestand sie? Und welches waren ihre Antriebe, ihre Ursachen oder Motoren?
Bei Elias' Arbeit handelt es sich weder um eine Untersuchung über eine »Evolution« im Sinne des 19. Jahrhunderts noch um eine Untersuchung über einen unspezifischen »sozialen Wandel« im Sinne des 20.; seine Arbeit ist grundlegend für eine undogmatische, empirisch fundierte soziologische Theorie der sozialen Prozesse im allgemeinen und der sozialen Entwicklung im besonderen.

stw 160 Hans G. Furth
*Intelligenz und Erkennen*
Die Grundlagen der genetischen Erkenntnistheorie Piagets
Übersetzt von Friedhelm Herborth
384 Seiten
Hans G. Furth hat den ersten Versuch einer systematischen Darstellung der Theorie Piagets unternommen, und er hat,

wie Piaget selbst es formuliert, »diese Aufgabe außerordentlich erfolgreich gelöst«. Piaget zwingt zu einer Revolution unserer Anschauungen, wie es außer ihm in der Neuzeit nur Kopernikus, Darwin und Freud getan haben.

stw 164 Karl-Otto Apel
*Transformation der Philosophie*
Band 1: Sprachanalytik, Semiotik, Hermeneutik
384 Seiten

stw 165 Karl-Otto Apel
*Transformation der Philosophie*
Band 2: Das Apriori der Kommunikationsgemeinschaft
464 Seiten
*Transformation der Philosophie* meint die Transformation der Transzendentalphilosophie des Privat-Subjekts in eine Transzendentalphilosophie der Intersubjektivität.

stw 166 *Seminar: Theorien der künstlerischen Produktivität*
Entwürfe mit Beiträgen aus Literaturwissenschaft, Psychoanalyse und Marxismus
Herausgegeben von Mechthild Curtius unter Mitarbeit von Ursula Böhmer
464 Seiten
Die in diesem Band versammelten Beiträge aus westlichen und östlichen Ländern geben einen Überblick über den gegenwärtigen Stand der »Theorie« künstlerischer Produktivität und einen Ausblick auf mögliche Weiterentwicklungen dieser Theorie.

stw 176 Emile Durkheim
*Soziologie und Philosophie*
Mit einer Einleitung von Theodor W. Adorno
Übersetzt von Eva Moldenhauer
160 Seiten
Die Aufsätze und Diskussionsbeiträge, die unter dem Titel *Soziologie und Philosophie* zusammengestellt und zuerst 1924 veröffentlicht wurden, führen in ein für Durkheims Denken zentrales Gebiet: in die von ihm intendierte Wissenschaft der Moral, die sowohl individuelle als auch kollektive moralische – und das heißt zugleich anthropologische, psychologische und soziologische – Phänomene erfassen will.

*Alphabetisches Verzeichnis der suhrkamp taschenbücher wissenschaft*